現代戦争論
——超「超限戦」

これが21世紀の戦いだ

渡部悦和
佐々木孝博

JN073179

ワニブックス
PLUS新書

はじめに

現在の国家間の戦い、即ち「現代戦」は、最先端技術の進歩や戦い方に関する新たな考え方の出現によって大きく変化しています。私は、この「現代戦」について、「超限戦」を超えた「超〝超限戦〟」として書きたいと思いましたが、その直接的なきっかけになったことがふたつあります。

まず、1999年に出版され、全世界に衝撃を与えた『超限戦』[※1]が2020年、新書版として復刊されたこと（『超限戦』〔喬良、王湘穂共著　劉琦訳　角川新書〕）です。次に、中国の武漢で発生した新型コロナウイルスが世界中でパンデミックを引き起こしましたが、これに対する中国当局の対応がまさに超限戦的だったからです。中国当局は、新型コロナウイルスの発生について、世界に対して一切謝罪することなく「中国は世界のウイルスとの戦いのために時間を稼いだ。世界は中国に感謝すべきだ」という唖然《あぜん》とする宣伝を繰り

※1　『超限戦』についてはご承知の方が多いとは思いますが、中国人民解放軍の喬良と王湘穂という現役の大佐（当時）ふたりが発表した著作です。発表の2年後にニューヨーク同時多発テロが発生し、それを予言したかのような著作であったために世界的なベストセラーになりました

返しました。

私の知人は、「中国の要人から人物評価について次のように教えられた。『三国志』のみを読んだ人は三流、『三国志』と孫子の兵法を読んだ人は二流、『三国志』と孫子の兵法のほかに『韓非子』[※2]を読んだ人は一流である」と話していました。中国の歴史は戦争や権力闘争のそれですが、権力闘争の渦中にある中国の要人が重視する本が『韓非子』だというのです。「超限戦」の起源がマキャベリの『君主論』であり、『韓非子』であることは、『超限戦』に記述されています。人間不信の哲学といわれる『韓非子』が「超限戦」の根底にあることを多くの日本人は知らないと思います。

『超限戦』が民主主義諸国の人々、とくに軍人にとって衝撃だったのは、『超限戦』の本質が「目的のためには手段を選ばない。制限を加えず、あらゆる可能な手段を採用して目的を達成する」ことを徹底的に主張しているからです。民主主義諸国の基本的な価値観（生命の重視などの倫理、法律、自由、基本的人権など）の制限を超え、あらゆる境界（作戦空間、軍事と非軍事、正規と非正規、国際法）を超越する戦いを公然と主張することに驚いたのです。「超限戦」は邪道の戦い方、民主主義に対する明らかな挑戦だと私は思います。そのため、「超限戦」に対するアンチテーゼとして「超〝超限戦〟」としての

「現代戦」を書きたかったのです。

現代戦の多くの要素は米軍に由来する

中国やロシアは、現代戦について米軍を徹底的に研究し、その優れたところをコピーして自分のものとしています。そして、米軍の弱点を徹底的に研究し、その弱点を衝く戦いを追求してきました。米軍ほどその時々の最先端技術を活用し、ソフト（戦い方）とハード（兵器）を進化させてきた軍隊はありません。とくに米軍の「軍事における革命」（RMA：Revolution in Military Affairs）は、我が国、中国、ロシアをはじめとする諸外国の軍隊に大きな影響を与えました。RMAは、1980年代に新たに出現したインターネットなどの情報通信技術（ICT：Information and Communication Technology）を大胆に取り入れた軍事革命です。米軍の兵器や戦い方は劇的に変化し、デジタル化、高速化、精密化が進みました。RMAの成果は、第一次湾岸戦争（イラクのサダム・フセインがクウェートを攻撃したことにより勃発した戦争）、イラク戦争、アフガニスタン戦争の初期

※2　『韓非子』は、中国の春秋戦国時代を生きた法家の思想家である韓非の著書であり、各国の存亡をかけた戦いのなかでいかにして権力を保持するかを説いています

における大戦果につながり、中国軍やロシア軍を驚かせたのです。以上のことは、『超限戦』に詳しく書かれていて、中国人民解放軍（ＰＬＡ：People's Liberation Army）がいかに影響を受けたかが分かります。

しかし、米軍はイラク戦争などの初戦の勝利の後、中東などにおける対テロ戦争では大苦戦をしました。米軍は破壊することは得意なのですが、「超限戦」の要素のひとつである非正規戦や非対称戦で攻撃してくるテロリストへの対処は苦手だったのです。一方、中国やロシアは、米軍が20年間にもわたり対テロ戦争の泥沼に苦しんでいる間に、現代戦において重要なサイバー戦、宇宙戦、電子戦などの能力向上に資源を集中し、成果を上げ、米軍を苦しめる存在になったのです。

見えない戦いと人工知能などの最先端技術が重要になっている

「現代戦」においては、陸・海・空での戦いの重要性は当然ですが、いまや情報戦、サイバー戦、電磁波戦（電子戦など）、宇宙戦の重要性が増大しています。

一方、戦いを「見える戦い」と「見えない戦い」に区分すると、砲弾やミサイルなどの運動エネルギーを使った「見える戦い（キネティック戦）」と運動エネルギーを使わない

「見えない戦い（ノンキネティック戦）」に区分できます。最近ますます、ノンキネティック戦が重要になってきていますが、情報戦、サイバー戦、電磁波戦、そして宇宙戦の大部分がこれに該当します。

これらノンキネティック戦は、平時から有事に至る全期間において実施される戦いですから、中国、ロシア、北朝鮮などの国々は非常に重視し、平時から行っています。

また、人工知能（ＡＩ）などの最先端技術が軍事に及ぼす影響が大きくなってきました。私は43年間、安全保障に携わっていますが、安全保障が科学技術の進歩にいかに大きな影響を受けるかを実感してきました。とくに最近の人工知能、第五世代高速通信（５Ｇ）、量子技術（量子コンピュータ、量子通信、量子暗号、量子レーダー）などの発展には目覚ましいものがあり、その最先端技術がダイレクトに現代戦に影響を与えています。

日本が追求すべき「現代戦」＝「超〝超限戦〟」

「超限戦」は邪道の戦いです。邪道の戦いは一時的な成功を収めたとしても、永続的な成功を収めるとは思いません。冷戦時代を思い出してください。冷戦時代のソ連は、悪の帝国と呼ばれる存在で、「超限戦」に近いことを実施していましたが、結局崩壊しました。

崩壊の原因は、悪化する経済の状況を軽視し、あまりにも軍事に投資しすぎたことなどがあるでしょうが、ソ連共産党一党独裁のやり方がソ連国民の反発を買い、国際社会の反発を買ったことが大きな要因だと思います。

私が考える日本の「現代戦」＝「超〝超限戦〟」の答えは、皮肉にも『韓非子』に記述されている「巧詐《こうさ》は拙誠《せっせい》にしかず」(巧みに人を偽ることは、つたなくても誠実であるのに及ばない）にヒントがあります。我が国が目指すべき「現代戦」は、自由とか民主主義などの普遍的な価値観を基盤にした王道を歩む戦い方であるべきです。日本は王道の「現代戦」を目指すべきです。

一方で、我が国の安全保障体制や危機管理体制には大きな欠陥があります。我が国の危機管理体制は、憲法第九条など多くの制約事項によりがんじがらめに縛られ、身動きの取れない状況になっています。また、日本を攻撃する立場から見ると、日本にはスパイ防止法がなく、スパイを取り締まるしっかりした諜報機関もなく、あまりにも無防備で隙だらけの体制です。すべての制約を取り払い攻撃してくる「超限戦」に対して、日本の危機管理体制は危機的な状況です。これに対する改善提案を第五章で書きます。

本書は、「現代戦」について米国、中国、ロシアの「現代戦」をメインに紹介し、最後に我が国の「現代戦」への提言を行うという形をとりました。

なお、本書の執筆担当ですが、「第四章　ロシアの現代戦」を除いては渡部が担当しました。第四章はロシアの防衛駐在官を務めた佐々木孝博・元海将補が担当しました。そして、本書を完成させるためには多くの方々の協力がありました。とくに人工知能等の最先端技術に関しては富士通システム統合研究所の梶原好生氏が多大な貢献をしてくれました。

なお、本書の見解は、執筆者の個人的な研究成果に基づくものであり、所属する組織等の見解とは関係がありません。

２０２０年　初夏　防衛省近くの市ヶ谷オフィスにて

執筆者を代表して　渡部悦和

第二章　中国の現代戦

第四章 ロシアの現代戦

第一章　現代戦とは

1　『超限戦』の本質

繰り返しますが、本書を書くきっかけになったのは、1999年にふたりの大佐が執筆した『超限戦』（喬良、王湘穂共著　坂井臣之助監修　劉琦訳　角川新書）再版です。『超限戦』は、中国人民解放軍（ＰＬＡ）の公式文書ではありませんが、中国の現代戦や中国人の「超限思想」を理解するうえで最適な文書です。また、中国に限定することなく、世界の主要国が現代戦について何を考えているかを理解するためにも必須の文書です。

以下の文章を読めば、『超限戦』の本質「超限思想」を理解できます。

〈戦争以外の戦争で戦争に勝ち、戦場以外の戦場で勝利を奪い取る。〉

〈目的達成のためなら手段を選ばない……制限を加えず、あらゆる可能な手段を採用して目的を達成することは、戦争にも該当する。マキャベリの思想はたとえ最初ではなくても（その前に中国の韓非子がいたからである）、最も明快な「超限思想」の起源だろう。〉

『超限戦』では以下のような攻撃のシナリオも例示しています。

図表1-1　様々な戦い

軍事	超軍事	非軍事
核戦争	外交戦	金融戦
通常戦	インターネット戦	貿易戦
生物化学戦	情報戦	資源戦
生態戦	心理戦	経済援助戦
宇宙戦	技術戦	法規戦
電子戦	密輸戦	制裁戦
ゲリラ戦	麻薬戦	メディア戦
テロ戦	模擬戦（威嚇戦）	イデオロギー戦

〈例えば、敵国に全く気付かれない状況下で、攻撃する側が大量の資金を秘密裏に集め、相手の金融市場を奇襲して、金融危機を引き起こした後、相手のコンピューターシステムに事前に潜ませておいたウイルスとハッカーの部隊が同時に敵のネットワークに攻撃を仕掛け、民間の電力網や交通管制網、金融取引ネット、電気通信網、マスメディア・ネットワークを全面的なマヒ状態に陥れ、社会の恐慌、街頭の騒乱、政府の危機を誘発させる。そして最後に大群が国境を乗り越え、軍事手段の運用を逐次エスカレートさせて、敵に城下の盟の調印を迫る。〉

超限戦の戦い

以上のようなシナリオは、『超限戦』に掲載されている図表1－1の要素のなかで、金融戦、インターネット戦（現在ではサイバー戦という）、テロ戦、情報戦、心理戦を組み合わせたものです。この例のように、様々な要素を組み合わせると無数のシナリオをつくることができ、それが現代戦なのです。

『超限戦』は日本人に対する警告の書

『超限戦』は、安全保障や戦略的思考に弱い日本人に対する警告の書です。『超限戦』では繰り返して「限界（タブー）を設けないこと」の重要性が指摘されています。限界を設けない中国に対して、限界の多すぎる日本は対照的な国家です。

日本人には、自由・平等・平和・基本的人権や人命の尊重、法の順守、憲法第九条、専守防衛、宇宙の平和利用などたくさんの限界があります。しかし、『超限戦』はそのような限界をすべて超えなさいと説きます。限界を超越しないと現代戦に勝利できないと説きます。

この『超限戦』の考え方は、中国人の奥底にある信念に根差しています。人間を徹底的に性悪説の観点で取り扱い、目的のためには手段を選ばない、あらゆる手段を駆使して人を騙《だま》し、陥れ、その人が不幸な状況に陥っても良心の呵責《かしゃく》を感じない非情さがあります。中国は、国家間の関係においても、中国共産党が考える国益（党益）達成のために、限界を設けないやり方で行動しています。

倫理や基本的人権とか国際法とかを超越して行動する中国は、日本人の価値観とは対極にある超限思想で行動する国です。このような超限思想は、中国の歴史に深く根ざし、現代の中国共産党の一党独裁でさらに磨きがかかっているとみるべきです。

今回の新型コロナウイルス（いわゆる武漢ウイルス）の世界的な感染に際して、世界に対する一切の謝罪をしないで、「世界は中国に感謝すべきだ」と強弁する中国の言動を見れば中国の超限思想の一端を理解してもらえると思います。

実際に中国が日本に対して現代戦を仕掛けてきたら日本が大苦戦することは容易に想像できます。

図表1-2　六つのドメイン

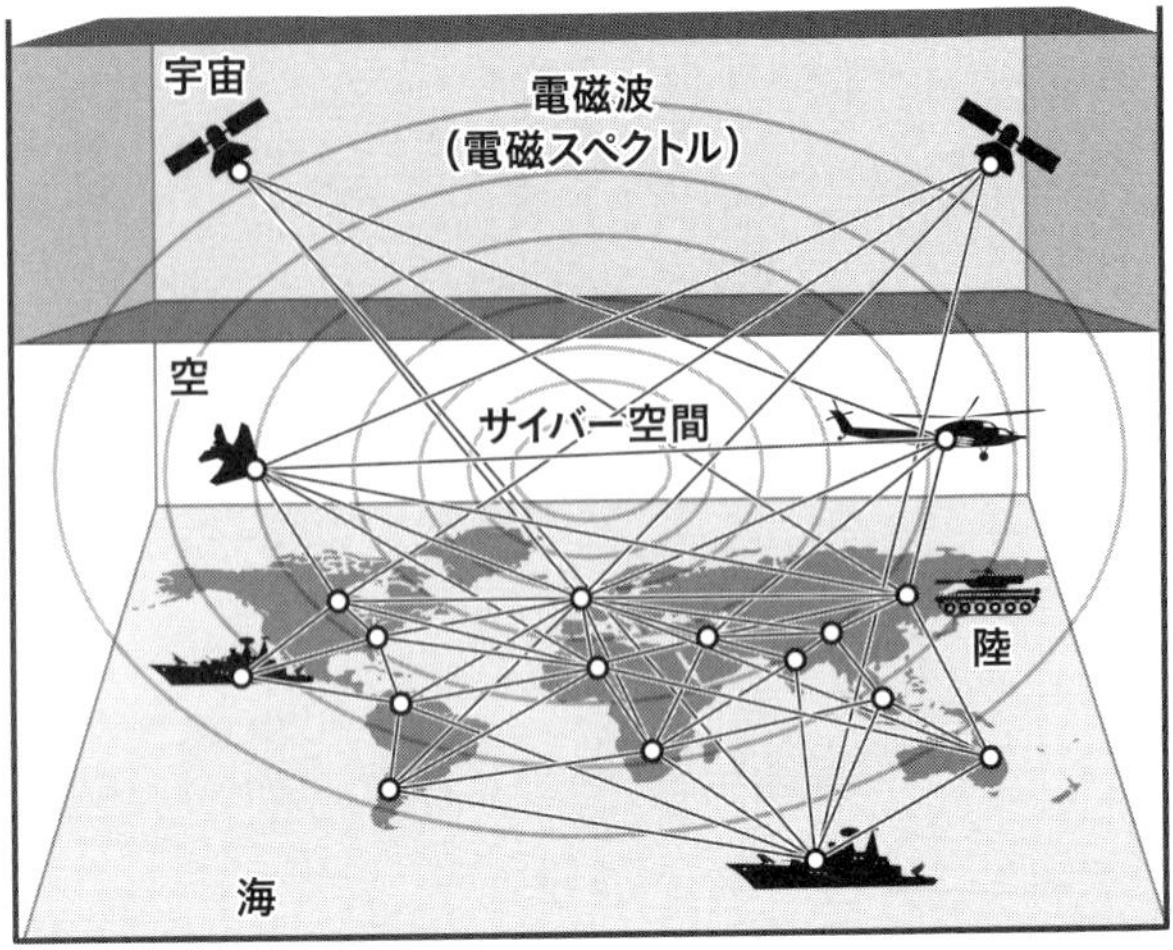

出典：米陸軍のFM3-38 Cyber Electromagnetic Activities

2　現代戦の特質

六つの作戦領域（ドメイン）からすべての作戦領域へ

我が国は、「防衛計画の大綱」で領域横断作戦（CDO：Cross Domain Operation）を採用しましたが、これは米国統合参謀本部が提唱したCDOをコピーしたものです。このCDOでは作戦領域（ドメイン）という用語がありますが、米軍や米国のシンクタンクでは通常六つのドメインがあると考えています。六つのドメインとは、図表1－2に示す陸、海、空、宇宙、サイバー空間、電磁波（電磁スペクトル）の六つの領域のことです。ただし、米陸軍は電磁波領域をドメインに勘定しないで五つのドメインを採用しています。

しかし、ドメインを六つに限定することのメリット（議論を単純にできるなど）はありますが、作戦に関係のある他の領域を排除しているというデメリットもあります。筆者が米陸軍大学（Army War College）の教授と米陸軍が主導する「多数領域作戦（ＭＤＯ：Multi-Domain Operation）」について議論をしたときに、彼は「ドメインには六つのドメインだけではなく、情報ドメイン、認知[※1]ドメイン、ヒューマンドメインなどたくさんある。ＭＤＯを検討する際に多くのドメインを検討した」と発言していました。

さらに、統合参謀本部副議長のジョン・ハイテン大将は、これらすべてのドメインを考慮した作戦として「全領域作戦（All-Domain Operation）」を提唱しています。これは、『超限戦』の「すべての領域を考える」に符合します。

※1　認知とは、理解・判断・論理などの知的機能のこと。視覚や聴覚など、感覚器から入力された情報を、「記憶する」「考える」「判断する」など、脳のなかで理解して表現する機能

図表1-3　様々な戦い（筆者の代替案）

軍　事	軍事＋非軍事	非軍事
核戦争	**情報戦**	金融戦
通常戦	**宇宙戦**	貿易戦
化学戦	**サイバー戦　電磁波戦**	外交戦
生物戦	**ハイブリッド戦**	資源戦
テロ・ゲリラ戦	**制脳戦**	法律戦
	アルゴリズム戦	制裁戦
	非対称戦	メディア戦
	技術戦	イデオロギー戦
	心理戦	

ドメインと戦い（Warfare）

ドメインは「戦う領域」ですから、各ドメインでの戦いがあります。例えば、陸での戦いは「陸戦」、海での戦いは「海戦」、空での戦いは「空戦」です。宇宙での戦いを「宇宙戦」、サイバー空間での戦いを「サイバー戦」、電磁波領域での戦いを「電磁波戦※2」とします。情報領域での戦いを「情報戦（ＩＷ：Information Warfare）」、情報戦に関連した認知領域での戦いは（認知において人間の脳をコントロールする意味で）「制脳戦」、人工知能同士の戦いを「アルゴリズム戦」と呼ぶことにします。本書ではこれらの戦いを焦点にして現代戦を語ります。

そのほかにも政治戦、外交戦、経済戦、文化戦、宗教戦、貿易戦、心理戦、メディア戦、歴史戦、技術戦、デジタル戦、ネットワーク戦など多数考えられます。

現代戦では、各種ドメインにおける戦いを融合した形式で展開します。以上のような考察により、『超限戦』の戦いである図表1-1を修正した新たな戦いを図表1-3に示します。

本書における現代戦とは、従来の陸戦、海戦、空戦のみならず、情報戦、宇宙戦、サイバー戦、電磁波戦（電子戦など）、ハイブリッド戦、アルゴリズム戦、テロ・ゲリラ戦、経済戦などあらゆる要素を含んだ戦いのことです。

キネティック戦とノンキネティック戦

現代戦における戦いが「見える戦い」か「見えない戦い」かで区分することは意義のあ

※2　電磁波戦の主体は電子戦であり、そのほかには大気圏での核爆発によるEMP（電磁パルス）攻撃がある。EMP攻撃により相手のC4ISR（指揮、統制、通信、コンピュータ、情報、監視、偵察）システムなどの破壊または機能低下を目的とする

※3　キネティックとは「動力学的な」という意味。キネティック兵器とは、弾丸やミサイルのように運動エネルギーを使った兵器です。キネティック作戦は、キネティック兵器を使った作戦のこと。ノンキネティック作戦とは、運動エネルギー以外の手段（電磁波、サイバー空間など目に見えないことが多い）を使った作戦のこと

ることだと思います。

「キネティック戦」[※3]は見える戦いで、動力学的な手段（運動エネルギーなど）を使って相手を破壊するなどの効果を狙った戦いです。例えば、ミサイル攻撃で相手の戦闘機を破壊するなどです。

「ノンキネティック戦」は見えない戦いで、情報戦、サイバー戦、電磁波戦、制脳戦、アルゴリズム戦などです。

現代戦においてはノンキネティック戦が多用されるようになりました。例えば、サイバー戦は、平時においても有事においても多用されるノンキネティック戦です。

3　現代戦と最先端技術

現代戦と最先端技術は密接不可分な関係にあります。安全保障では、ゲーム・チェンジング技術をめぐる熾烈《しれつ》な米中技術覇権争いが進行中です。ゲーム・チェンジング技術とは、戦いにおける勝敗を一気に決定してしまう技術のことで、先の大戦における日本に対して使用された核兵器は典型的な例です。現代戦は、このゲーム・チェンジング技術によりもたらされるのです。

現代戦において米国が重視する技術

人類の戦いの歴史において技術は不可欠な要素です。火薬の発明や鉄砲の発明は戦争に大きな影響を与えました。第二次世界大戦に決定的な影響を与えたのは飛行機や戦車でした、核兵器が日本の敗戦を決定づけました。ベトナム戦争において多用されたのはヘリコプターです。湾岸戦争においては精密誘導兵器とそれを有効に機能させるC4ISR[※4]（指揮、統制、通信、コンピュータ、情報、監視、偵察）のシステムでした。

現在の国際政治の基調は米中覇権争いですが、とくに米中技術覇権争いの様相を呈しています。2018年から本格化した米中貿易戦争ひいては米中技術覇権争いにおいて、トランプ政権は最先端技術を窃取する中国を念頭において、「米国が輸出・投資規制を強める先端14分野」を指定し、先端技術の輸出・投資規制を強めました。これらの技術は軍民両用（デュアル・ユース）であり、現代戦を考察する際に不可欠な要素となっています。

※4　軍事作戦を統合的に実施する際に不可欠な機能

14分野の技術は以下の通りです。

〈AI、バイオテクノロジー、測位技術（ナビゲーション）、マイクロプロセッサー、先進コンピューティング、データ分析、量子コンピューティング、輸送関連技術、3Dプリンター、ロボティクス、脳とコンピュータの接続、極超音速、先端材料、先進セキュリティ技術〉

じつはこの14分野の技術は米国の国防高等研究計画局（DARPA：Defense Advanced Research Projects Agency）※5が重視する最新技術、即ち〈AI、バイオテクノロジー、測位技術、量子技術（量子コンピュータ・暗号・通信・レーダー）、オートノミー（陸・海・空・宇宙の自律技術）、ロボティクス、極超音速、レーザー、レールガン、脳とコンピュータの接続、5Gなどの通信デバイス、センシング、サイバー戦技術〉とほとんど同じです。

そして、これらの技術は中国が重視している技術でもあります。とくに米中で共通して重視する技術は、AI、量子技術（量子コンピュータ・暗号・通信・レーダー）、バイオテクノロジー、次世代情報技術（半導体、次世代通信規格「5G」）、測位技術（ナビゲーション）、自律無人機システム、レーザー、極超音速技術などです。これらの技術は、現代戦において勝利するために不可欠な技術です。

中国はあらゆる手段を使い科学技術大国やAI大国を目指す

軍事の趨勢《すうせい》としてAIや無人機技術などの最先端技術の軍事利用がありますが、この分野における中国の進歩には目をみはるものがあります。中国は科学技術大国になる夢を宣言し、あらゆる手段を使ってその夢を実現しようとしています。

習近平主席は、「AIなどのイノベーションにより経済成長をけん引する」と発言し、国を挙げて科学技術大国、AI大国を実現しようとしています。AI関連の特許出願件数も急増し、世界第一位の米国に迫っています。

科学技術の進歩とともに、サイバー戦、電子戦、宇宙戦、AIや無人機システムの活用など、戦いの様相も大きく変化しています。

中国は、量子技術は軍事におけるゲーム・チェンジャーになりうると思っています。量子技術の分野では、量子コンピュータ、量子通信、量子レーダー、量子暗号への応用が期

※5　「DARPA」とは、米国国防高等研究計画局のことで、米軍が使用するための新技術の開発および研究を行う国防省隷下の機関である。インターネットを開発したことでも知られる

待されますが、中国は量子技術のブレーク・スルーを完全には達成していません。

しかし、中国は2016年に宇宙からの量子通信を使った実験に成功したと発表しました。もしも、軍事に応用可能な量子技術のブレーク・スルーを達成すると、より良いセンサーの開発やより良い状況認識に活用でき、結果として、現代戦において極めて重要な情報の優越を確保することができます。

なお、米国が目の敵にしている「中国製造2025」の重点分野は、次世代情報技術（半導体、次世代通信規格5G〔第五世代通信〕）、高度なデジタル制御の工作機械・ロボット、航空・宇宙設備（大型航空機、有人宇宙飛行）、海洋エンジニアリング・ハイテク船舶、先端的鉄道設備、省エネ・新エネ自動車、電力設備（大型水力発電、原子力発電）、農業用機材（大型トラクター）、新素材（超電導素材、ナノ素材）、バイオ医薬・高性能医療器械です。これらの技術の多くは、米国が重視する技術と重なっています。

大国間競争が中露のハイテク・パートナーシップを深化させている

中露関係は、「新時代のための包括的な戦略的協調パートナーシップ」と表現され、世界的な大国間競争が激化するにつれて存在感を増しています。とくに、中露のハイテク・

パートナーシップは、今後数年間は進展し続ける可能性があります。中国は、ロシアのSTEM（科学、技術、工学、数学）分野の研究開発能力や科学技術力を求めてロシアに接近していることは明らかであり、ロシアは中国のハイテク能力の活用を望んでいるようです。このような2国間協力で支配的なプレーヤーとなっているのは中国であり、ロシアは相対的に不利な立場に置かれる傾向にあります。

ロシアには検索大手の「ヤンデックス」はありますが、中国のバイドゥ（Baidu）、テンセント（Tencent）、アリババ（Alibaba）のような巨大企業は存在せず、これらの企業はロシア市場を含めてグローバルに拡大し始めています。それにもかかわらずロシア政府が黙認しているのは、自国のイノベーションを活性化させようとするなかで、中国のハイテク能力を目的達成の手段と見なしているからです。一方、中国もロシアの研究開発能力や科学技術力を目的達成の手段と見なしていると言えます。

今後、中国とロシアの間のハイテク協力は、短期的に深まり加速するでしょう。中国とロシアはいままで、生命科学から情報技術、AI等の最先端技術に至るまで、自由で開かれたSTEMの発展を活用し、その成果を独自の技術エコシステム（生態系）に適用することができました。

しかし、今日では、そのような自由なアクセスを制限する新たな政策や対抗策が米国を中心として導入されています。中国とロシアは、技術革新における独立性を追求し、外国、とくに米国の専門知識や技術への依存度を低下させようとしています。

中国とロシアは、デュアル・ユース技術の開発における協力効果を認識しています。両国は軍事協力を拡大しているだけではなく、5G、AI、バイオテクノロジー、デジタル経済など民間の広範な技術協力を行っています。

米国は、制裁や輸出規制などを通じて、世界の技術エコシステムに対する中国とロシアの関与を制限しようとしています。これに対し、中国とロシアの指導者は、半導体チップからオペレーティング・システム（OS）に至るまで、外国、とくに米国の技術に代わる技術を自国で開発しようと決意しています。この決意が中露協力へのさらなる動機づけとなっています。

4　情報戦（政治戦、影響工作、プロパガンダ戦など）とは

情報戦（IW：Information Warfare）は決して新しい試みではありません。情報戦の

ルーツは紀元前5世紀の孫子『兵法』や古代ギリシャの戦争にまで遡《さかのぼ》ることができます。情報戦は、国家目標を達成する活動を情報の観点で表現した作戦のことですが、情報はすべてのドメイン（領域）で利用され、その意味で情報戦はすべてのドメインで行われます。本書で情報戦をとくに重視するのは、情報戦こそ現代戦の中核的な戦いだからです。

現在、世界共通の情報戦に関する定義はありません。本書では、情報戦を「政治戦、影響工作、スパイ活動・偵察・監視、サイバー戦、電磁波戦、心理戦など情報が関与するすべての戦い」とします。とくに中国やロシアが重視する政治戦に注目します。政治戦は一般に「自分の意志を敵に強制し実行させるために政治的手段を用いること」と理解されています。冷戦時代の外交官ジョージ・ケナンの定義によれば、「政治戦とは、戦争には至らない、国家目標を達成するために国家の指揮下であらゆる手段を用いること」です。中国の三戦（輿論《よろん》戦《せん》、心理戦、法律戦）は政治戦に含まれます。

影響工作

最近サイバー空間を利用した情報戦、とくに影響工作（ＩＯ：Influence Operation）が注目されています。ＩＯではプロパガンダ、偽情報、誤情報を大規模に拡散することにより、人間の認知領域に影響を及ぼし、その人の言動をコントロールします。この影響工作が世界中で有名になったのは、2016年の米国大統領選においてロシアが実施した工作です。ロシアはドナルド・トランプ候補を勝たせる目的で、ヒラリー・クリントン候補に不利になる工作をツイッター（Twitter）やフェイスブック（Facebook）などのソーシャル・ネットワーキング・サービス（SNS）を駆使して行いました。

筆者は当時米国で研究生活を送っていましたから、現地においてロシアの影響工作のすさまじさに驚きました。クリントン候補が人工肛門を装着しているとか、腹心の女性スタッフと同性愛にあるとかフェイクニュースを流し続けました。そして、民主党本部のサーバーに侵入し、大量の情報を窃取し、その情報をウィキリークスを通じて絶妙なタイミングで漏洩《ろうえい》しました。

このロシアの影響工作は、明らかにクリントン候補にダメージを与え、結果としてトランプ大統領の誕生が実現したのです。そして、ロシアの影響工作は米国にとどまらず、欧州各国の国政選挙にも介入していったのです。詳細は第四章で記述します。

中国にとってもロシアの影響工作は参考になったと思いますが、中国自らも中国共産党の工作を日本を含む多くの国々に行っています。とくに目立つのはファイブ・アイズと呼

図表1-4　中国の工作組織

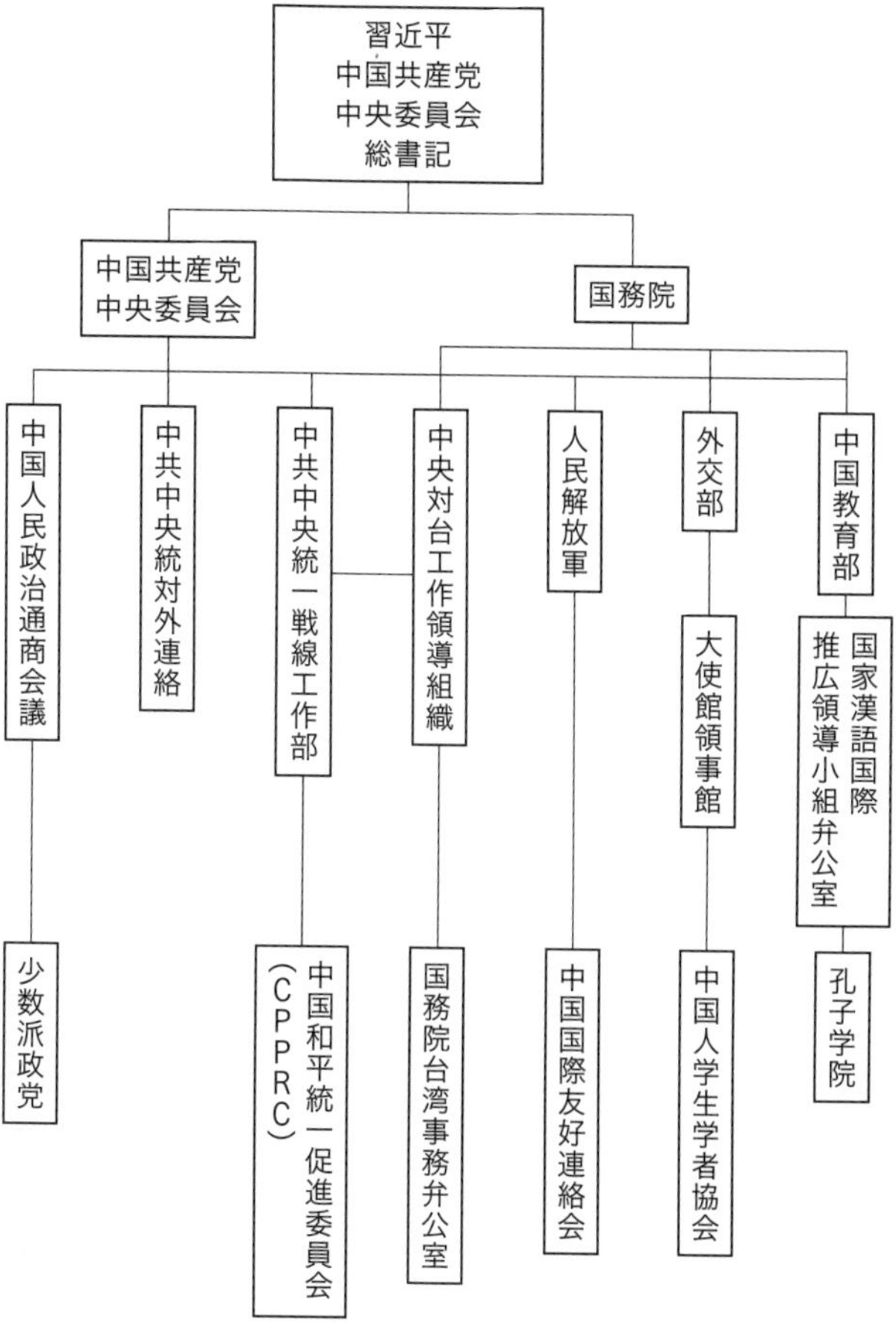

出典：US-China Economic and Security Review Commission

ばれる国々（ＵＫＵＳＡ協定と呼ばれる、米国、豪州、カナダ、ニュージーランド、英国の諜報に関する協定の通称）に対する浸透工作です。

一例として中国の工作組織を図表1－4に示しました。習近平総書記を頂点にして、中国共産党中央委員会と国務院が工作を統制します。例えば、中共中央委員会は、中共中央対外連絡部、中共中央統一戦線工作部、人民解放軍（ＰＬＡ）などを統制します。

とくに中共中央統一戦線工作部は、国内のみならず、国外を含んだ広範囲の工作を担当する重要な工作機関です。

プロパガンダ戦

中国の情報戦の大きな特徴はプロパガンダ戦「大外宣[※6]」です。

●中国のプロパガンダ戦「大外宣」

中国は2009年から450億人民元の巨費を投じて全世界で「大外宣（大プロパガンダ）計画」を推進しています。大外宣は中国のパブリック・ディプロマシー（伝統的な政府対政府の外交とは異なり、広報や文化交流を通じて、民間とも連携しながら、外国の国民や世論に直接働きかける外交活動のこと。広報文化外交）に奉仕していて、その目的は、①中国の主張を対外的に宣伝すること、②良好な国家イメージを打ち立てること、③海外の中国に対する歪曲《わいきょく》報道に反駁《はんばく》すること、④中国周辺の国際環境を改善すること、⑤外国の政策決定・施行に影響を与えることです。

中国のプロパガンダ戦の特質を端的に表現すると「言っていることと、やっていることが違う」ということです。習近平主席が常用するプロパガンダは、「我々は平和発展の道を堅持し、ウィン・ウィンの開放戦略を実施する。引き続き、世界各国の、人民と共に人類運命共同体を打ち建てることを推進していく」「世界の平和を断固として守らなければならない」という演説です。中国の非常にアグレッシブな姿勢とこの演説の中身との乖離《かいり》はあまりにも大きく、「言っていることと、やっていることの乖離」と軍事力の増強は今後とも変わりそうもありません。

最近の顕著なプロパガンダ戦は新型コロナウイルス（武漢ウイルス）に関するものです。我が国はこれらの中国のプロパガンダ戦の脅威に真剣に備え、対処しなければいけません。

※6　何清漣『中国の大プロパガンダ』福島香織訳　扶桑社

●新型コロナウイルスをめぐるプロパガンダ戦

中国は、武漢から発生した新型コロナウイルスの世界的なパンデミックに際して、世界の人たちに対する謝罪をしていません。謝罪するどころか、武漢ウイルスの由来は中国ではなく、外国であり、米国かもしれないと主張しています。

中国外務省の報道官は2020年3月12日、ツイッターで「米国で感染源の確認はいつされたのか？　何人が感染しているのか？　米軍が新型コロナの流行を武漢に持ち込んだのかもしれない。データを公表し、透明性を向上させるべきだ。米国は中国に説明する義務がある」と米国を批判しました。中国の報道官が証拠もなく、ここまで踏み込んで米軍関与陰謀説を主張するのは、背後に習近平主席の同意があるとみるのが妥当です。

そして、今回の武漢ウイルスの感染拡大について、「ウイルスの拡散を防ぐため、中国政府は多くの国民を閉じ込める都市封鎖をやった。世界を救うために巨大な犠牲に耐えた。だから世界は中国に感謝すべきだ」と主張しています。

さらに中国当局は、習近平主席がいかに新型コロナウイルスを鎮圧するために活躍したかを宣伝する書籍を出版しましたが、あまりにも不評で数日で書店から回収しました。これら一連の言動は典型的な中共の宣伝戦です。

彼らが明らかな虚偽の主張をする背景には「超限戦」に通じるものがあります。嘘《うそ》も方便、嘘も100回言えば真実になる、という発想です。ナチスのヨーゼフ・ゲッベルスのプロパガンダを語るときによく引き合いに出されるフレーズです。

しかし、中国のあまりにも荒唐無稽《こうとうむけい》なプロパガンダは逆効果で、米国内では中国に対する超党派の怒りが沸き起こっています。「中国政府は、武漢ウイルスが引き起こした危機を利用して、世界中で経済的・政治的優位を確立しようとしている。中国政府の誠実さや善意を期待してはいけない。より強固で現実的な対中戦略が必要だ」という点で共和党と民主党の意見が一致しています。武漢ウイルス鎮静後において、米国の中国に対する圧力は強まると予想します。

あらゆる手段を使い米国などの知的財産を窃取する中国

米フルブライト大学ナイブ・バルディング教授は2018年12月12日、自身のSNSで、中国滞在中に持ちかけられた中国当局のプロパガンダ協力要請や、美女の接近など、海外の工作対象を取り込む手法を暴露しています。彼は中国滞在中、中国当局者から「共産党や習近平主席を礼賛すればするほど金が入り、名声も得られる」と勧誘されましたが、要請を拒否しました。

また、バルディング教授が中国政府系の会議に参加し、謝礼金を受け取る際に、美女が現金の入った封筒を持ってホテルの彼の部屋を訪れて、「必要なものがあれば言ってほしい」と申し出たそうです。さらに、彼が中国から出国する直前まで、数人の美女が同氏に接近してきたそうです。いわゆるハニートラップ、色仕掛けです。

このように中国当局は、あらゆる手段を使って工作を行います。トランプ政権が誕生してから、中国の知的財産窃取に対する措置は厳しくなっており、工作に関与した者が次々と摘発されています。

●米国の大学に数千人のスパイ：ボストンがターゲット

マサチューセッツ州連邦検事のアンドリュー・レリング氏は、2019年4月5日付の米紙『ボストン・ヘラルド』に対して、「米国に入国した数千人の中国人は中国当局と直接関係があり、米国内で知的財産権の窃盗を行っている」と指摘しました。彼は、ボストン市が、中国人スパイの「ターゲットだ」と主張しています。ボストンは米国有数の学生街で、ハーバード大学、マサチューセッツ工科大学（MIT）、ボストン大学など数多くの大学や専門校があり、各国から留学生が多く集まります。

また、クリストファー・レイ米連邦捜査局（ＦＢＩ）長官は、中国当局が学生や教授といった「非伝統的な情報屋」を利用して、米国に諜報戦を仕掛けていると述べました。そして、ＭＩＴは、中国通信機器大手の華為技術（ファーウェイ）や中興通訊（ＺＴＥ）との協力を打ち切ったと発表しました。米政府が現在、制裁違反の疑いでファーウェイとＺＴＥを捜査していることが理由です。

●有名なハーバード大学教授が逮捕される

米司法当局は２０２０年1月28日、ハーバード大学化学部の学部長チャールズ・リーバー教授と中国側研究者ふたりを起訴しました。起訴されたリーバー被告は、米国立衛生研究所や国防省から１５００万ドル以上の助成金を得ていましたが、中国政府からも１００万ドル以上の助成金を受け取っていました。さらに、彼は大学に知らせないまま、武漢理工大学の科学者となり、その対価として、月給5万ドルと生活費として年間上限15万８０００ドルが付与されていました。また彼は、取り調べに対して虚偽の証言をしています。ハーバード大学は、彼を無期限の休職処分にしました。

また、リーバー被告と共に起訴された中国人留学生のイエ・ヤンジンは、中国人民解放軍（ＰＬＡ）の軍人であることを隠して、ボストン大学でロボット工学を研究していました。なお、２００７年から海外に派遣されたＰＬＡの科学者数は、米国と英国に各５００人、豪州とカナダに各３００人、ドイツとシンガポールに各１００人以上、そして数百人がオランダ、スウェーデン、日本、フランスに派遣されています[※7]。

以上のボストンを中心とした中国の工作については、筆者自身がボストンで研究生活を送っていたことから、実感としてよく理解できます。

5　宇宙戦とは

民間の宇宙活動の活発化

初期の宇宙活動については、米国と旧ソ連が支配していましたが、技術面やコスト面での障壁が低くなったことで、多くの国々の宇宙活動能力が向上しました。これらの能力は、通信、ナビゲーション、宇宙状況監視、気象監視など、社会の日常活動の多くの分野に重要なサービスを提供しています。

２０１８年の時点で、１８００以上の活動中の衛星が衛星軌道上にあり、それらは50以上の国と多国籍機関によって所有され、運用されています。米国、日本、中国、ロシア、インド、イラン、イスラエル、北朝鮮、韓国、欧州宇宙機関（フランス領ギアナの宇宙センターから）の九ヶ国とひとつの国際機関が独自に衛星を打ち上げる技術を持っています。

宇宙における商業化も進んでいます。商業宇宙部門は衛星発射、衛星通信、宇宙状況認識、リモートセンシング※8、さらには有人宇宙飛行にも関与しています。商業宇宙部門に関与する企業は政府に製品を供給するだけでなく、商業的にも競争しています。

技術の発達で低コストの小型衛星が広く利用できるようになり、数千の衛星で構成される大規模な人工衛星群（コンステレーション）が出現する可能性が高く、軌道上の物体（活動中の衛星と軌道上のデブリの両方）の数は急速に増加しています。宇宙の混雑という課題は大きくなり、各国には物体を追跡して識別し、宇宙での衝突を防ぐために、より優

※7　Alex Joske, "Picking flowers, making honey", Australian Strategic Policy Institute
※8　リモートセンシングとは、物を触らずに調べる技術のこと。人工衛星に測定器（センサー）を搭載し、地球などを観測することを衛星リモートセンシングという

れた宇宙状況把握（ＳＳＡ：Space Situational Awareness）の能力が必要になっています。

安全保障における宇宙の重要性※9

宇宙ベース（宇宙に根拠を置く）の能力は、軍事のみならず商業などの民間の用途に不可欠な支援を提供しています。宇宙ビジネスへの技術及びコスト面での参入障壁は低下し、多くの国々や企業が人工衛星の建造、宇宙発射（Space Launch）、宇宙探査、有人宇宙飛行に参加できるようになりました。この進歩は新たなビジネスチャンスを生み出していますが、宇宙ベースのサービスには新たなリスクも生じています。一部の国家とくに中国とロシアは、宇宙空間において米国に対抗し、他国の宇宙利用を脅かす能力を向上させてきました。以下、安全保障における宇宙の重要性についてまとめます。

・中国とロシアの軍事ドクトリン（軍事教義）は、宇宙を現代戦にとって不可欠な空間と認識し、その対宇宙能力（相手の衛星等を攻撃する能力）は、米国とその同盟国の軍事能力を低下させる切り札だと考えています。中露は宇宙活動の重要性を強調して、２０１５年に軍の再編を行っています。

・宇宙能力は、ミサイル発射の警告、位置情報と航法、標的の特定（ターゲティング）、敵の活動の追跡など、多くの軍事作戦の中心となっています。政府や民間のリモートセンシング衛星が提供する軍事・情報収集能力により、機微な試験・評価活動や軍事演習・作戦を実施している間、それらが検知されないでいることは難しくなりました。

・中露は、宇宙ベースの情報収集、監視、偵察などの重要な宇宙サービスを開発してきました。また、宇宙と地球を往復するシャトル機や衛星航法衛星群などの既存システムの改良も進めています。これらの能力は、世界中の軍隊を指揮・統制する能力を軍に提供するとともに、状況認識能力を高め、米軍やその同盟国の軍隊を監視・追跡・標的とすることを可能にしています。

・中露の宇宙監視ネットワークは、地球軌道上にあるすべての衛星を探索、追跡し、その衛星を、その特徴に基づき識別することができます。この機能は、宇宙での自らの衛星の運用と相手の衛星に対する攻撃の両方をサポートします。

・米中露は、通信妨害能力、サイバー戦能力、指向性エネルギー兵器（レーザー、高周波

※9　米国の国防情報局（DIA：Defense Intelligence Agency）、〝宇宙における安全保障への挑戦（Challenges to Security in Space）〟

マイクロ波などのエネルギーを目標に照射して機能を低下させたり破壊したりする兵器)、同一軌道上で相手の衛星を攻撃する能力、地上配備の対衛星ミサイルなどを開発しています。

・米国が宇宙で他国に対する優位性を保持する一方で、宇宙に多くを依存するという弱点も持っていることから、関係国、とくに中露は宇宙における米国の立場に挑戦する様々な手段を開発しています。これらの能力向上は、軍事はもちろん、商業などの民間用途の宇宙ベースのサービスにも脅威をもたらしています。

・国連は、宇宙の軍事化を制限する協定を推進しています。これらの提案は多くの宇宙戦能力に対応できておらず、中国とロシアが対宇宙兵器を開発しているのを検証するメカニズムも欠如しています。

・1967年の宇宙条約は、大量破壊兵器を宇宙空間に置くことを禁止し、また、宇宙を軍事基地、軍事実験、軍事演習に使用することを禁止しています。米国、中国、北朝鮮、ロシアなど107ヶ国は宇宙条約を批准していますが、実態は宇宙条約に違反する事例が散見されます。

宇宙ベースの主要な機能

宇宙空間利用技術は、１９５０年後半以降、現代社会における多くの日常活動を支えるようになりました。技術の進歩と低コスト化により、社会がこれらの技術にますます依存するようになり、宇宙ベースのサービスへのアクセスが失われれば、広範囲に影響を及ぼすことになります。

宇宙を利用したアプリケーションは、ナビゲーション、通信、リモートセンシング、科学と探査の四つの分野において、私たちの日常生活に大きな影響を与えます。ＧＰＳのような宇宙ベースの「位置測定・航法・時刻配信（ＰＮＴ：Positioning Navigation Timing）」サービスは、いまや日常生活に不可欠なものとなっています。例えば、位置測定・航法サービスは、より効率的なルートの計画及びルート混雑の回避に関する情報を提供することにより、海上、陸上及び航空輸送サービスを支援します。軍事に関しては、ＰＮＴデータはとりわけ、軍需品と航空、陸上、海上航行の正確な目標設定を可能にします。

ＰＮＴ信号、とくに正確な時刻配信は、現代のインフラストラクチャーに対する重要なサポートも提供します。正確な時刻配信がなければ、金融機関は取引のためのタイムスタンプ（電子データがある時刻に存在していたことを証明する電子的な時刻証明書）をつくることができず、国民のＡＴＭやクレジットカードの使用能力に影響を与え、電力会社は効率的に電力を送ることができません。

軌道上の衛星の大半を占める通信衛星は、地球規模の通信をサポートし、地上通信ネットワークを補完します。これらの衛星を失うことは、広範囲に影響を及ぼす可能性があります。１９９８年には、米国の通信衛星がコンピュータ障害に見舞われました。その影響でガソリン代の支払いができない人が出て、ポケットベルに依存している医師と連絡を取れない人も出て、テレビ局が番組を配信できませんでした。

衛星通信は、軍の状況認識を向上させ、地上の通信インフラを必要としないので、部隊の機動性を高めます。地球の陸、海、大気のデータを提供するリモートセンシング衛星がなければ、社会は、気象上の緊急事態に備えた天気予報から恩恵を受けることはできないでしょう。

これらの衛星は、鉱物資源の埋蔵地域を発見する事業者の支援から、農業者が潜在的な農業災害を特定する際の支援まで、地形や環境に関するデータを提供します。これらの衛星はまた、ＩＳＲデータ（宇宙から実施した情報・監視・偵察活動から得られたデータ）

を提供することによって軍を支援しており、これによって軍は敵の能力を識別し、部隊の動きを追跡し、潜在的な標的を突き止めることができます。

宇宙での科学技術の実験や新素材の開発などを目的とした宇宙へのアクセスができなければ、技術革新に影響を与える可能性があります。社会は、宇宙へのアクセスにより地球や宇宙の本質を洞察するだけでなく、宇宙研究や宇宙探査活動による技術の進歩の恩恵を受けてきました。これらの恩恵には、スマートフォンのカメラ、ジェットエンジンタービン用の金属合金、ソーラーパネル、記憶フォーム、ポータブルコンピュータ、およびコンパクトな浄水システムの進歩が含まれます。

以下、宇宙ベースの主要な機能に関して具体的に説明します。

●通信衛星：通信衛星は、音声通信、テレビ放送、ブロードバンド・インターネット、モバイル・サービス、データ転送サービスを世界中の民間、軍事、商用のユーザに提供しています。

●情報・監視・偵察（ISR）：ISR衛星は、民生、商業、軍事、それぞれの求める目的に使用されます。民間および商業用のＩＳＲ衛星は、地球の陸、海、大気のデータを含むリモートセンシングデータを提供します。また、軍事的には信号情報、警報（敵の弾道ミサイル活動情報を含む）、戦闘被害評価、軍事力配置などの情報を提供することで、多様な支援を展開します。

●**ミサイル警報**：ミサイル警報は、宇宙空間と地上に設置されたセンサーを使って各国にミサイル攻撃を通知し、それに応じて防衛作戦や攻撃作戦を可能にします。通常、宇宙ベースのセンサーが発射の最初の兆候を提供し、地上ベースのレーダーがその後の情報を提供して攻撃を確認します。

●**位置測定・航法・時刻配信（ＰＮＴ）**：位置測定・航法・時刻配信は、民間、商業、軍事ユーザが正確な位置と正確な時刻を決定することを可能にするＰＮＴデータを提供します。米国、欧州連合（ＥＵ）、ロシアの衛星ナビゲーション配置は全世界をカバーし、日本とインドは地域システムを運営しています。中国は地域と世界の衛星航法システムを運用しています。

図表1-5　衛星指揮・統制のアーキテクチャ

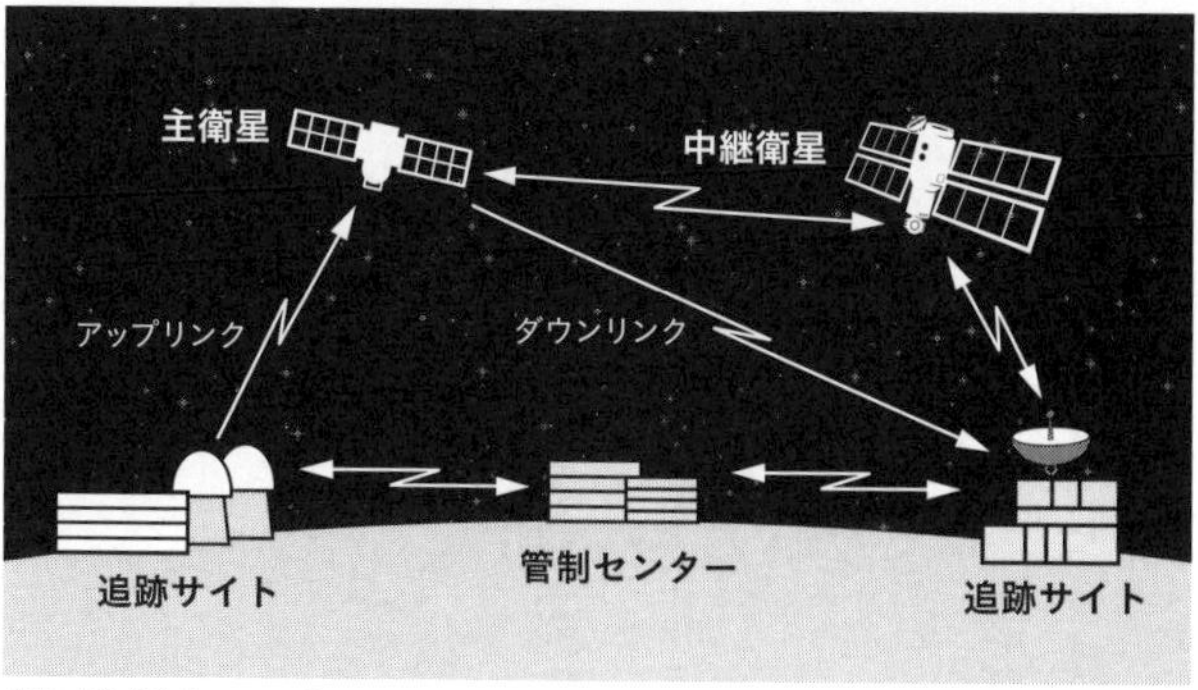

出典：DIA, "Challenges to Security in Space"

●衛星指揮・統制（C２：Command and Control）構成（アーキテクチャ）：衛星指揮・統制アーキテクチャは、ユーザが人工衛星を制御し通信する方法です（図表1－5参照）。管制センターは指令を送るために衛星へのアップリンク（地上局から通信衛星へ向けて送信される通信の経路）を使用します。衛星ダウンリンクは、データを受信するために必要なアンテナ、送信機、受信機を備えた地上局に、衛星からデータが送信される方法です。衛星配置のなかには、地上局の受信エリア外で衛星間の通信を可能にする中継衛星を使用するものがあります。

これらの構成要素は、地上基地に対する攻撃、宇宙ベースの装置と地上の操作者との間の接続を妨害する電子戦（EW：Electronic Warfare）などの攻撃に対して脆弱《ぜいじゃく》です。

●宇宙発射：宇宙発射とは、宇宙にペイロード（ロケットの積載物）を届ける能力のことです。宇宙発射体（SLV：Space Launch vehicles）は、軍事、民生、商業の顧客を支援するために衛星コンステレーション（多数の人工衛星の一群）を展開し、維持し、増強するか再編成することができます。

宇宙空間におけるリスクの深刻化

宇宙空間には様々な問題が存在します。以下、それぞれ具体的に説明します。

●宇宙ゴミ（スペースデブリ）

宇宙の厄介物としてスペースデブリが大きな問題になっています。デブリは、人工衛星を打ち上げたロケットの残骸、寿命の尽きた衛星、衛星から分離した破片、2007年に中国が実施した衛星破壊実験から発生した破片、衛星同士が衝突して発生する破片などで膨大な数になっています。地上から観測可能な10㎝以上のデブリは約2万個、それ以下のものを含めると億単位と言われ、これらが秒速数十km以上の高速で周回しています。

最近はとくに、打ち上げられる衛星の数が増え、衛星と衛星が衝突する可能性が高まっていますが、さらに状況を悪くしているのがデブリの増加です。デブリの数が多くなればなるほど、それが衛星に衝突する確率は高くなります。つまり宇宙が非常に混雑した状況になっているのです。

米戦略軍の連合宇宙作戦センター（ＣＳｐＯＣ：Combined Space Operations Center）は、このデブリを監視していて、「デブリカタログ」を公表するとともに、衛星がデブリと衝突の可能性がある場合には、衛星管理者に回避行動をとるように通知しています。なお、国際宇宙ステーション（ＩＳＳ：International Space Station）でも1年に1～2回、衝突回避のための軌道変更を行っているそうです。さらに、ＩＳＳは特殊な複合防護層で1cm以下のデブリを防いでいます。

●宇宙状況把握とは

このデブリなどを監視することは宇宙状況把握（ＳＳＡ：Space Situational Awareness）と呼ばれ、非常に重要な活動になっています（図表1‐6参照）。

図表1-6　宇宙状況把握

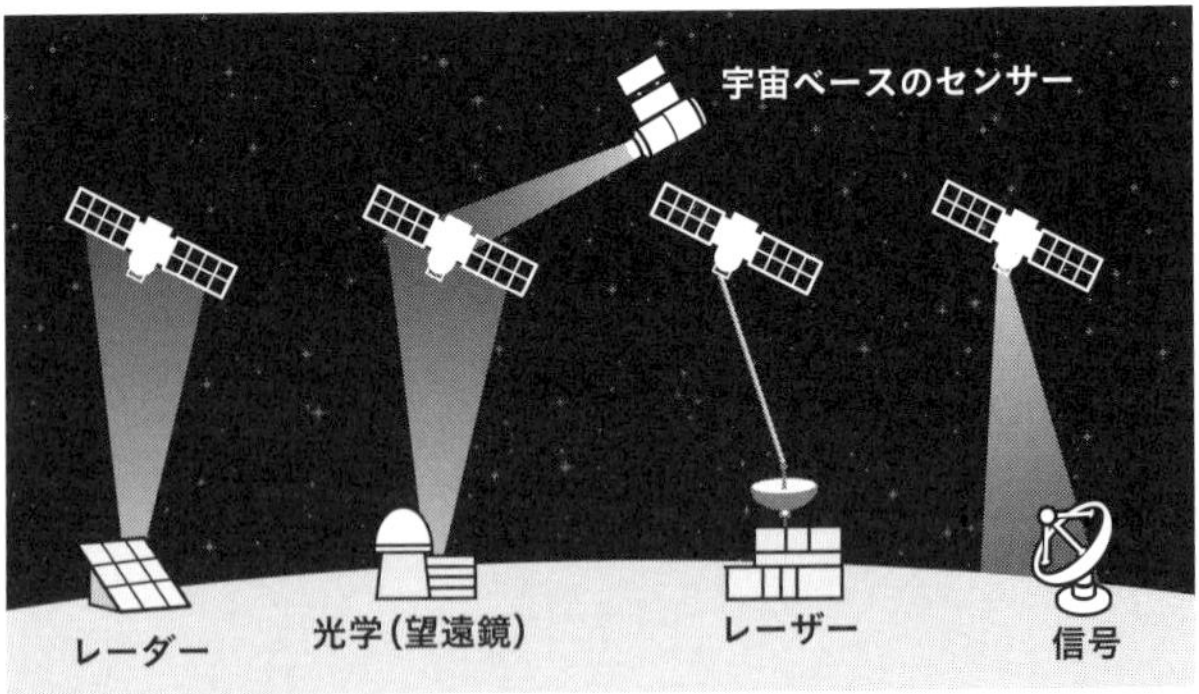

出典：DIA、"Challenges to Security in Space"

ＳＳＡは、人工衛星等、宇宙目標の現在の位置と将来の位置を追跡および予測する能力、それを標的とした場合の攻撃の有効性を評価する能力を持っています。そして、宇宙船に対して働きかけをする者の意図を理解することも含まれます。

望遠鏡、レーダー、宇宙ベースのセンサーを含む宇宙物体監視および識別センサーは、ＳＳＡデータを提供します。

ＳＳＡは、宇宙空間の状況を把握するだけですが、さらに踏み込んで宇宙空間が混み合うことで発生する問題を解決するためには、打ち上げる衛星の数そのものを制限するなどの宇宙交通管理（ＳＴＭ：Space Traffic Management）が必要になってきます。

人工衛星軌道の種類

本書では人工衛星軌道について、低軌道（ＬＥＯ：Low Earth Orbit）、中軌道（ＭＥＯ：Medium Earth Orbit）、高軌道（ＨＥＯ：High Earth Orbit）、静止軌道（ＧＥＯ：Geostationary Earth Orbit）の４種類の軌道（図表１-７）を考えています。

主要な対宇宙能力

●サイバー空間の脅威：サイバー空間は、宇宙を含むほかのすべての戦闘領域に広がっており、多くの宇宙活動はサイバー空間に依存し、その逆もまた同様です。衛星による指揮・統制（Ｃ２）及びデータ配信ネットワークに関する高度な知識を有するサイバー関係者は、攻撃的なサイバー戦能力を使い、宇宙システム、関連する地上インフラ、それらのユーザ及びそれらを接続するリンクに対して影響を与えることができます。

●指向性エネルギー兵器（ＤＥＷ：Directed Energy Weapons）：ＤＥＷは、敵の装備や施設を破壊、損傷するために指向性エネルギーを使用します。これらの兵器は、一時的なも

図表1-7　人工衛星軌道

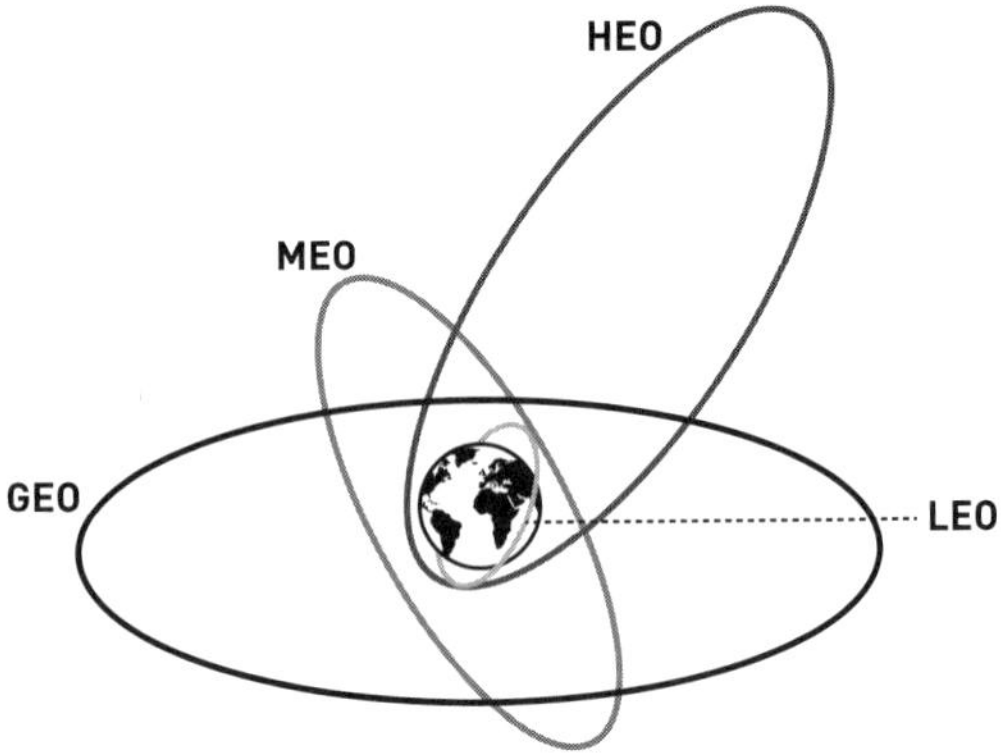

出典：DIA、"Challenges to Security in Space"

軌　道	高　度	用　途
低軌道（LEO）	2,000km以下	通信、ISR、有人宇宙飛行
中軌道（MEO）	2,000〜35,000km	通信、位置標定・航法・タイミング
高軌道（HEO）	2,000〜40,000km	通信、ISR、ミサイル警報
静止軌道（GEO）	36,000km	通信、ISR、ミサイル警報

のから恒久的なものまで様々な効果をもたらすことができ、レーザー、高出力マイクロ波兵器（電子レンジと同じ原理を使います。高出力マイクロ波を照射し、目標のアンテナなどから侵入、電子機器を焼いて故障させ、破壊する兵器）及び高周波ジャマー（1～30ＭＨｚの高周波を使った電波妨害装置）などを含みます。種類によっては、ＤＥＷ攻撃源を特定するのが困難な場合があります。なぜなら、ＤＥＷによる攻撃は、電磁波を使う攻撃であり、デブリを発生しにくいので、攻撃を探知することが難しいのです。

●キネティックエネルギーの脅威：対衛星（ＡＳＡＴ：Anti-satellite）ミサイルは、固定式または移動式の発射システム、ミサイル、打ち上げられる「キネティック破壊移動体」（宇宙軌道を周回する相手の衛星を捜索し破壊する移動体）から構成され、標的である衛星を破壊するように設計されています（図表1-8参照）。これらの兵器は航空機から発射することもできます。「キネティック破壊移動体」は、搭載されたシーカー（目標捜索装置）を使用して標的衛星を捕捉します。地上発射のＡＳＡＴミサイル攻撃は、ＤＥＷのようなほかの対宇宙兵器よりも簡単に攻撃者を特定でき、その攻撃の結果は軌道上のデブリを発生させます。

図表1-8　DEWおよびASATミサイルの脅威

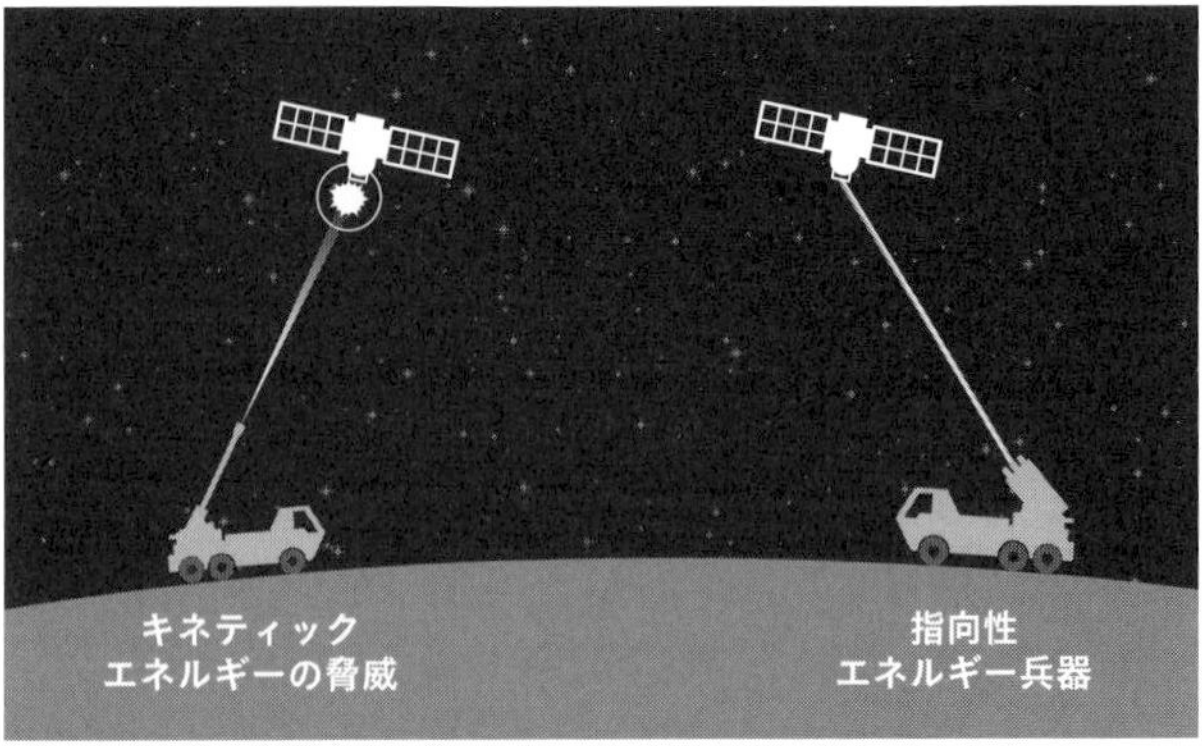

出典：DIA, "Challenges to Security in Space"

図表1-9　電子戦

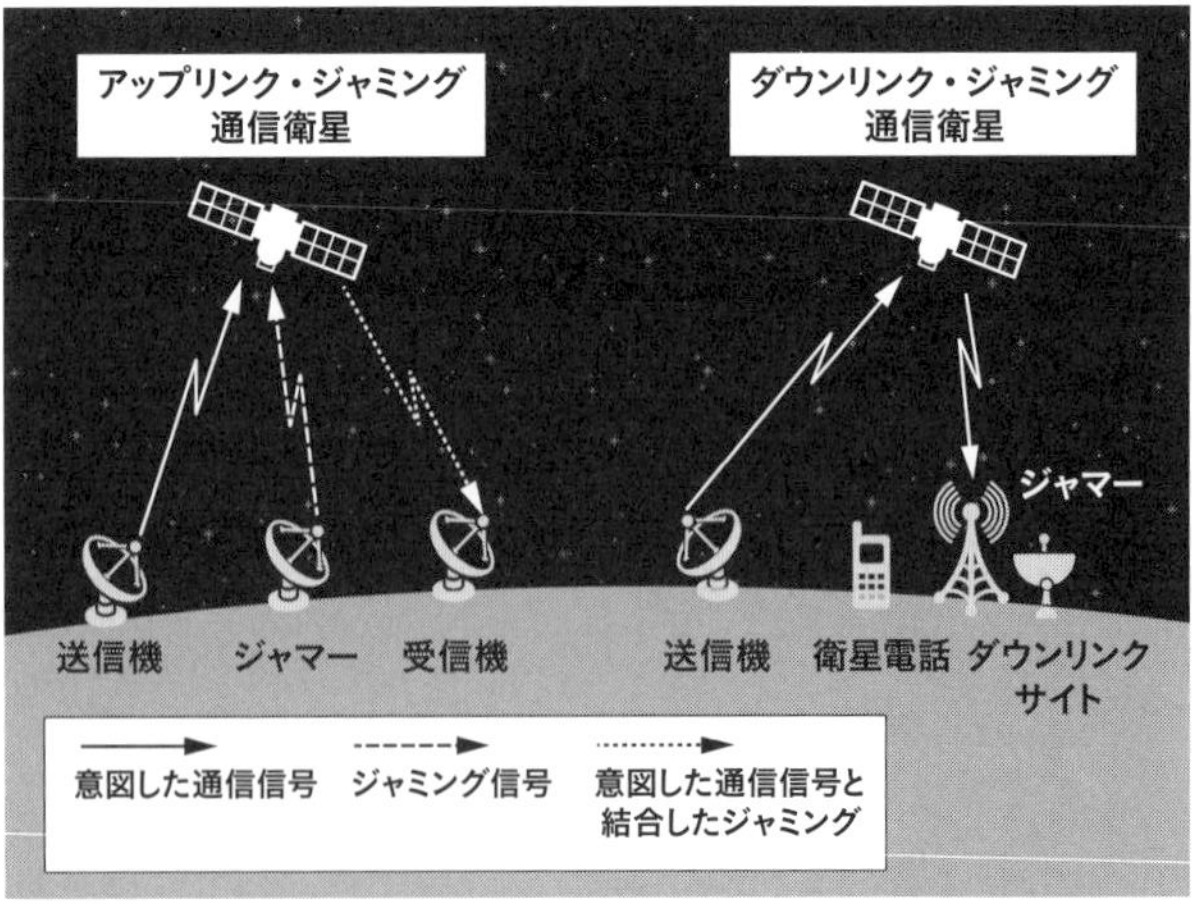

出典：DIA, "Challenges to Security in Space"

図表1-10　同一軌道上の脅威

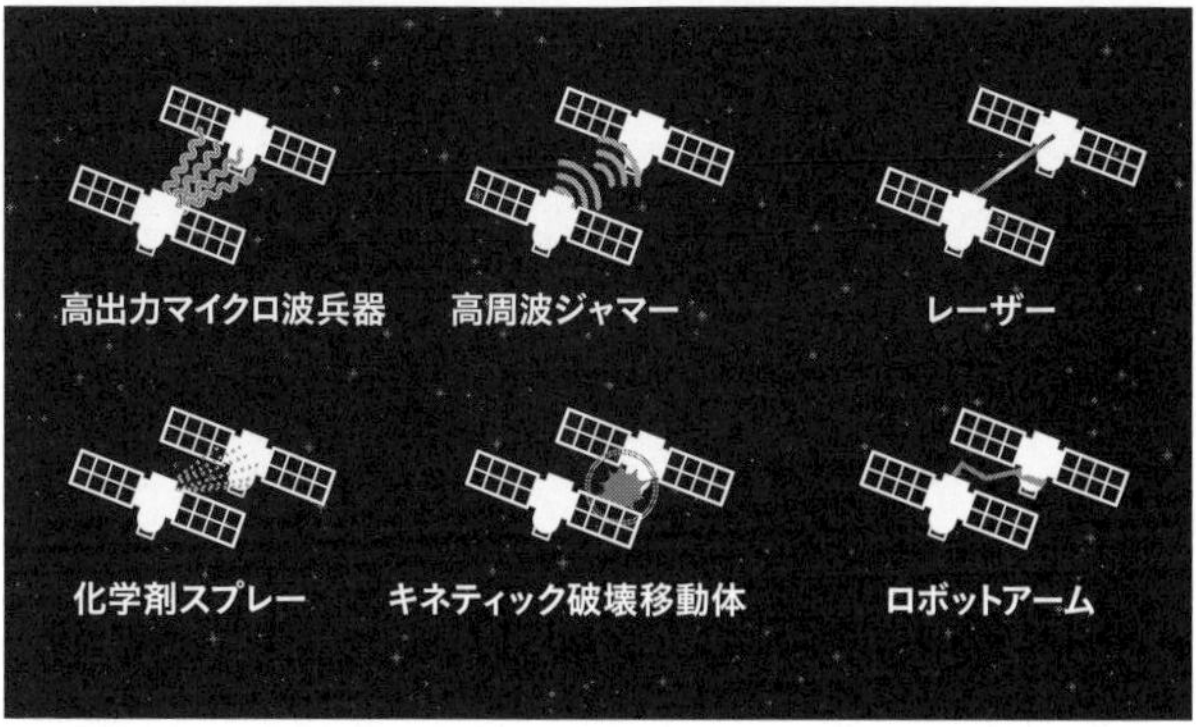

出典：DIA, "Challenges to Security in Space"

●電子戦（ＥＷ：Electronic Warfare）：ＥＷは、妨害およびスプーフィング（誤った情報を含む、偽の信号を受信者に送信すること）技術を使用して、電磁波領域（電磁スペクトラム）を制御することです（図表１－９参照）。ＥＷは、意図しない干渉との区別が困難な場合があります。アップリンク・ジャミングは衛星に向けられ、衛星受信エリアの全ユーザに対するサービスを損ないます。ダウンリンク・ジャミングは、地上ユーザ（例えば、衛星ナビゲーションを使用して自己位置を決定する地上部隊）に向けられるため、局所的な影響があります。

●同一軌道上の脅威：同一軌道にある衛星などは、相手の宇宙船を故障させるか破壊することができる衛星です。これらの衛星は、高出力マイクロ波兵器、高周波ジャマー、レーザー、化学剤スプレー、相手の衛星に衝突し破壊する「キネティック破壊移動体」、相手の衛星を破壊するロボットアームなどを搭載しています（図表1-10参照）。これらのシステムのなかには、衛星の整備や修理、デブリ除去のためのロボット技術のように、平和的に利用できるものもありますが、軍事目的にも利用できます。

宇宙に関する今後の見通し

今日、宇宙は多くの軍や民間の活動が輻輳《ふくそう》する空間となっています。中国とロシアなどは、情報・監視・偵察（ＩＳＲ）、通信、衛星打ち上げ、有人宇宙飛行を含む宇宙計画の改善を継続するでしょう。商業的には、衛星の製造、衛星打ち上げ、ナビゲーション、ＩＳＲサービスの提供で国際的な競争が激化します。

中国とロシアは、宇宙が現代戦に勝利するために不可欠であると認識し続けるでしょう。彼らは、宇宙へのアクセスと運用能力を向上させ、米国の宇宙能力の優位性にチャレンジするでしょう。さらに、これらの国々は、米国及び同盟国の弱点が衛星通信、精密攻撃能力、ＩＳＲ資産を利用する宇宙能力への依存であることを認識しており、その弱点をターゲットとした攻撃能力を向上させています。

彼らは宇宙で他国の活動を脅かすシステムを開発し、自らの宇宙能力及び対宇宙能力を強化し、それらの能力を自らの軍隊に利用する努力を継続するでしょう。

イランと北朝鮮は、ＩＳＲ、通信、航行などの宇宙を基盤としたサービスを利用して、民生・軍事分野における能力を向上させています。両国は、敵対国に対して電子戦を行う能力を維持し、理論的には、軌道周回衛星を標的とするミサイル及び宇宙発射体（ＳＬＶ）を利用することができます。

宇宙産業は、技術的・コスト的な障壁が低下し、共同生産のための国際的なパートナーシップが増加するにつれて、拡大し続けるでしょう。国家、非国家、商業主体が宇宙からの情報にさらにアクセスできるようになります。同時に軌道上の衛星とデブリの数は増加し、追跡衛星、脅威と非脅威の識別、衝突の予測と防止はより大きな課題となります。

宇宙進出国の数が増加し、一部の主体が宇宙と対宇宙の能力を軍事作戦に統合するにつれて、米国の宇宙支配に挑戦し、軌道上の資産に新たなリスクをもたらすでしょう。

このような宇宙をめぐる状況のなかで、日本は日本独自の宇宙開発を行ってきました。

長い間、「宇宙の平和利用」というイデオロギーに縛られ、自衛隊の宇宙利用に対してネガティブに対応してきましたが、最近では自衛隊の通信衛星の利用、ＧＰＳの利用、ＳＳＡ（宇宙状況把握）などの重要性が認識されるようになりました。

6 サイバー戦とは

サイバー戦（Cyber Warfare）を定義する

サイバー空間は、インターネット（光ファイバー、海底ケーブル、衛星等を含む）、インターネットに接続されているネットワーク、これらネットワークに接続されているコンピュータ端末、サーバー、その他の電子機器がつくりだす人工の空間です。

このサイバー空間は、インターネットが多くのモノと連結されることによってモノのインターネット（ＩｏＴ：Internet of Things）となり、民間でも軍事においても利用され、便利になっています。しかし、悪意ある者が付け入る脆弱性《ぜいじゃくせい》が増大し、世界の安定性を脅かす大きなリスクにもなっています。そしていまや、陸・海・空・宇宙に次ぐ第五の戦場と呼ばれ、安全保障における重要な空間になっています。

このサイバー空間を利用して、国家や非国家主体（個人、グループ、テロ組織など）が様々な活動を行っています。サイバー空間をめぐっては軍事に焦点をあてたサイバー戦争（Cyber War）やサイバー作戦（Cyber Operation）という用語がありますが、本書においては平時および有事において国家や非国家主体が行うサイバー戦（Cyber Warfare）に焦点をあてます。

サイバー戦の明確な定義はありませんが、本書においては「サイバー戦とは、ある政治的目的達成のために国家や非国家主体が実施するサイバー空間での戦い」と定義します。この定義は、『戦争論』で有名なクラウゼヴィッツの戦争の定義「戦争とは他の手段をもってする政治の継続である」をヒントにしたものです。

サイバー空間で何が行われているか

サイバー戦を区分すると、サイバー情報活動（サイバー・インテリジェンスとかサイバースパイ活動などの表現もある）、攻撃的サイバー戦、防御的サイバー戦に分かれます。以下の3種類のサイバー戦の種類に関する記述は、筆者の畏友である伊東寛氏の『サイバー戦争論』（原書房）を参考に記述します。

●サイバー情報活動

サイバー情報活動には、ふたつの目的があります。ひとつ目の目的は、相手のシステムやネットワークに存在する情報を収集し、分析することです。この目的は、軍事的な作戦遂行に直接必要な情報を収集・分析することです。

ふたつ目の目的は、相手のシステムそれ自体に関する技術的な情報を収集・分析することです。例えば、相手のシステムのOS[※10]やソフトウェア等の種類、通信プロトコル・暗号化の方式などです。これらの情報が分かれば、相手のシステムの弱点が分かります。

●攻撃的サイバー戦

攻撃を行うためには相手のシステムに侵入しなければいけません。具体的なサイバー攻撃の要領としては、ソフトウェアを利用した自動化された攻撃と、人間が行うハッキングがあります。

まず、ソフトウェアを利用した自動化された攻撃にはウイルスやワームなどの自律型マルウェアによるものがあります。これらは相手のシステムに入ると自律的に行動し、感染を広げたり、目標となる特定のシステムやサーバーを探索し、システムダウン、データの書き換えや、情報の窃取を行ったりします。

一方、人間が行うハッキングですが、相手のシステムへの侵入や偵察、プログラムの書き換えやすり替え、情報の窃取、システムダウンやシステムの物理的破壊などの工作を行います。

●防御的サイバー戦

サイバー空間における防御にはふたつの備えが必要になります。ひとつは、DDoS攻撃（攻撃目標に対し、大量のデータや不正なデータを送り付けることで、正常に稼働できない状態に追い込むこと）のようにシステム内部に侵入することなく、直接システムに負荷をかける攻撃への備えです。もうひとつは、自らのシステムに侵入し、プログラムの書き換え、情報の窃取やシステムダウンを狙う攻撃への備えです。

※10　OS（オペレーティングシステム）とは、コンピュータの操作・運用をつかさどるソフト

日本にとってのサイバー戦脅威対象国※11

●中国

日本にとって最も厄介な国は中国です。サイバー組織として2015年末に新編された戦略支援部隊が重要な部隊ですが、その指揮下には61398部隊（上海所在で北米を担当）や61419部隊（青島所在で日本と韓国を担当）などが存在します。

中国のサイバー戦の特徴は、サイバー情報活動で米国などの知的財産（軍事技術など）の窃取を重視する点です。当然日本の軍事技術も狙われます。具体的には日本の戦闘機、原子炉、艦艇、ミサイル防衛、防空、宇宙に関する技術です。2020年2月の日本メディアの報道では、日本電気（NEC）や三菱電機が大規模なサイバー攻撃を受けていたそうですが、これは氷山の一角だと思います。

また、軍事目的のサイバー攻撃を行います。軍事目的のサイバー攻撃とは相手のシステムをダウンさせるなどして機能低下や破壊をすることです。軍事衝突の際にはサイバー攻撃で敵国の通信インフラや電力インフラなどに障害を引き起こし、社会の混乱を狙います。

●北朝鮮

北朝鮮のサイバー戦の特徴は、仮想通貨を含む金銭窃取を目的とする活動が重視されている点です。諜報機関である偵察局の指揮下に121部隊や180部隊などのサイバー部隊が存在しますが、金銭獲得を任務とする部隊は180部隊です。国家が金銭搾取目的でサイバー攻撃を行っているのですから、まさに泥棒国家です。

「ラザルス」と呼ばれるハッカー集団が世界中でサイバー攻撃を積極的に行っていますが、「ラザルス」が180部隊である可能性があります。

軍事目的のサイバー攻撃やサイバー情報活動を手掛ける部隊が121部隊です。

●ロシア

ロシアのサイバー戦の特徴は、米国をはじめとする民主主義体制の弱体化を狙った活動が目立つ点です。典型例は2016年の米国大統領選挙でヒラリー・クリントン候補を落選させるために行った影響工作です。

※11　吉野次郎『サイバーアンダーグラウンド』日経BP

別の例としては、米国の諜報機関である国家安全保障局（ＮＳＡ：National Security Agency）から盗み出されたハッキングツール（ＮＳＡがサイバー戦のために作成したソフト）がネットで公開・販売されたことがあります。これを実行したのはロシアのサイバー集団「シャドー・ブローカーズ」だといわれています。「シャドー・ブローカーズ」は民間のグループを装いつつ、連邦保安局（ＦＳＢ）や対外情報局（ＳＶＲ）のために働くハッカー集団です。「シャドー・ブローカーズ」のＮＳＡに対するサイバー攻撃は、米国に恥をかかせるためだといわれています。

ロシアのサイバー戦にはもうひとつの特徴があります。ＦＳＢや軍参謀本部情報総局（ＧＲＵ）がサイバー部隊を運用していますが、ロシア国内にいる優秀な民間のハッカーにサイバー攻撃を依頼するのです。ロシア当局は彼らのサイバー犯罪を見逃す見返りに、サイバー攻撃に協力を求めています。２００７年、ロシアはエストニアに対してサイバー攻撃をかけて大混乱を引き起こしました。このときも当局は民間のハッカーを使いました。国家ぐるみのサイバー攻撃だったのですが、「一般市民が勝手にやったこと」と言い逃れしました。

●日本の同盟国や友好国

サイバー戦で厄介なのは日本にとっての同盟国や友好国であっても、日本に対するサイバー戦を実施しているという事実です。エドワード・スノーデンの証言や彼がもたらしたNSAの膨大な資料から、米国も日本に対してサイバー戦を仕掛けている可能性はあります。

友好国のなかではフランスが日本に対してサイバー戦を実施して、自動車や薬品関係の技術情報を窃取しているといわれています。フランスは「西側の中国」とまで評されているそうです。

世界の国々のサイバー能力など

既述したように、国家間のサイバー戦はすでに始まっています。日本に対するサイバー戦でとくに注意しなければいけない国々は中国、北朝鮮、ロシアです。

これらの国々は日本にとって軍事的脅威です。平時から日本の官庁・企業・個人に対してサイバー戦を仕掛けています。そして繰り返しますが、サイバー戦の厄介なところは、日本の同盟国や友好国であっても警戒しなければいけない点です。

図表1-11　サイバー軍の年間予算と兵力（2017年データ）

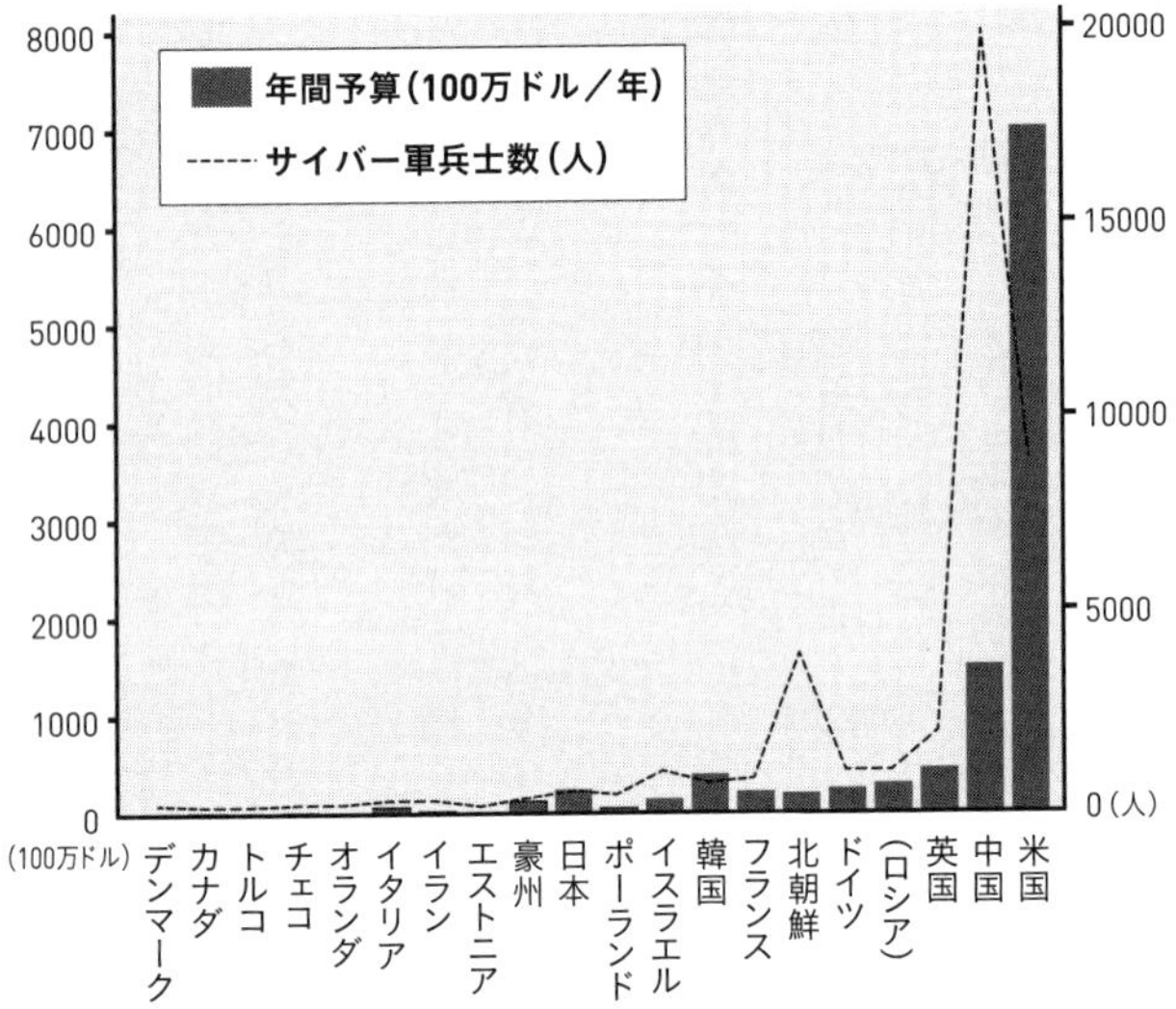

出典：図は、ゼクリオン・アナリティクス「サイバー戦2017：世界における力のバランス」から作成、ロシアの評価は『コメルサント』紙による）

各国のサイバー軍の年間予算や兵力は図表1－11の通りです。

各国のサイバー軍の総合力について、ゼクリオン・アナリティクスによりますと、1位米国、2位中国、3位英国、ロシアは3位か4位、4位ドイツ、日本は北朝鮮（6位）や韓国（8位）よりも下位の11位に評価されています。

7　電磁波戦（電子戦など）とは

電磁波は、電場と磁場の変化を伝える波のことで、光や電波は電磁波です。電磁波は、超低周波（長波長側）から赤外線、可視光線を経て、超高周波で波長の短いガンマ線（短波長側）までの周波数帯域を形成しますが、この周波数帯域のことを電磁スペクトル（EMS：Electromagnetic Spectrum）といいます。世界では電磁波領域の戦い（電磁波管理を含む）のことをEMS戦と呼んでいますが、電磁スペクトルという表現が日本人にはなじみが薄いので、本書では「電磁波戦」と表現します。

電磁波は、我々の日々の生活や軍事作戦において、人間にとっての空気と同じで、なくてはならない存在です。我々が毎日使用しているテレビ、ラジオ、スマートフォン、カーナビなどは電磁波を使っています。また、軍事においても、電磁波の周波数帯域の大部分を使って作戦を実施しており、無線通信、レーダー、人工衛星、GPS、航空機や船舶の運航、電子戦などで不可欠な領域になっています。

電子戦

電磁波戦における中核である電子戦について説明します。電子戦を簡単に定義すると「電磁波領域を使った軍事行動」です。電子戦は、「電子攻撃」「電子防護」「電子戦支援」の三つに分類されます。

●電子攻撃

まず電子攻撃とは、「電磁波を使い、敵戦闘能力を弱体化、無効化、破壊、または欺瞞《ぎまん》する行動」です。電子攻撃には、①電子対抗手段（ECM：Electronic Counter Measures）として、通信妨害（ジャミング）、欺瞞（敵のレーダーに実在しない航空機や艦艇などを映し出し、敵をだますこと）、②対電波放射源兵器（相手のレーダーや通信機など電波を発射する装備を攻撃するミサイルなどの兵器）、③指向性エネルギー兵器（レーザー兵器など）、④デコイやチャフ（敵を欺瞞して攻撃を避けるためのおとり）、ステルス技術（F－35などのステルス機に利用されている相手のレーダーを無効にする技術）などの受動的な手段も電子攻撃の一部として分類されます。

　このように、電子戦は人的・物的破壊に間接的に関与するだけでなく、破壊を直接的に引き起こす兵器としても機能します。その意味で、電子戦にはミサイルや爆弾などの物理的・物質的手段を伴う攻撃の側面があります。これは、「仮想空間」において非物理的・非物質的な手段を用いるサイバー戦との大きな違いです。

●電子防護

　電子防護は、「敵の電子攻撃から、味方の人員、施設、装備を防護するための行動」です。「人員、施設、装備の防護」という意味において、受動的な電子攻撃と電子防護は似ていますが、使う手段が違います。

　前者はEMSを使用した兵器の捕捉・誘導・発射を阻止することで、物質的破壊を伴うミサイルなどの攻撃から防護することです。一方、電子防護は、敵の電子攻撃や電波干渉による「影響」を回避ないし最小化するものです。そのため、電子防護が包含する取り組みの範囲は、システムの強靭《きょうじん》化から戦術・技術・手続きまで多岐にわたります。主な電子防護の例としては、GPS妨害への対処、対ジャミング用の周波数アジリティー※12などがあります。

●電子戦支援

電子戦支援は、相手に悟られないように（受動的に）敵の電磁波利用を情報収集し、分析する活動です。電子戦支援は、有事においては敵を発見・識別・標定し、自軍の作戦を容易にします。平時においても対象国の電磁放射を常に傍受・分析し、有事に備えています。

電子戦支援は、通信・電磁波・信号情報を収集する「シギント」（SIGINT）と密接に関係します。電子戦支援は作戦を支援するために必要な情報を提供しますが、SIGINTはより広義の諜報活動であり、両者は情報の使途によって区別されます。つまり、電子戦支援は部隊指揮官が任務を付与するのに対し、SIGINT任務については、米国では国家安全保障局（NSA）や日本では防衛省の情報本部といった国内諜報機関が担当しています。

中露の電子戦能力の向上

2000年以降の電磁波領域における各国の動向を観察すると、ロシアと中国の能力の向上が顕著であり、米国のこの分野における技術的優位は揺らいできています。とくにロシアの電子戦能力の向上は過小評価すべきではない状況です。2017年9月にロジャー・マクダーモットが発表した『ロシアの電子戦能力2025――電磁スペクトルでのNATOへの挑戦』では、ロシアが将来の戦闘を「ネットワーク中心の戦い」であると予測し、電子戦をその中核に位置付けていること、そして、陸海空などの伝統的な領域と同様に電磁波領域を「正統な戦闘領域」として重視していると指摘しています。

ロシアの電磁波能力の現代化は、電子戦部隊の編制、電子戦能力を組み込んだ軍事作戦ドクトリン、国内防衛産業企業による電磁波領域への投資や研究開発など、包括的な取り組みで進められています。とくに、ロシア陸軍の旅団編成のなかには電子戦部隊が組み込まれており、陸軍の作戦行動に常にこの部隊による支援が伴う点は、西側諸国との違いとして強調されています。[※13] このような状況下で、米国や日本には電磁波領域での特段の能力向上が必要とされます。

※12　周波数が混雑してきたときに、空いている周波数に自動的に変更して電波干渉を回避し、安定した無線通信を行うこと
※13　切通亮「電磁スペクトルにおける米国の軍事的課題と対応」防衛研究所紀要第21巻第1号（2018年12月）

8　ＡＩの軍事利用：アルゴリズム戦

ＡＩ（人工知能）が様々な分野で活用されて不可欠な存在になっていますが、ＡＩを安全保障の分野に活用する試みが活発化しています。とくに米国と中国におけるＡＩの軍事利用は進んでいて、将来戦に重要な影響を与えると主張する専門家が増えています。

好むと好まざるとにかかわらず、将来の戦争はＡＩ主導型になります。マーク・エスパー米国防長官が国家安全保障会議（ＮＳＣ：National Security Council）の会議で、「ＡＩの進歩は、今後数世代にわたって戦争の性格を変える可能性がある。どの国が最初にＡＩを利用したとしても、長年にわたって戦場で決定的な優位性を確保することになる」と発言しています。

また、ジョセフ・ダンフォード統合参謀本部議長（当時）は、「ＡＩの分野で競争上の優位性を確保し、ＡＩから情報を得て野戦システムを構築できる者は、戦場における全体的な優位性を確保することができる」と発言しています。

本書においては、現代戦におけるＡＩ同士の戦いを「アルゴリズム戦」と表現します。アルゴリズムは、「問題を解くための手順を定式化したもの」ですが、ＡＩが軍事上の様々な問題を解決するために使用するアルゴリズムの優劣が将来戦の趨勢を決定するでしょう。

米国のＡＩは中国のＡＩとは違いますし、米国のＡＩでもそれを開発した人や会社によって違います。アルゴリズムが違うからです。自衛隊は、中国製のＡＩや米国製のＡＩを使うわけにはいかず、自衛隊自らのＡＩを開発し、将来戦に備える必要があります。

以下、第二章以降のＡＩに関する議論の理解を容易にするために、ＡＩの基本的なことを簡単に紹介します。

ＡＩについて

●著名人のＡＩに関する評価

ハーバード大学のグレアム・アリソン[※14]教授は、「ＡＩは、今後20年の間に商業や国家安全保障に変革的な影響を与えるだろう」「中国のＡＩ開発の急速な進歩により、今後10年

※14　グレアム・T・アリソンは、ハーバード大学ケネディ・スクールのダグラス・ディロン政府教授。ハーバード大学ベルファー・センターの元ディレクターで、Destined for War : Can America and China Escape Thucydides's Trap?（『米中戦争前夜――新旧大国を衝突させる歴史の法則と回避のシナリオ』藤原朝子訳　ダイヤモンド社）の著者である。

間で中国のＡＩが米国のＡＩを追い抜くであろう」と警鐘を鳴らしています。

また、アマゾンのジェフ・ベゾスＣＥＯは、「我々はＡＩの黄金時代の始まりにいる。ＡＩ技術はまだ生まれたばかりだが、将来の経済成長と国家安全保障の原動力となるだろう」と述べています。さらに、グーグルのエリック・シュミット元ＣＥＯは、「もしソビエト連邦が、今日のアマゾンのリーダーたちが採用しているような高度なデータ観測、収集、分析を活用できていたら、冷戦に勝っていたかもしれない」と述べています。

●ＡＩとは

ＩＴ用語辞典によると、ＡＩとは、「コンピュータを使って、学習・推論・判断など人間の知能の働きを人工的に実現したもの（ソフトウェア）」です。しかし、この定義のなかの「知能」については、そもそも知能とは何かに関する定義が存在しないという問題があります。

ＡＩの分野で有名な東京大学の松尾豊教授は、「ＡＩとは人間の知的な活動の一面を真似した技術」と定義しています。[※15]

ＡＩの区分については「特化型ＡＩ」と「汎用型ＡＩ」という区分と、「弱いＡＩ」と

「強いＡＩ」という区分があります。しかし、特化型ＡＩはほとんど弱いＡＩと同じで、汎用型ＡＩはほとんど強いＡＩと同じ意味で使われています。

・特化型ＡＩとは、限定された領域の課題に特化して、自動的に学習、処理するＡＩです。
・汎用型ＡＩとは、人間と同じように総合的に判断して、様々な課題を処理することが可能なＡＩです。
・弱いＡＩとは、人間の知性の一部のみを代置し、特定の課題のみを処理するＡＩです。
・強いＡＩとは、人間のような自意識を備え、全認知能力を必要とする課題の処理も可能なＡＩです。

現在ＡＩと呼ばれているものはすべて特化型ＡＩです。汎用型ＡＩの実現の可能性については、否定的な意見と肯定的な意見の両方がある状況です。肯定的な意見でも、米国のレイ・カーツワイル博士は２０２９年頃には誕生すると言っていますが、２２００年頃と

※15　松尾豊『人工知能は人間を超えるか　ディープラーニングの先にあるもの』角川ＥＰＵＢ選書

いう専門家もいて、大きな幅があるのが現状です。

しかし、特化型でもＡＩが社会に大きな影響を与えているのは事実です。ＡＩ画像認識や音声認識は医療分野で成果を出していますし、防犯・監視、セキュリティ分野に応用され、中国ではデジタル監視社会が実現しています。また、完全自動運転、物流の自動化、農業の自動化、製造装置の効率化を実現することが期待されます。

また、ＡＩによる状況に合致した環境認識や行動が可能になり、家事・介護、他者理解、感情労働の代替、試行錯誤の自動化が達成されることが期待されます。自然言語理解能力の向上により自動翻訳や自動通訳が可能になり、また教育、秘書、ホワイトカラー支援などの多くの分野をＡＩが代替することが予想されます。

●機械学習と深層学習

機械学習は、ＡＩのうち、人間の「学習」に相当する仕組みをコンピュータなどで実現するものです。機械学習では、ビッグ・データから学習する際に、何に着目して学習するかを人間が定義します。その定義に基づき法則やルールを見出し、入力データの識別や予測などが可能になります。

ＡＩはいまや社会のあらゆる分野で活用されていますが、第三次ＡＩブームを誕生させた技術が深層学習（ディープ・ラーニング）です。深層学習は、機械学習の一種ですが、人間の脳を模擬した多数の層からなるニューラルネットワーク（神経回路網）を用いる学習です。深層学習では、何に着目して学習するかをＡＩ自身が定義していきます。その定義に基づき法則やルールを見出し、入力データの識別や予測などが可能になります。

「アルファ碁ゼロ」がＡＩ軍事利用の原点

ＡＩの歴史において、アルファベット（グーグルの持ち株会社）傘下のＡＩ企業ディープマインドが開発した「アルファ碁」は世界に衝撃を与えました。とくに、囲碁発祥の地である中国にとっては大きな衝撃でした。「アルファ碁」の衝撃が中国人民解放軍（ＰＬＡ）のＡＩの軍事利用を推進するきっかけになったのです。

ディープマインドは「２０１７年10月」と題する論文を発表しましたが、その論文の注目点を紹介したいと思います。ディープマインドが開発した囲碁のＡＩには三つのバージョン[※16]があります。

第一のバージョンは「アルファ碁」です。アルファ碁は２０１６年、当時の世界トップ棋士であった韓国のイ・セドル九段に勝利して世界の囲碁界を驚かせました。

次いで、第二のバージョンは「アルファ碁マスター」です。「アルファ碁マスター」は「アルファ碁」の能力向上バージョンで、2017年に世界最強であった中国の柯潔《かけつ》九段を圧倒し、勝利を収めただけではなく、世界トップ棋士と60戦して全勝の実力を発揮しました。

ちなみに、初期バージョンである「アルファ碁」と「アルファ碁マスター」は、トッププロ棋士の棋譜を深層学習で学びながら実力を高めていきました。つまり、人間の知識を利用して実力を高めていったのです。

一方、第三のバージョンである「アルファ碁ゼロ」はさらに世界に衝撃を与えました。「アルファ碁ゼロ」は、「アルファ碁」と対戦して100戦して100勝と圧倒し、「アルファ碁マスター」にも大きく勝ち越したのです。

世界が驚いたのは、「アルファ碁ゼロ」に入力したデータは囲碁の基本的なルールのみで、トッププロ棋士の棋譜をまったく使用していない点です。つまり、「アルファ碁ゼロ」は人間の知識を借りないで、自己対局による強化学習のみで強くなっていったのです。

「アルファ碁ゼロ」は、深層学習を活用した自己対局により急激に上達し、囲碁の定石の多くに自力でたどりつき、さらに人間が思いつかなかった定石も発見しました。そして自己対局が490万回に達したとき、「アルファ碁」を圧倒する実力に到達しました。「ゼロ」が繰り出す手はプロの手とあまり一致していませんが強く、プロ棋士を参考にしなくても、AIが試行錯誤しながら独力で強くなれることを証明しました。

従来、「形勢を判断する機能」と「次の一手を探す機能」のそれぞれについて、人の脳をまねたニューラル・ネットワークで学ばせていました。「アルファ碁ゼロ」はふたつのニューラル・ネットを統合することで、より的確な学習が可能になりました。

「アルファ碁ゼロ」の登場で、データが足りない分野でもAIを活用できる可能性が広がったのです。ディープマインド社は、「アルファ碁ゼロ」をさらに改良して、将棋やチェスにも応用したAI「アルファゼロ」を開発し、将棋、チェス、囲碁のいずれでも世界最強のソフトを超えました。

昔のAIは人間の助けが必要でしたが、大量のデータがあれば自ら学ぶようになり、今は人の助けもデータも不可欠ではなく、AIが競い合うことで「独学」で進化する技術が

※16　DeepMind,「Mastering the game of Go without human knowledge（人間の知識なしで囲碁を極める）」、英科学誌『ネイチャー』

登場したのです。

この技術を応用し、ＡＩのミスを指摘して修正するＡＩの研究も米国で進んでいます。将来は軍事における戦闘シミュレーションや自動運転のためのシミュレーションなどに応用される可能性が大です。

アルファ碁が世界のトップ棋士を完全に撃破したことは、ＡＩが複雑な分析や戦略構築において、人間の認識能力に匹敵するのみならず、人間の能力に対する明らかな優越を示す転換点となりました。

ＡＩと人間の戦いは、将来戦争において指揮官が下す決心に対し、ＡＩが果たす途方もない潜在力を示しました。ＰＬＡにとってアルファ碁の勝利は、人工知能を将来的に活用することを考える大きな動機になったのです。

ＡＩの軍事への利用分野

ＡＩの軍事利用が世界的な潮流になっています。まず平時における軍隊のすべての業務は、ＡＩにより業務の効率化・省人化などの効果があります。例えば、軍事組織の編成から総務、人事、情報、防衛、運用、通信、兵站《へいたん》（補給、整備、輸送）、衛生などの業務がありますが、これら平時におけるすべての業務にAIを適用できます。自衛隊は、まずこの平時の業務にAIを活用することから始めるべきだと思います。

AIの有事における軍事適用については、米軍がこの分野でトップを走っていますが、PLAも米軍に肉薄しています。中国は、①AIを将来の最優先技術と位置づけ、「2030年までにAIで世界をリードする」と宣言し、②習主席が重視する「軍民融合」（軍と民の技術の融合）により、民間のAI技術を軍事利用して「AI軍事革命」を目指し、③とくにAIと無人機システム（無人のロボットやドローンなど）の融合を重視し、これにより戦争の様相は激変すると信じています。

一般的に、AIの軍事適用の分野は人事、情報、作戦・運用、兵站、衛生などの「あらゆる分野」であり、まとめると以下のようになります。

・AIを無人機システムに搭載することにより、兵器の知能化（自律化）を実現します。例えば、AIドローン、AI水上艦艇、AI無人潜水艇、AIロボットなどです。
・サイバー戦における防御、攻撃、情報収集のすべての分野で、AIが活用できます。
・電磁波戦における電磁波の収集、分析・評価、周波数配当にAIを活用できます。

・情報活動分野。例えば、ＡＩによるデータ融合、情報処理、情報分析です。とくに、ＡＩ自動翻訳機が日米共同作戦や国際情勢分析に大きな影響を与えるでしょう。
・目標確認、状況認識の分野でＡＩを適用できます。例えば顔認証、海洋状況把握（ＭＳＡ：Maritime Situational Awareness）、宇宙状況把握です。
・ウォーゲーム（軍事作戦のシミュレーション）、戦闘シミュレーション、教育・訓練の分野にＡＩを活用できます。
・指揮・意思決定、戦場管理の分野にＡＩを活用できます。
・兵站及び輸送分野です。例えば、ＡＩによる補給、整備、輸送などの最適な兵站計画の作成などです。
・戦場における医療活動、体と心の健康の分野です。意外にも、ＡＩをカウンセラーとして代用する案は有望です。
・フェイクニュースなどの影響工作に対処するためにＡＩは有効です。

以上のように、現代戦においてＡＩの活用は避けられませんが、自衛隊のＡＩ活用は米国や中国に比較して低調であり、特段の奮起を期待します。

AI開発リスク抑制の原則

総務省情報通信政策研究所「AIネットワーク社会推進会議」報告書（平成29年7月28日）にある「AI開発原則」の9原則のうち、6原則はAIシステムのリスク抑制に関する項目となっています。

①透明性の原則
開発者は、AIシステムの入出力の検証可能性及び判断結果の説明可能性に留意する。

②制御可能性の原則
開発者は、AIシステムの制御可能性に留意する。

③安全の原則
開発者は、AIシステムがアクチュエータ（油圧や電動モーターによって、エネルギーを並進または回転運動に変換する駆動装置）等を通じて利用者及び第三者の生命・身体・財産に危害を及ぼすことがないよう配慮する。

④セキュリティの原則

開発者は、ＡＩシステムのセキュリティに留意する。

⑤プライバシーの原則

開発者は、ＡＩシステムにより利用者及び第三者のプライバシーが侵害されないよう配慮する。

⑥倫理の原則

開発者は、ＡＩシステムの開発において、人間の尊厳と個人の自律を尊重する。

マイクロソフトでは信頼できるＡＩ（Trusted AI）の要件として、公平性（Fairness）、説明責任（Accountability）、透明性（Transparency）、倫理（Ethics）を挙げていますが、前記の6原則の多くと重複します。

ＡＩと完全自律型致死性兵器システム

国連などで問題となっているのは、ＡＩを搭載し、人間の判断を受けずに自らの判断で人命を奪う「完全自律型の致死性兵器（ＬＡＷＳ：Lethal Autonomous Weapon Systems）」です。すでに実戦で使われている攻撃型の無人機は、人間が遠隔操作をしていますが、ＬＡＷＳは人間の介在なしに自ら攻撃目標を選定して攻撃を実行します。

ＬＡＷＳは、戦時下での市民の保護などを定める「国際人道法」上の観点で見過ごすことはできないとして、国際的な批判があります。

ＬＡＷＳについては、そもそもロボットに人命を奪う判断をさせていいのか、自軍の兵士の犠牲が減少するので「戦争へのハードル」が下がるのではないか、機械である以上、故障による誤作動も起こる可能性があり、サイバー攻撃でハッキングされる可能性もあるのではないか、ＡＩが人間に「反乱」を起こす可能性があるのではないかなどの批判があります。

ジュネーブにある国連欧州本部を舞台にＬＡＷＳ規制の議論が5年間続けられてきましたが、２０１９年8月21日、ＬＡＷＳの規制の指針を盛り込んだ「報告書」がようやく採択されました。

報告書は、すべての兵器システムには国際人道法が適用されること、兵器の使用には人間が責任を負うこと、ハッキングのリスクやテロ集団の手に渡るリスクを考慮することなど11項目が盛り込まれました。

しかし、合意された指針は、法的拘束力がなく、「努力目標」の域を出ず、ルールを自国の都合のよいように解釈する余地もあります。

ＡＩ兵器の有力国である中国は規制の対象となる「完全自律型」の範囲について、「自ら進化する兵器を規制すべき」と主張しました。これは、「自ら進化するものでなければ規制の対象ではない」という主張です。

さらに、報告書をまとめる最終局面では、米国とロシアが、当初の文案にあった「ヒューマンコントロール＝兵器の使用を人間が制御する」という表現に反対し、結局この文言は最終の文書から削除されました。

米国、中国、ロシアなどのＡＩ兵器の高い技術を持つ国々は、指針の表現を曖昧にすることで規制の対象を狭め、開発や使用の余地を広げる思惑があります。

このように、アメリカや中国などがＡＩ兵器の開発を止めないのは、最先端の軍事技術で後れを取れば、ライバルに軍事的優位を奪われかねないという危機感を抱えているからです。これらのライバル国は、いざその技術が必要になる事態に備えて、少なくとも技術研究は続けていくものとみられます。とくに超限戦思想の中国は、限界を設けることなくＡＩの開発を進めていくことでしょう。

一方、日本政府はＬＡＷＳの開発をしないと決定しています。しかし、同時に完全自律型の殺傷兵器には至らないＡＩ兵器の開発を規制すべきではないという立場です。

ＡＩに過度に依存するのは問題だが、助言役として有望

囲碁や将棋をはじめとして多くの分野でＡＩは人間より賢くなりました。軍事においても同じです。ここで重要なことは、ＡＩに依存しすぎないことです。ＡＩは、ときとして致命的な間違いをすることがあります。ゆえにある問題の解決策としてＡＩに依存しすぎることなく、人間としての案や意見を持つことが極めて重要になります。ふたつの例を挙げたいと思います。

今回の武漢ウイルスのために世界の株式や債券市場は大暴落をし、多くの投資家が大損害を被りましたが、ＡＩの予想も外れました。ＡＩは膨大な過去データから、未来を予測します。『日本経済新聞』によりますと、コロナショックによる株価暴落は統計学的に「１６００億年に一度の発生確率」とされ、参考データが乏しいＡＩにとっては苦手分野でした。〝投資の帝王〟と呼ばれた米国の著名投資家のレイ・ダリオは「システムを信じたが……」と悔やんだそうです。

しかしＡＩが前例なき未来を予見できないわけではありません。むしろ、わずかな手掛

かりから推論を繰り返し、迫り来る危機に警告も発します。問題は、人間がそれを受け止めることができるか否かです。人間の能力も必要なのです。ＡＩは人間の助言役であり、ＡＩの意見はセカンドオピニオンとして適切に活用できるか否かは人間にかかっているのです。

もうひとつの例は、囲碁や将棋のプロ棋士のＡＩとの付き合い方です。若手のプロ棋士で上手にＡＩを活用している人、例えば将棋の藤井聡太七段などは抜群の成績を収めています。それらの棋士に共通なのは、ＡＩを助言役と認め、ＡＩが打つ手をセカンドオピニオンとしてうまく取り入れている点です。

世界一のＡＩと対戦して勝てるプロ棋士はいません。１０００回勝負して１０００回負けることになります。１０００回負けることに精神的に耐えられる棋士はほとんどいないでしょう。ＡＩの上手な使い方は、この場面ではＡＩはどのような手を打つのかを参考にすることです。「なるほど、そのような手があるのか」と感動することが棋士を強くします。

もうひとつ重要なことは、ＡＩに頼りすぎないことです。あくまでもＡＩの意見をセカンドオピニオンとして聞く態度が重要だそうです。

軍事におけるＡＩの活用も同じです。ＡＩは万能ではなく、依存しすぎれば危険を伴います。しかし人間の判断を助ける助言役としてＡＩを使いこなせば、勝利への切り札になる可能性があります。

次章以降では、第一章の基本事項を踏まえて、米中露の現代戦の取り組みを紹介し、最後に我が国の現代戦の在り方について記述します。

第二章　中国の現代戦

1 中国が考える現代戦

「超限戦」と中国の現代戦

中国の現代戦を理解するためには、第一章で記述した『超限戦』に触れざるを得ません。『超限戦』は、人民解放軍（PLA）の公式文書ではありませんが、本章で説明するPLAの公式な戦略や作戦を深く理解するためにも不可欠な文書です。『超限戦』に記述されている以下の文章は、「超限戦」の本質を見事に表現しています。

・〈パウエルやシュワルツコフ、サリバン、シャリカシュベリ[※1]のような現代的軍人さえ『現代的』とは言えず、むしろ伝統的な軍人に見える。我々が言う現代的軍人と伝統的な軍人との間に、すでに溝ができているからだ。この溝は越えられないものではないが、しかし徹底的な軍事志向の飛躍が必要である。これは多くの職業軍人にとっては、ほとんど一生追求してもできないことだ。方法は極めて簡単だ。徹底的に軍事上のマキャベリになりきることだ。〉

・〈目的達成のためなら手段を選ばない……制限を加えず、あらゆる可能な手段を採用して目的を達成することは、戦争にも該当する。マキャベリの思想はたとえ最初ではなくても（その前に中国の韓非子がいたからである）、最も明快な『超限思想』の起源だろう。〉

・〈戦争以外の戦争で戦争に勝ち、戦場以外の戦場で勝利を奪い取る。〉

以上の記述のなかで〈戦争以外の戦争で戦争に勝ち、戦場以外の戦場で勝利を奪い取る。〉という記述は、中国の孫子の兵法などでも有名な「戦わずして勝つ」につながります。中国の現代戦で重要な戦いは情報戦です。

通常の民主主義国家の情報戦は、主として軍事作戦に必要な情報活動を意味します。しかし、中国では情報戦を広い概念としてとらえていて、ＰＬＡの軍事作戦に寄与する情報活動のみならず、２０１６年の米国大統領選挙以来有名になった政治戦、影響工作、三戦（輿論戦《よろんせん》、法律戦、心理戦）、謀略戦、プロパガンダ戦などをすべて含むものだと理解して

※1　パウエル、シュワルツコフ、サリバン、シャリカシュベリはいずれも第一次湾岸戦争に参加した米国の有名な将軍たち

ください。

そして、ＰＬＡにおいては情報戦が現代戦の最も基本となる戦いになります。情報戦を基本として、宇宙戦、サイバー戦、電磁波戦などがあります。これらすべての戦いを担当する非常に重要な戦略支援部隊（ＳＳＦ：Strategic Support Force）がＰＬＡにはありますので、のちほど紹介します。戦略支援部隊の紹介の前に中国の現代戦の前提となっている事項について説明します。

●中国は覇権を握るために手段を選ばない

習近平主席のスローガンは「中華民族の偉大なる復興」です。これは、中華民族が１８４０年のアヘン戦争以前（つまり列強の植民地になる以前）にそうであった世界一の大国の地位に復興を遂げることです。つまり、彼の夢は、まず米国と肩を並べる大国になること、そして最終的には米国を追い抜き世界一の大国として世界の覇権を握ることです。

中国はかつてバラク・オバマ大統領時代に、米中の「新型大国関係」を提案しました。「新型大国関係」とは、米中が対等の立場であることを前提として、各々の国益を認めることです。とくに中国にとっての核心的利益であるチベットや新疆《しんきょう》ウイグル両自治区、台湾などの中国の国内問題や東シナ海と南シナ海の領土問題に対して米国は関与しないことを要求しているのです。

そして、「広大な太平洋はふたつの大国にとって十分な空間がある」と発言し、太平洋を米中で二分することを提案しました。この発言が意味するところは、中国がアジアから米国を追い出して、アジアの覇権を握ることです。そして最終的には世界の覇権を握ろうとしているのです。中国は世界一の国家になるためには手段を選びません、政治、経済、軍事、外交、メディア、アカデミアなどあらゆる分野に浸透し、「中華民族の偉大なる復興」を実現しようとしているのです。

●あらゆる領域で膨張する戦略的辺境

長年中国研究に従事してきた平松茂雄氏は、〈中国の国家目標とは、清朝最盛期の版図を念頭に置いた大中華帝国の再興である。〉と書いています。[※2] 民主主義国家では考えられない「清朝最盛期の版図」を取り返すという考えの背景には、中国独特の「戦略的辺境」

※2　平松茂雄『日本は中国の属国になる』海竜社

という概念があります。

戦略的辺境とは線（ライン）ではなく、面（エリア）であり、立体空間です。つまり、戦略的辺境は、固定的な国境線ではなく、「中国の力の増大によって膨らむ」立体空間です。つまり、領土、海、空、宇宙で形成される目に見える立体空間です。

中国の考えでは、中国がその国力を増大させていくと戦略的辺境は外へ外へと拡大していきます。そして、戦略的辺境の考え方は現代では、陸・海・空・宇宙という目に見える空間（実体領域）だけではなく、サイバー空間、電磁波領域、情報空間、認知空間など目に見えない空間にまで拡大されるのです。

軍事的には空を支配する制空権とか海を支配する制海権という言葉がありますが、その発想を宇宙の支配、サイバー空間の支配、電磁波領域、認知領域の支配というように拡大していっています。

習主席が主張する海洋大国の夢、航空大国の夢、宇宙大国の夢、サイバー大国の夢、科学技術大国の夢、一帯一路構想（ＢＲＩ：Belt and Road Initiative）などは、戦略的辺境が外へ拡大する具体例です。この戦略的辺境を抜きにして、中国の膨張的な対外政策を理解することはできません。

中国の軍事戦略

一帯一路構想の積極的推進やスプラトリー（南沙）諸島における大規模かつ急速な人工島の建設などの極めて対外膨張主義的な動きの背景には中国の戦略があります。

中国の軍事戦略について、軍事科学院軍事戦略研究部が出版した『戦略学（2013年版）』、中国国防省が発表した『国防白書』（とくに軍事戦略に焦点を当てた2015年版国防白書『中国の軍事戦略』）、米国防省の議会への年次報告書『中国の軍事力』に基づき紹介します。

●積極防御（アクティブ・ディフェンス）

中国の軍事戦略に関する不変のキーワードは積極防御（アクティブ・ディフェンス）です。積極防御は毛沢東以来受け継がれてきた戦略で、「積極防御戦略が中国共産党の軍事戦略の基本であり、戦略上は防御、自衛及び後発制人（攻撃された後に反撃する）を堅持する」という表現が長く踏襲されてきました。

積極防御をさらに分かりやすく三つの原則で説明します。

①中国は、先制攻撃をしない、可能な限り平和的な紛争の解決に努める。
②中国は、戦争が生起する前に、軍事的または政治的にそれを抑止するように努める。
③中国は、相手の攻撃には攻勢的行動で対処し、敵部隊の撃破を追求する。

中国は、現代戦においては先制攻撃が圧倒的に有利であることをよく理解しています。中国はいまや、宇宙やサイバー空間における先制攻撃は避けられないと認識するとともに、「戦役（作戦のこと）戦闘上は積極的な攻勢行動と先機制敵（敵に先んじて敵を制する）の採用を重視する」と表現しています。

つまり戦略レベルでは伝統的な建前である「積極防御」と「後発制人」を主張し、作戦および戦闘レベルでは現代戦における戦勝獲得のための「積極的な攻勢行動」と「先機制敵」という本音を主張しているのです。

なお、歴史を振り返ると、中国の「後発制人」は建前にすぎず、朝鮮戦争において先制攻撃を行い、インド・ソ連・ベトナムとの国境紛争においても先制攻撃を行っています。

●情報化条件下における局地戦争（信息化条件下局部戦争）

中国語の「信息化」はPLAの独特の表現で、日本語に直すと「情報化」のことです。PLAは、現代戦の顕著な特色を情報戦、デジタル戦、ネットワーク戦として認識しています。PLAは、米軍のことをよく研究し、その長所を徹底的に模倣していますが、とくに米軍が情報通信技術（ICT：Information and Communication Technology）を見事に活用して達成した「軍事における革命（RMA）」を高く評価し、模倣しています。

米軍は、ICTを活用し、指揮・統制・通信・情報・火力打撃・兵站《へいたん》などの運用全般に革命（RMA）をもたらしました。とくに情報の分野における革命は「情報RMA」と呼ばれています。情報RMAでは、新たな情報通信技術を駆使し、迅速に目標を発見し、遠く離れた地域に展開する味方部隊にほぼリアルタイムの目標情報などを提供し、部隊はその情報に基づき火力を迅速に発揮させることが可能となりました。米軍における情報RMAの成果は、第一次湾岸戦争の際に遺憾なく発揮されました。

PLAは、第一次湾岸戦争における米軍の作戦を研究しました。そしてその本質が情報RMAであることを理解し、現代戦の特徴を信息化（情報化）と表現しました。PLAにとっての「信息化」は、作戦全般の特色を「情報の働き」の観点で理解した用語です。

『中国の軍事戦略』によると、PLAの戦略は1993年に「局地戦争に勝利すること」を基本としていましたが、2004年には「情報化環境下における局地戦争に勝利すること」に修正されました。中国軍事戦略の建前が積極防御であるのに対し、「局地戦争に勝利する」という主張はPLAの本音です。中国のいう局地とは国境付近、海の領域、空の領域のことで、日本の尖閣諸島や南西諸島は局地戦争の舞台となりうる領域です。

作戦ドクトリン

●一体化統合作戦

PLAは、各軍種（陸・海・空・ロケット軍）が協力して作戦を実施する統合作戦の重要性を認識し、統合作戦を行わなければ技術的に優れた他国の軍隊（とくに米軍）に勝てないと認識しています。また、統合作戦は、局地戦における勝利のためにも不可欠であると認識しています。

PLAの伝統的な統合作戦に関する認識にはふたつの修正が加えられました。

第一の修正は、統合作戦を「一体化統合作戦」と言い換えたことです。PLAが統合作戦の訓練を積み重ねた結果、ただ単に複数の軍種による統合作戦だけでは実際的ではないと認識したのです。そこで、複数の軍種による統合作戦だけではなく、情報、兵站支援、非軍事勢力（警察、国民など）の活用も加えた「一体化統合作戦」という考えを採用するに至ったのです。

第二の修正は、軍団レベルの統合作戦のみならず、師団や旅団レベルまで落とした統合作戦を強調するようになったことです。

●接近阻止／領域拒否

「接近阻止／領域拒否（A2／AD：Anti-Access／Area Denial）」戦略は、強大な米軍にいかに勝利するかを徹底的に検討した末に導き出されたPLAの戦略です。

接近阻止（A2）の目的は、「米軍の東シナ海や南シナ海への迅速な展開を妨害し、第二列島線内に米海軍の艦艇を侵入させないこと」です。

領域拒否（AD）の目的は、米軍の第二列島線内への接近を許したとしても、「米軍による作戦地域の利用を拒否すること」、例えば南西諸島の使用を拒否することです。

図表2－1は、米海軍が認識する中国のA2／AD（3層防御態勢）を示しています。

第一防御層（一番外側）は対艦弾道ミサイルと潜水艦によって構成され、距離的には10

図表2-1　中国の重層的なA2／AD能力

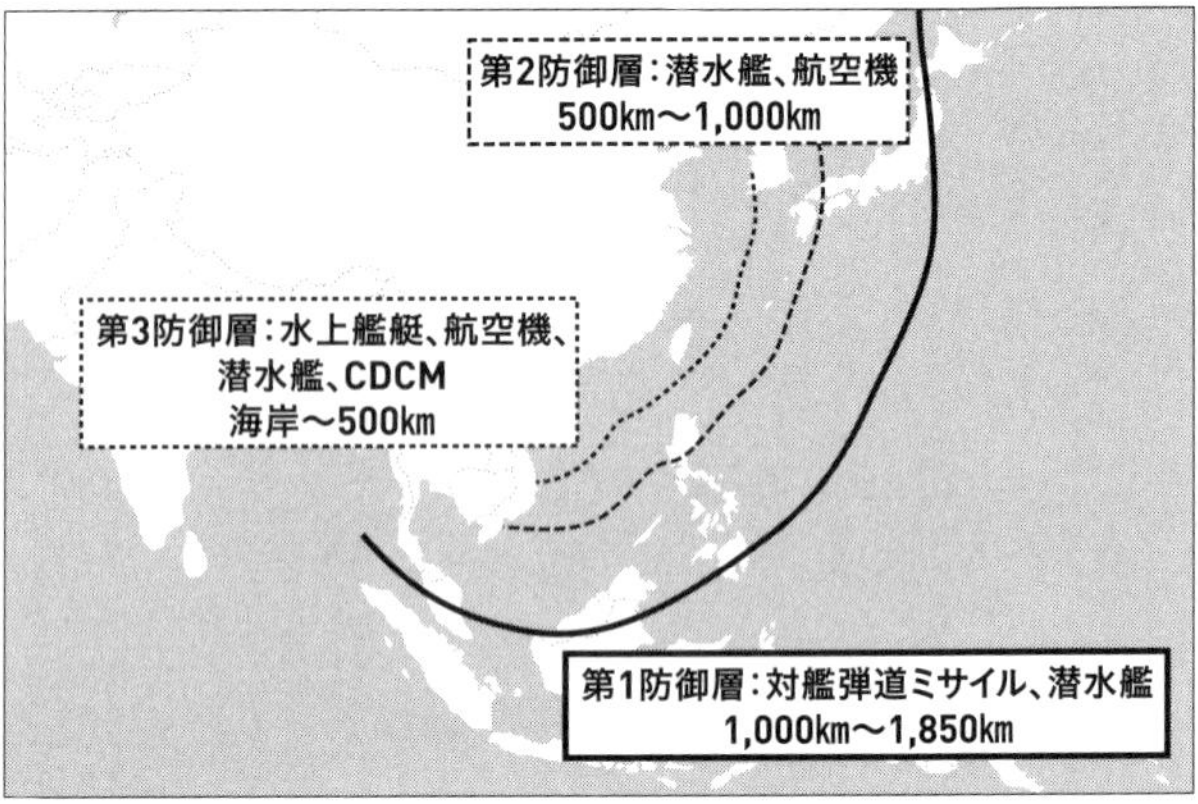

出典：米海軍情報局（ONI）

00〜1850㎞。第二防御層は、潜水艦と航空機によって構成され、距離的には500〜1000㎞。第三防御層（一番内側）は、水上艦艇、航空機、潜水艦、沿岸防御巡航ミサイル（CDCM：Coastal Defense Cruise Missile）によって構成され、距離的には0〜500㎞。A2／AD能力の骨幹は中・長距離ミサイルです。

●短期限定作戦

PLAは、現段階においては、戦力に勝る米軍と本格的な戦争をしようとは考えていません。しかし、PLAには、短期で地域を限定した作戦を実施し、米軍が本格的な行動を開始する前に決着をつける考えはあります。

PLAの作戦の基本は、陸海空の通常戦力のみならず、弾道ミサイル、衛星破壊兵器、サイバー・電子戦能力、さらには特殊部隊や武装民兵等を活用し、あらゆるドメイン（領域）において米軍の脆弱性《ぜいじゃく》（アキレス腱《けん》）を攻撃することです。

PLAが米軍のアキレス腱として認識しているのは、米軍の作戦・戦闘の基盤である人工衛星などの作戦中枢機能（＝C4ISR〔指揮、統制、通信、コンピュータ、情報、監視、偵察〕機能）米軍の兵力展開の基盤となる前方展開基地、航空母艦、兵站機能です。

PLAは、これらを打撃することによって米軍の戦力発揮を妨害し、PLAの作戦への介入を断念せざるを得ない状況にすることを狙っています。この短期限定作戦を一番恐れているのが米軍です。彼らは戦場への到着が遅れ、決戦に間に合わないリスクを恐れているのです。

●非対称戦とハイブリッド戦

弱者は、強者に対して正攻法（例えば戦闘機対戦闘機、戦車対戦車などの同じ兵器同士の戦い。これを対称戦と呼ぶ）で戦えば負けてしまいます。そこで弱者が採用するのが非対称戦で、敵の得意とする兵器や戦法に対して自分も同じ兵器や戦法では戦わず、敵の弱点を衝くのです。同じように、PLAが米軍と真正面から対決したとしても勝てないので、米軍の弱点に焦点を当てて戦いを挑むことになります。整理して言うと、強者の弱点を狙うなどして、強者を相手にしても勝てる兵器や戦法で挑む作戦を非対称戦といいます。

具体的な例としては、PLAが得意とする宇宙戦で米国の人工衛星を破壊して、米軍のC4ISRを機能不全にして勝利することです。また、相手の正規軍に対して海上民兵などの非正規組織を使った作戦を実施することなども、典型的な非対称戦です。

この非対称戦は、ロシア軍がクリミアを奪取する際に用いたハイブリッド戦に似ています。ハイブリッド戦とは、軍事と非軍事、正規と非正規、キネティックとノンキネティックなど相反する要素を組み合わせた戦いです。ハイブリッド戦も非対称戦も相手の弱点を衝く戦いです。

現代戦に不可欠な戦略支援部隊

中国の現代戦を議論する際に戦略支援部隊を抜きにしては語れません。戦略支援部隊は、PLAが現代戦を遂行する際に不可欠な部隊であり、PLAのなかで最も重要な部隊のひとつです。

戦略支援部隊は、情報戦（三戦を含む）、宇宙戦、サイバー戦、電子戦を担当する世界でも類を見ない部隊です。戦略支援部隊を知れば知るほど、「PLAを侮ってはいけない」と痛感します。

戦略支援部隊は秘密のベールに覆われていて、編成や指揮関係などの細部は公表されていませんが、米国防大学の国家戦略研究所（INSS）が発表した「中国の戦略支援部隊：新時代の部隊」※3に基づいて、説明します。

●戦略支援部隊の特徴

戦略支援部隊の基本編成は図表2-2の通りです。参謀部、政治工作部、兵站部、装備部のほかに宇宙システム部とネットワークシステム部があります。

戦略支援部隊の特徴を箇条書きで紹介します。

・戦略支援部隊はPLAの情報戦、宇宙戦、サイバー戦、電子戦を統括する世界に類を見

※3　China's Strategic Support Force: A Force for a New Era

図表2-2　戦略支援部隊の基本編制

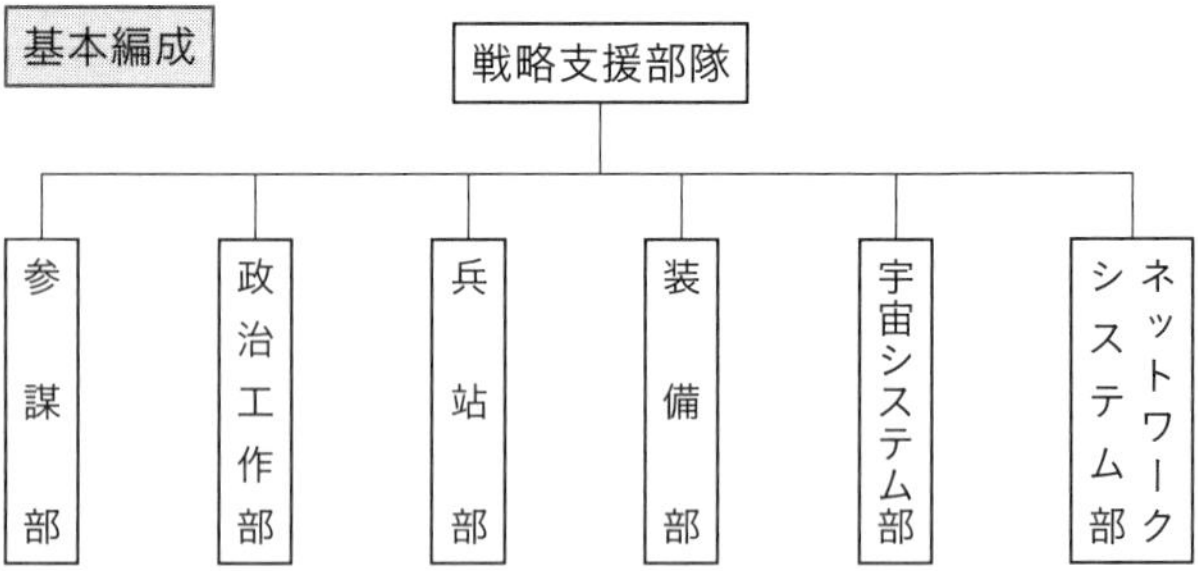

出典：China's Strategic Support Force: A Force for a New Era

ない極めて野心的な組織です。

・ＰＬＡにとって情報は最も重要な要素であり、戦略支援部隊の担当する情報戦、宇宙戦、サイバー戦、電子戦を貫く共通の要素が情報です。情報が各「戦い（warfare）」を成立させる不可欠な要素となり、各「戦い」のなかでは情報戦が基盤的な戦いとなります。

　ＰＬＡの情報に関する認識は、米軍が行った「軍事における革命（ＲＭＡ）」とくに「情報ＲＭＡ」の影響を強く受けています。米軍がＲＭＡを活用した湾岸戦争やアフガニスタン・イラク戦争の戦果がＰＬＡに大きな影響を与えました。ＰＬＡは「情報化条件下における局地戦争」に勝利することをスローガンにしていますが、情報を戦勝のための非常に重要な要素だと認識している証左です。

・作戦を「キネティックな戦い」と「ノンキネティックな戦い」に区分すると、戦略支援部隊は主として「ノンキネティックな戦い」を担当します。例外として、宇宙戦などの一部では相手の衛星を破壊するためにミサイルを使用するなどの「キネティックな戦い」を行います。

・「ノンキネティックな戦い」は、平時から有事まですべての期間で実施されます。つまり、戦略支援部隊は平時から有事まですべての期間で作戦を実施します。世界の趨勢《すうせい》は、平時における「ノンキネティックな戦い」を重視する傾向にあり、戦略支援部隊モデルには妥当性があります。

・戦略支援部隊は、ふたつの同格の半独立部門、つまり宇宙戦を担当し宇宙関連部隊を指揮する「宇宙システム部（ＳＳＤ：Space Systems Department）」と情報戦を担当しサイバー部隊を指揮する「ネットワークシステム部（ＮＳＤ：Network Systems Department）」を指揮下におきます（図表２－３参照）。この宇宙システム部とネットワークシステム部が戦略支援部隊の主役です。

・宇宙システム部は、衛星打ち上げ、宇宙遠隔計測（テレメトリ）・追跡・制御、戦略情

図表2-3　戦略支援部隊の任務別編成

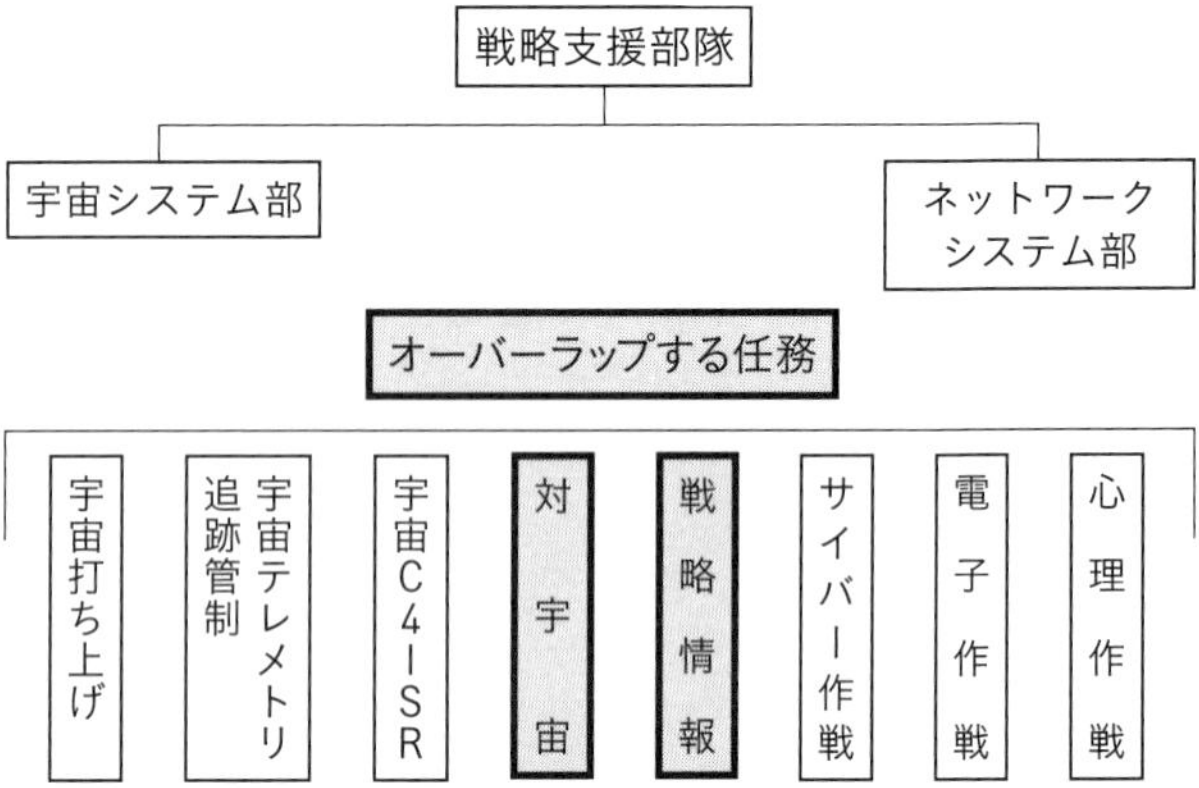

出典：China's Strategic Support Force: A Force for a New Era

報支援、対宇宙（敵の衛星の破壊等）など、PLAの宇宙作戦のほぼすべての機能を統制しています。宇宙システム部が中国宇宙開発の現場における主役です。

この権限の集中は、宇宙に関する権限をめぐるPLA内の権力闘争を解決するためです。

図表2−4は中国の四つの宇宙発射センターを示していますが、これらは宇宙システム部の統制下にあります。

・ネットワークシステム部は、サイバー戦、電子戦、心理戦、技術偵察などを担当し、PLAのすべての戦略情報戦部隊を統制します。この集約化は、PLAのサイバー・スパイ活動部門とサイバー攻撃部門

図表2-4　中国の宇宙発射センター

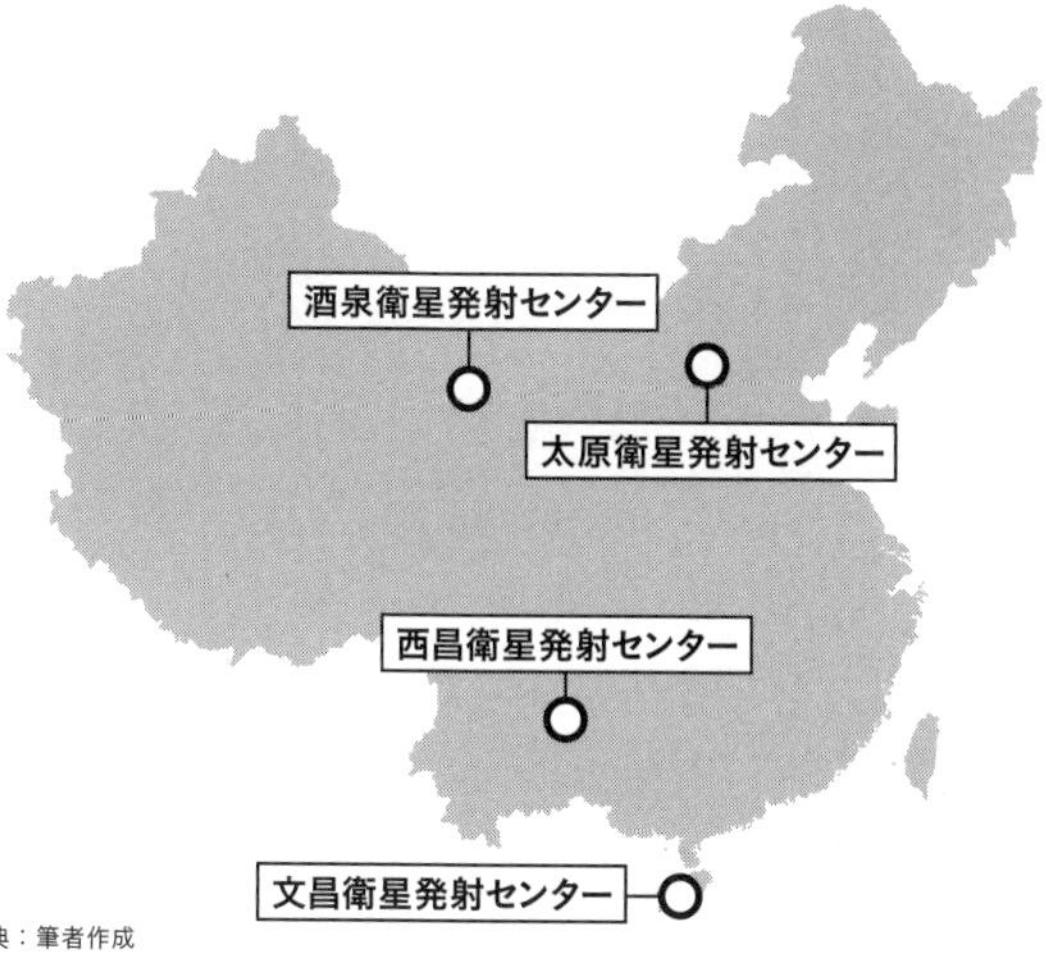

出典：筆者作成

の間の作戦調整上の課題に対処するためです。

・ＰＬＡは、サイバー戦及び電子戦任務を管理するために、「統合ネットワーク電子戦」という戦略に基づき、新たな全軍体制を構築しています。

戦略支援部隊の創設は、ＰＬＡの「統合ネットワーク電子戦」という長年の目標を制度化するものです。

・戦略支援部隊のネットワークシステム部は、サイバー戦、宇宙戦、電子戦、心理戦、一部のキネティック戦を担当しています。

・戦略支援部隊は、情報を戦争における戦略的資源として捉える中国の軍事思想の進化を体現しており、情報システムへの依存から生じる軍隊の能力強化と脆弱性の両方に対し果たす役割を認識しています。

・戦略支援部隊の情報戦にはふたつの主要な役割、つまり戦略情報支援及び戦略情報作戦があります。

戦略情報支援の役割は、技術情報の収集・管理の一元化、戦区への戦略情報支援の提供、PLAの戦力投射（中国本土から遠い地域に戦力を展開すること）を可能にすること、宇宙・核兵器分野における戦略防衛支援、統合作戦を可能にすることです。

戦略情報作戦の役割は、「敵の作戦システムを麻痺《まひ》させる」ため、そして紛争の初期段階における「敵の戦争指揮システムを妨害する」ために、宇宙戦、サイバー戦、電子戦の協調的な活用を含んでいます。

・戦略支援部隊には、作戦を支援する技術偵察能力が委任されていますが、国家的な戦略的意思決定を支援する情報能力は委任されていません。

・戦略支援部隊は、情報戦の複数の任務を統合部隊に付与し、サイバー・スパイ活動とサイバー攻撃を統合します。さらに情報戦の計画と戦力開発を統合し、情報作戦の指揮と統制の責任を統合することにより、情報作戦を遂行する能力を向上させています。

・戦略支援部隊は、ＰＬＡの心理戦・政治戦任務の要素を取り入れていて、ＰＬＡにおける政治戦部隊の再編につながっています。これは、将来における心理戦の役割の増大を示唆しています。

・戦略支援部隊が、宇宙部隊とサイバー部隊との間で、対立するか重複する任務をどのように管理するかは、依然として未解決の問題です。

とくに下位の組織・行政レベルでの戦力統合は困難で、統合の欠陥は戦略支援部隊の宇宙及びサイバー任務の統合や、戦区などの組織との調整を妨げる可能性があります。

・戦略支援部隊が想定された役割を果たすか否かは、トップダウンによる統制やボトムアップの意思決定に対する不信など、より広範な組織文化の弱点に対処する能力に大きく左右されます。

2　情報戦

ＰＬＡの「情報戦（Information Warfare）」の範囲は広く、政治戦、三戦、影響工作、スパイ活動・偵察・監視、サイバー戦、電子戦など情報が関与するすべての作戦を含んだものとして使用される傾向にあります。

ＰＬＡは、情報戦が将来の戦争において中心的役割を果たすと認識しています。情報戦においては「情報優越（Information Dominance）」が強調され、情報のサイクル（敵よりも早く情報を入手し、その情報を処理し、その処理した情報を関係部隊に伝達する）を最適に実施し、情報戦で敵に勝つことが、将来戦における勝利に不可欠であると認識しています。

戦略支援部隊の戦略情報戦

戦略支援部隊の新編は、ＰＬＡにとって情報がいかに重要かを示しています。宇宙、サイバー空間、電磁波領域は、軍隊が情報を収集、処理、発信、受信する主要な領域です。ＰＬＡは、この三つの領域を最大限に活用する一方で、敵がそれらの領域を使用することを拒否することが、紛争において優位を獲得するために不可欠であると認識しています。

この三領域の使用を拒否された場合、現代戦を支える情報化されたシステム・オブ・システムズ（ＳｏＳ：System of Systems）[※4]、例えば射撃システムは機能しません。

なお、ＰＬＡはＳｏＳの考え方を非常に重視し、敵のＳｏＳの破壊や機能の停止と我の

SoSの防護を重視しています。PLAはSoSに関連する作戦をSOSO（System of Systems Operation）と呼び、重視していますが、米軍の「ネットワーク中心の戦い（Network Centric Warfare）」の影響を強く受けています。

戦略支援部隊の創設は、PLA史上初めて、これらの領域における重要なシステムの配備と、各領域を支配するための作戦遂行の両方の責任をほぼ一体化させたものです。

戦略支援部隊の情報に係る任務は、しばしば「情報支援」と「情報戦」として要約され、主として戦略支援部隊隷下の宇宙及びサイバー戦部隊の構成と一致しています。

こうした組織設計と任務の一体化は、紛争時の情報優越を実現するPLAの能力を大幅に向上させます。

●戦略情報作戦

戦略支援部隊は、PLAにおける情報戦の主要部隊であり、いかなる紛争においても情報優越を達成する責任を負っています。情報優越を達成するために、宇宙戦、サイバー戦、

※4　複数のサブシステムから構成されるシステムのこと。大切なことは、システムを構成するサブシステムもシステムとして扱える事実です

電子戦をうまく協調させて作戦を行います。そして、ＰＬＡは自らを防護しつつ、紛争の初期段階で「敵の作戦システムを麻痺させる」「敵の戦争指揮システムを妨害する」必要があると主張しています。ＰＬＡは、情報優越が戦場での勝利の前提条件であることを強調しています。

戦略情報戦における戦略支援部隊の重要性は、平時～グレーゾーン事態～有事の全期間において情報優越を追求する点です。例えば、サイバー戦、心理戦、電子戦は、危機発生以前においても重要であり、侵略のための条件をつくりだします。とくに、電子戦は中国の情報作戦の主力であり、サイバー戦と、戦争への移行を示すキネティック攻撃との間のギャップを埋める能力があります。

中国は、世界的には認められていないサイバー空間と電磁波領域における主権「サイバー・電磁主権（cyber-electromagnetic sovereignty）」を主張しています。この主張により、「中国が領土と主張している地域に対する相手の衛星による偵察を拒否する権利」や「中国の資産を危険にさらしていると（中国が）判断した相手の宇宙基地を攻撃する権利」を宣言する可能性があります。つまり、中国が主張する「サイバー・電磁主権」は、日本や米国の宇宙領域での軍事力の使用を制約する可能性があるのです。

明白な紛争にエスカレートさせないと中国の戦略目標が実現されない場合、サイバー戦と精密なキネティック攻撃というふたつの手段が調整されて、ＰＬＡによる最初の攻撃が行われます。しかし、こうした作戦は、中国が紛争は避けられないと判断し、中国が明確に情報優越を獲得した場合にのみ可能です。

サイバー戦もキネティック攻撃も、平時から戦時への移行期には、敵を先制攻撃しようとする攻撃者にとっては先制の利をもたらします。最良のシナリオでは、サイバー攻撃とキネティック打撃により、紛争初期に敵を麻痺させ、自らの情報優越を強化し、敵を迅速に屈服させることができます。

戦争が開始され、紛争が長期化すると、直接相手を破壊する活動が主体となり、サイバー戦よりも電子戦やキネティック打撃の重要性が増します。

電子戦は、中国が戦闘を行ういかなる紛争においても主要な手段となります。そして、中国が周辺に張り巡らしている航空、潜水艦、地上ミサイルの威力圏内に敵部隊が入った際に、敵の情報収集・処理能力を著しく低下させることができます。

ひとたび完全な通常戦が始まれば、キネティック打撃が再び優勢となり、心理作戦は中国人の意志を強くし、敵の意志を弱めます。さらに、外交的・政治的ナラティヴ（自己に都合の良い物語）を宣伝し、中国に有利な条件で紛争を成功裏に終結させようとします。

●戦略支援部隊と三戦

戦略支援部隊はまた、中国の政治戦力の再編の結果として、軍の三戦の任務を担当します。三戦は中国独自の政治戦で、輿論戦、心理戦、法律戦を協調的に活用し、中国の国益を実現し、敵の国益を制限します。なお、軍改革前は、旧総政治部が軍事的な政治戦を主に担っていました。

旧総政治部は、これらの任務を戦略・作戦レベルで分担し、政治戦の幅広い任務を担う連絡部と、台湾に対する政治戦、とくに心理戦の多くの作戦的側面を担う３１１基地を有していました。３１１基地は、平時は旧総政治部の指揮下にありましたが、紛争時には情報作戦における中国の心理戦部隊の中核でした。

軍改革により、旧総政治部を軍委政治工作部に名称変更し、３１１基地を戦略支援部隊に配置替えするなど、この体制が一段と強化されました。３１１基地は戦略支援部隊の編制では公にされていませんが、ネットワークシステム部に所属する可能性があります。また、サイバー作戦のみならず、電子戦、心理戦など、あらゆる情報作戦はネットワークシステム部の任務の可能性が高いです。

軍改革は、情報作戦を組織横断的に実施する際の組織的障害を取り除き、戦時体制への移行を容易にします。PLAは、紛争前の戦略的状況を形成するうえで、心理戦と政治戦の両方の重要性を強調しています。

311基地の作戦部隊を戦略支援部隊の宇宙、サイバー及び電子戦任務に統合することは、心理作戦部隊に権限を与え、敵の心理に対する情報作戦の影響を最大化するのに役立ちます。

不明確なのは、軍委政治工作部が政治戦や心理戦に対してどのような責任を負うかということです。PLAの2010年修正「政治工作指針」と2013年版「軍事戦略科学」は、伝統的な非政治的・軍事的情報戦力と心理戦をより密接に連携する必要を強調しています。

●戦略情報支援

戦略支援部隊は、作戦全体を通じて陸・海・空軍やロケット軍に対して、戦争における勝利の鍵となる「情報の傘」を提供します。情報の傘とは「部隊が作戦するために必要な情報に関する、すべての要素（必要な情報、情報を収集・分析・評価・配布する組織や手段など）」です。

戦略支援部隊の情報の傘の提供や装備支援は、中国領土内のみならず海外における、中国の国益にとって重要なＰＬＡの活動を支援します。

戦略支援部隊の情報支援任務（情報の傘の提供）は、軍全体に提供する五つの主要な機能に分けることができます。それは、①技術情報の収集と管理の一元化、②戦区への戦略情報支援の提供、③ＰＬＡの戦力投射の実現、④宇宙・核兵器分野における戦略防衛の支援、⑤統合運用を可能にする、です。以下、説明します。

(1)技術情報の収集と管理の一元化

戦略支援部隊は、ＰＬＡ改革前の組織が保有していた技術情報収集資産を管理しています。これには、望遠カメラやレーダーを装備する偵察衛星、通信情報（ＳＩＧＩＮＴ）を傍受する衛星などが含まれます。

ＰＬＡ改革以前は、これらの資産はストーブパイプ化され（それぞれが自らの上級組織だけに応える編成）、情報源に基づいて区分されていました。ＰＬＡ改革以降では、これらの収集資産はすべて同じ組織、即ち戦略支援部隊の下に置かれ、ストーブパイプ状態が緩和されています。

戦略支援部隊は、これらの情報源を一元的に管理することにより、情報収集における問題を発見し、新たなニーズを評価します。これにより新たな課題に対応するために必要な包括的な視点を得ることができます。ひと言で言えば、戦略支援部隊が目にするものや耳にするものの範囲は、大幅に向上しました。

②戦区への戦略情報支援の提供

戦区司令部の技術偵察局や戦区隷下部隊は独自の収集能力を維持していますが、主に作戦レベル及び戦術レベルの情報収集、監視、及び偵察に重点を置いており、管轄地域以外における活動は限られています。

限定された範囲の無人機、偵察機、陸上レーダーは貴重な偵察を提供しますが、実用的な早期警報に必要な包括的な情報を提供しません。それに対して、戦略支援部隊の宇宙を基盤とした監視能力は、戦区司令官の戦場認識の範囲を大幅に拡大し、彼らの情報収集活動における重大なギャップを埋めることができます。

戦略支援部隊は宇宙からの情報収集を得意としており、外国の軍事目標の識別情報資料を作成する立場にあります。これらの識別情報は、特定のロケットやミサイルなどの識別情報、SIGINT情報、レーダー識別情報、赤外線熱識別情報、または画像情報の形をとり、特定の兵器システムを検出、識別、追跡、ターゲティング（目標指定）するのに役立ちます。

これらの識別情報資料の作成には、特定のプラットフォームでの長期的な技術的収集が必要ですが、宇宙ベースの技術的収集システムは、地上で対応するシステムよりも明らかに有利です。

このように、戦略支援部隊がこれらの識別情報を作成し、それを情報システムにフィードバックしています。海外の軍事資産に関する宇宙ベースの情報収集能力は、戦区の作戦・戦術部隊の早期警戒・防空・地域監視のために主要な役割を果たしています。

さらに、戦略支援部隊は、サイバー領域及び電磁領域におけるノンキネティックなターゲティングに対しても同様の役割を果たします。そのふたつの領域は、敵センサー・通信・レーダーシステム及びターゲティング・侵入用の敵サイバー基盤に対するジャミング（通信や電波の妨害）攻撃のために効果的です。

③ＰＬＡの戦力投射の実現

戦略支援部隊は、東シナ海、南シナ海や第一列島線を越えた地域への軍事力の展開を可能にし、それを支援します。戦略支援部隊は、これらの遠隔作戦を支援するために、宇宙からの監視、衛星中継及び通信、テレメトリ、追跡及び航法を含む「情報チェイン」の全体をカバーする資産を配備します。

長距離精密攻撃、遠海（外洋）における海軍の展開、長距離無人航空機による偵察、戦略航空作戦はすべて、戦略支援部隊が独占的に管理しているインフラに依存しています。ＰＬＡの非核抑止態勢とＡ２／ＡＤ戦略にとって最も重要な要素である長距離通常攻撃は、その好例です。

ＰＬＡの長距離通常攻撃任務は、主にロケット軍によって遂行されているにもかかわらず、戦略支援部隊に大きく依存しており、目標の探知、目標の識別、ターゲティング（目標指定）から誘導、攻撃効果の評価に至るまでの作戦を支援しています。

戦略支援部隊は宇宙情報インフラを独占し、海軍が遠海（外洋）で活動するうえで不可欠な役割も果たしています。戦略支援部隊は、敵の移動、早期警戒、海上監視に関する伝統的な情報を提供して支援する一方で、より基礎的な地誌・気象海洋データ等も提供します。

この知識ベースは、船舶移動と作戦計画を決定するための重要な要素です。中国は、増大する海洋監視衛星群及び北斗航行衛星群（P131参照）を戦略支援部隊の下に置くことで、この種の情報を提供しています。

北斗航行衛星群の拡大は、米国が生み出した全地球測位システム（GPS）への中国の依存を減らすことにもなります。この北斗は2020年までに世界的に広がり、世界中に海軍兵力を派遣するために大きな貢献をすると予想されています。

④宇宙・核兵器分野における戦略防衛の支援

戦略支援部隊の対衛星ミサイル作戦、弾道ミサイル防衛、宇宙でのキネティック作戦に対する責任は明確ではありませんが、戦略支援部隊が宇宙監視（宇宙空間にある物体を検知、識別、追跡する能力）と早期警戒を独占していることは、これらの任務を支援するうえで重要な役割を果たすことを意味しています。

宇宙監視は、衛星防護と弾道ミサイル防衛の両方に必要な能力です。

戦略支援部隊の宇宙部隊は、北京と西安にある三つの主要なテレメトリ（遠隔測定）、追跡、管制センター、そして「遠望」型衛星追跡艦を引き継いでいます。各センターは、中国の衛星打ち上げ、長距離ミサイルなどの遠隔測定機能だけでなく、様々なレベルの宇宙監視機能も備えています。

戦略支援部隊はまた、4台の大型フェーズド・アレイ・レーダーを維持していることが知られており、これらは対宇宙または弾道ミサイル防衛（BMD：Ballistic Missile Defense）のいずれかを支援するために、人工衛星や弾道ミサイルを追跡することができます。

旧総参謀部第四部のノンキネティックな対宇宙ミッションは、地上ベースの衛星追跡及び監視装置も保有しています。これは、衛星妨害プラットフォームに標的データを提供します。

⑤統合運用を可能にする

戦略情報支援における戦略支援部隊の役割は、PLAの四つの軍種から部隊やシステムを受け入れ、統合作戦を直接支援することです。戦略支援部隊は、宇宙空間におけるC4ISR、情報支援、戦場における環境評価を包括した情報を提供します。これにより、各戦区内の統合部隊間で共通の情報構想を形成することが可能となります。これは、「情報化条件下における局地戦争」に勝利するというPLAの使命を達成するための基本的要件です。

戦略支援部隊設立当時、習主席は、戦略支援部隊がシステム統合、技術的相互運用性、情報共有、軍種間の情報融合を支援する必要性について述べています。

3　宇宙戦

宇宙強国の夢

中国は、毛沢東の時代から「両弾一星」を国家存続のために不可欠な戦略的技術として重視してきました。両弾とは核爆弾と誘導弾（ミサイル）のことで、一星とは人工衛星のことです。多くの中国人民が餓死するような厳しい状況においても開発を継続してきたのが「両弾一星」なのです。

習近平国家主席は多くの夢を語っています。「中華民族の偉大なる復興」「海洋強国の夢」「航空強国の夢」「技術強国の夢」、そして「宇宙強国の夢」を実現すると宣言しています。多くの夢のなかでも「両弾一星」につながる「宇宙強国の夢」は優先度の高い夢で、2030年に達成すると中国の『宇宙白書』は宣言しています。※5

中国は宇宙強国を目指し、急速な勢いで宇宙での能力向上を図っています。仮に米中間に紛争が起こった場合、中国は米国の人工衛星などに対する先制攻撃を極めて高い確率で実施します。宇宙戦においては先手必勝で、先に相手の衛星などを破壊した国の勝ちです。中国は、まともに米軍と戦ったら負けると思っています。そこで米軍の弱点を探し、その弱点を衝く作戦を採用します。米軍の弱点は、人工衛星とそれを支える衛星関係インフラの脆弱性です。

万が一、米国の衛星が破壊されるか機能低下に陥れば、米軍の作戦は致命的な打撃を受けます。例えば、通信衛星や偵察衛星が破壊されれば、作戦の中枢機能であるC4ISRに致命的な打撃を受けます。また、GPS衛星が破壊されると、GPSを活用する兵器（弾道ミサイル、艦艇、航空機など）は自己位置情報が使えなくなり、射撃精度に決定的

※5　中国の宇宙白書『2016中国的航天（2016年の中国の宇宙開発）』

な影響を受けます。つまり、ＰＬＡの狙いとする「米軍を盲目にし、無力にする」ことが可能になります。

中国の宇宙開発の歴史と今後の予定

中国は、宇宙の軍事利用から有人宇宙飛行や月探査計画まで、宇宙計画のあらゆる分野の発展に膨大な経済的・政治的資源を費してきました。そして中国はいまや、稼働中の衛星数で米国に次ぐ宇宙大国になりました。宇宙計画は、科学技術部門の強化、国際関係、軍の近代化など、民生と軍事の両方に貢献しています。

中国の宇宙開発は、ソ連のスプートニク1号の打ち上げから9ヶ月も経たない1958年に始まりました。しかし、ソ連と米国に対抗するという中国の野望は、1960年代後半まで続いた国内の政治的な権力闘争のために困難に直面しました。中国が最初の人工衛星を打ち上げたのは1970年の4月でした。日本初の人工衛星「おおすみ」の打ち上げ成功が同年2月ですから日本の後塵《こうじん》を拝する結果になりました。

毛沢東の死後、鄧小平の時代以降も宇宙開発が進められ、「長征」ロケットシリーズの改良が継続し、商業衛星の打ち上げも進展しています。そして、以下のビッグ・プロジェクトを着実に推進しています。

●中国版ＧＰＳである「北斗」衛星測位システム

中国は、中国版ＧＰＳである「北斗」衛星測位システムを整備していて、２０１２年12月からアジア太平洋地域で10機の衛星による運用を開始しました。２０１８年末には米国のＧＰＳの衛星数を追い抜き、全世界向けのサービスを開始しました。そして２０２０年頃には約35機で構成される「北斗２号」衛星測位システムを完成させる予定です。

軍事的な観点からすると、「北斗」衛星測位システムは、世界に展開するＰＬＡのＣ４ＩＳＲ能力、とくに弾道ミサイルなどの火力発揮に不可欠なシステムです。

●有人飛行及び宇宙ステーション

中国は、有人宇宙飛行を２００３年に成功させ、いまや月着陸を見据えた有人宇宙計画を推進しています。また、宇宙ステーション計画では、宇宙船「神舟11号」に搭乗したふたりの宇宙飛行士が２０１６年、宇宙ステーション「天宮２号」とのドッキングを成功させ、１ヶ月間ステーションに滞在したあとに地球に帰還しています。

米国の宇宙ステーションが2024年にその任務を終えますが、米国には代替のステーションを打ち上げる計画がありません。一方、中国は2022年を目標に宇宙ステーションの打ち上げを計画し、着々と実績を積み上げています。結果として、2025年以降は中国のみが宇宙ステーションを保有する可能性が高い状況です。

●月探査と火星探査

『宇宙白書』では、2018年前後には月探査機「嫦娥《じょうが》4号」を打ち上げ、月の裏側に同探査機が初めて軟着陸し、月面探査を行い、地球と月との二点間の中継通信を行うとしていました。2016年当初は以上のような計画でしたが、「嫦娥4号」の打ち上げは2018年12月に実際に行われ、2019年1月に世界で初めて月の裏側に軟着陸を成功させました。そして、月面探査車「玉兎《ぎょくと》2号」が探査を行いました。つまり、白書通りに月探査が行われたのですが、これは世界の専門家も驚く快挙でした。

中国は、有人月探査に利用する予定の大型のロケット「長征9号」の開発を進めています。「長征9号」の初飛行時期は2030年頃となる予定です。

火星探査については、2020年に最初の火星探査機「火星1号」を打ち上げ、火星の周回と探査を実施する予定です。

中国の宇宙開発体制全般

中国の宇宙開発体制は、共産党の指導の下に、軍事、政治、国防産業、商業の各部門からなる複雑な構造になっています。ＰＬＡは歴史的に中国の宇宙計画を管理してきており、宇宙を舞台としたＩＳＲ（情報・監視・偵察）、衛星通信、衛星航法、有人宇宙飛行、無人宇宙探査における中核になっています。

人民解放軍以外の宇宙開発関連の機関としては、国務院の工業・情報化部に所属する「国防科技工業局（ＳＡＳＴＩＮＤ）」が非常に重要な組織です。国防科技工業局は、①中国の宇宙計画の策定・実施、②宇宙関連機関・企業の管理・監督、③宇宙研究開発費の割り当てなど、中国の宇宙活動の調整・管理、④軍事調達を監督するＰＬＡ組織との実務的関係の維持、⑤中国の宇宙活動を行う国有企業の政策的指導を担当しています。※6

また、中国国家航天局（ＣＮＳＡ）はＳＡＳＴＩＮＤの管理下で、中国の民間宇宙開発

※6　Defense Intelligence Agency, "Challenges to Security in Space"

の公の顔として、世界各国との関係を強化しています。結果、2018年4月の時点で中国が37ヶ国及び四つの国際機関と21の民間宇宙協力協定に署名したと発表しました。

そして、ロケット、人工衛星、宇宙船などを開発・製造しているのは中国航天科技集団公司と中国航天科工集団公司というふたつの巨大企業です。

衛星の打ち上げなどの実務面を担当しているのはPLA（有人宇宙計画は装備発展部、無人宇宙計画は戦略支援部隊）で、SASTINDはPLAの指導を受ける立場にあるとされています。つまり、中国の宇宙開発は、一部の民生分野や科学研究を除き、ほとんどが軍の統制下にあると言えます。

中国の宇宙開発で最も重要な組織は「PLAの戦略支援部隊」

中国の宇宙開発でぜひ知っておいてもらいたい組織があります。PLAの「戦略支援部隊」と、その下部組織である「宇宙システム部」です。繰り返しますが、2015年の年末から2016年の年初にPLAの大きな改革があり、この改革により戦略支援部隊が誕生しました。戦略支援部隊は、情報戦、宇宙戦、サイバー戦、電子戦を担当する世界でも類を見ない部隊で、PLAが現代戦を遂行する際に不可欠な部隊です。そして、中国の宇宙開発にはＰＬＡが深く関与していますが、その主役が戦略支援部隊なのです。

●宇宙システム部

ＰＬＡの再編成の結果、戦略支援部隊の「宇宙システム部」（Ｐ１１２の図表２−３参照）は宇宙での攻撃と防衛を含むＰＬＡの宇宙戦を担当するようになりました。ＰＬＡ研究で有名な米国のシンクタンク「プロジェクト２０４９」の副所長マーク・ストークスは、「戦略支援部隊が代表する新しい組織は、宇宙で競争する中国の能力の中核だ」と証言しています。

「宇宙システム部」は、衛星打ち上げ（作戦上即応性の高い移動式の発射装置の打ち上げを含む）、宇宙遠隔計測（テレメトリ）・追跡・制御、戦略情報支援、対宇宙（英語では「カウンター・スペース」と表現され、敵の衛星などの破壊や機能妨害を意味します）など、ＰＬＡの宇宙作戦のほぼすべての機能を統制しています。宇宙システム部が中国宇宙開発の現場における主役です。

戦略支援部隊の設立が、宇宙戦の新しい任務に適合する将来のドクトリン、訓練、能力を開発する中国の能力を示しています。そして、米国が宇宙を利用するのを拒否する一方で、月面宇宙における中国の存在感を確立する役割を果たしています。

宇宙システムを補完する役割において戦略支援部隊の「ネットワークシステム部」は、コンピュータ・ネットワークの開発、サイバー監視、コンピュータ・ネットワーク攻撃、およびコンピュータ・ネットワーク防衛任務の遂行について、中国のサイバー部隊を監督します。「ネットワークシステム部」は、対宇宙ミッションの「中心」でもあり、サイバー戦や電子戦対策、宇宙監視、技術偵察を含むPLAのノンキネティックな対宇宙ミッションを担当しています。

戦略支援部隊の宇宙システム部と宇宙戦

戦略支援部隊は、衛星打ち上げとその関連支援、テレメトリ、衛星の追跡及び制御、宇宙情報支援、攻撃的宇宙戦、防御的宇宙戦を担当します。これは、戦略支援部隊が旧総装備部及び旧総参謀部が担当していたPLAの宇宙作戦のほぼすべての任務を引き継いだことを意味します。

これまで、PLAは、旧総装備部及び旧総参謀部に分散した資産を用いて宇宙任務を遂行してきました。しかし、中国の軍全体に分散する宇宙関連組織を、統一された軍事宇宙部門に再編することは喫緊の課題でした。

現在、戦略支援部隊の宇宙任務を遂行する部隊は、中国の「軍事宇宙部隊」と呼ばれ——非公式には「宇宙軍」とも——、戦略支援部隊に属します。

一方、有人宇宙ミッションを統括する部署は、当該部署の軍事化を避けるために、戦略支援部隊ではなく装備発展部の所属になっています。

戦略支援部隊の作戦部隊と管理機能の大部分は、旧総装備部の宇宙基地から引き継いでいますが、一部の作戦部隊と任務は旧総参謀部から引き継いでいます。

旧総参謀部から引き継いだ部分は、主に宇宙に基地を置くC４ＩＳＲ資産に関連しており、ＰＬＡでは宇宙基地情報支援として分類されていいます。一方、軍事情報に重点を置いていた旧総参謀部第二部は、中央軍事委員会隷下の連合参謀部情報局に編成替えになり、宇宙遠隔計測及び光学・電子情報衛星「遥感」シリーズを担当しています。

また、宇宙通信衛星の管理などを担っていた旧総参謀部衛星メインステーションは、戦略支援部隊の指揮下に入りました。そして、「北斗衛星測位システム」を担当する旧総参謀部の衛星測位基地も戦略支援部隊の指揮下に入りました。

●明確ではない事項

戦略支援部隊の宇宙戦力が、人工衛星の研究、開発、試験、作戦に対してどのような責任を有しているのか、また、戦略支援部隊が弾道ミサイル防衛に関与しているのか否かについては、現在のところ明確ではありません。しかしどちらの任務も、それぞれ攻撃的宇宙戦と防御的宇宙戦のカテゴリーに属しているので、戦略支援部隊の隷下に置かれていると思います。

しかし、これらの役割は、すでにミサイル作戦に関与しているロケット軍や、空軍に割り当てられる可能性もあります。

宇宙での衛星破壊実験に使われたDN－3対衛星ミサイルは、2017年8月、戦略支援部隊の酒泉《しゅせん》衛星発射センターから打ち上げられましたが、このことから戦略支援部隊がこれらのシステムの試験や実用化に責任を有していることが推察されます。

中国の攻撃能力の多くは、より実験的な同一軌道攻撃能力、例えばSY－7「ロボットアーム」衛星などがありますが、現在のところ細部は不明です。

戦略支援部隊の創設は、旧総装備部、空軍、及び旧第二砲兵の間の宇宙任務をめぐる権力闘争の少なくとも一部を解決した模様です。

中国の宇宙に関する野望[※7]：米国の見解

●宇宙からの軍事作戦の指揮

現代戦における北京の最優先事項は、「情報領域」における優越を獲得することです。そして、宇宙、サイバー空間、電磁波領域を組み合わせて支配権を確保することです。

中国は、宇宙で敵の人工衛星などを破壊するか機能を麻痺させるかして、自らは宇宙を完全に利用する能力を確保します。中国は海洋コントロールと同じく、軍事宇宙作戦の目標としての宇宙コントロールの重要性を認識しています。中国が米国と同等に戦える唯一の方法は、米国の人工衛星などの宇宙資産を危険にさらすことだと確信しています。

ＰＬＡは、新しい戦略支援部隊の設立などの組織の再編成を行い、その任務を確実に遂行するために、様々な対宇宙兵器を配備しました。

繰り返し強調しますが、２０１５年末の戦略支援部隊の新編は、湾岸戦争を観察した中国が出した結論――宇宙、サイバー、電磁波領域での攻撃を通じて戦場での優位性を獲得

※7　SECTION 3：CHINA'S AMBITIONS IN SPACE:CONTESTING THE FINAL FRONTIER　2019 Report to Congress, US-China Economic and Security Commission

しなければいけない――を反映しています。
ＰＬＡは、１９９０年代後半にこれらの基本概念を組織、訓練、研究、開発に適用し始めましたが、戦略的支援部隊で実現した情報戦、宇宙戦、サイバー戦、電子戦の統合は、これらの領域におけるＰＬＡの能力を大幅に改善します。

●中国は米国の宇宙への依存を最大の弱点だと思っている

中国は、米国の宇宙資産（人工衛星等）を重大な軍事的脆弱性と見なしており、中国の対宇宙機能は、ほぼすべての米国宇宙資産と米国の活動の根拠地である宇宙を脅かすように設計されています。

中国軍事科学アカデミーの『軍事戦略』（２０１３年版）によると、宇宙システムは「攻撃が容易で防御が困難」なものであり、「敵の宇宙システムの重要な結節点（ノード）」はとくに価値のある攻撃目標になります。また、作戦遂行のための指揮統制システムは「重要な」攻撃目標であり、宇宙情報システムは「最重要なターゲット」であると主張しています。

さらに、宇宙領域での軍事作戦に関するＰＬＡの文書には、宇宙戦への高度なエスカレーション的アプローチを奨励する多くの原則が含まれています。しかし、米国およびその他の外国軍事ドクトリンにはこれらの原則がほとんど完全に欠けています。とくに、これらの原則は、紛争の初期に敵の宇宙資産に対する攻撃を可能にし、敵が軍事的対立に決定的な介入をしたり、その介入を継続したりすることを思いとどまらせる内容です。

北京は、米国の海上、空、および陸の作戦が、通信、ナビゲーション、精密火力に関して、宇宙ベースの資産にいかに依存しているかを十分に認識しており、これらの資産に脅威を与えることは実現可能であると結論付けています。

中国の攻撃的宇宙能力の開発は、米国の中国に対する防御能力を上回っており、米国の脆弱性と信頼できる抑止姿勢の欠如が、中国の米国宇宙資産に対する攻撃を誘引しているかもしれません。中国は、対宇宙兵器を開発し、テストし、運用しているのです。それもこれらの脅威から米国が宇宙システムを保護する努力よりも速いペースです。

中国の相手の衛星などを攻撃するシステムは、「国家レベルで米国を抑止し、抑止が失敗した場合でも作戦目標を達成する」ことを意図しています。軍事戦略においては、宇宙での抑止の目標を達成するために「宇宙能力を開発し、非対称の運用姿勢を示し、必要に応じて決意し、宇宙の先制攻撃を実施することが必要」だと主張しています。

北京は、宇宙とサイバー空間を「支配するドメイン（領域）、敵を拒否するドメイン」と見なし、商業的な民間の資産を含む宇宙ベースの資産に対するサイバー攻撃または電磁波攻撃を平素から行い、とくにそれを紛争初期に行います。

また、中国の戦略家は、「米国が非常に重要な軍事機能発揮の際に、衛星に依存しすぎていて、これらを『機能低下させるか破壊する』と脅すことは、米国を紛争において屈服させるのに十分効果的だ」と思っています。『軍事戦略』（2013年版）はこの結論を支持し、敵が宇宙での衝突を意識的にエスカレートするのを防ぐために、警告と罰を伴う限定的な宇宙作戦を行うことを推奨しています。

PLAは、「ソフト」なサイバー攻撃を行います。キネティックな打撃よりもエスカレートする可能性が少ないため、とくに攻撃された側が何が起こったのかすぐに判断できないか、報復する意思を持たせないため、「ソフト」なサイバー攻撃がより魅力的になります。中国は、2007年以来少なくとも4回、米国の宇宙システムに対するサイバー攻撃を実施したのではないかと、その関与が疑われています。

中国の戦略家は、宇宙での戦術行動が意図しないエスカレーションを引き起こす可能性があることについて議論していないようです。さらに、中国の戦略家は、脆弱な米国の宇宙資産に対する攻撃を優先することを議論していますが、北京が宇宙への依存を拡大するにつれて、北京も同様の弱点を持つ可能性があることを公然とは認識していないようです。

ＰＬＡが米国の宇宙資産を標的にしたいという誘惑は、米中の紛争に不安定な要因を追加します。そのような暗黙の理解の問題のひとつは、米国が非常に貴重な宇宙システムを数多く持っているのに対して、中国には同程度の価値のあるプラットフォームがないことです。したがって、「もしあなたが私のものを破壊するなら、あなたのものを破壊する」という費用便益分析では、中国の先制攻撃を確実に阻止することはできません。

●中国の対宇宙および軍民両用の兵器テストは米国の衛星を脅かしている

中国は10年以上にわたって、直接上昇対衛星ミサイル、サイバー攻撃、電磁波攻撃、および同一軌道対宇宙兵器の開発に多額の投資を行い、これらのシステムの信頼性を向上させてきました。中国は２００７年における衛星撃墜（直接上昇対衛星ミサイルを使い、機能不全の気象衛星を破壊し、それが大量の危険な宇宙ゴミを生み出した）以来、衛星を撃墜していません。しかし、ほぼ毎年、キネティックな対宇宙システムのテストを続けています。そのテストはときに宇宙を通過するミッドコース（中間軌道）における弾道ミサイルの迎撃テストの形をとっています。

米空軍司令官のジョン・レイモンド将軍は2015年、「中国のASAT（対衛星）研究への投資は、すべての軌道のすべての衛星に脅威を与える可能性がある」と述べています。米国の国立航空宇宙情報センターは、「中国の戦略支援部隊は、低軌道（LEO：Low-Earth Orbit）目標を打撃することができる直接上昇型ASAT兵器で訓練を実施した」と証言しています。

さらにパトリック・シャナハン国防長官代行は、「PLAは2020年までにLEOシステムを標的とする地上ベースのレーザーシステムを配備する可能性が高い」と証言しています。

●ランデブー接近運用（RPO）

中国は、同一軌道対衛星機能を実証するランデブー接近運用（RPO:Rendezvous and Proximity Operations）などの活動に従事しています。これらの機能は、有害な宇宙デブリの除去や他の衛星の修復などの平和的な目的に使用できます。また、中国が破壊的な目的で同一軌道対衛星機能を使用した証拠はありませんが、他の衛星の無効化などの対宇宙活動にも使用できます。

中国のＲＰＯのテストは過去の米国のテストと同様であり、中国が実施したＲＰＯを「違法または規範に違反している」と批判した国はありません。つまり、２００５年と２００６年のＬＥＯの衛星及び２０１６年以降の静止軌道（ＧＥＯ：Geostationary Orbit）の衛星に対する検査などの米国の活動、そして状況認識のための技術の活用と中国のＰＲＯとは同じものなのです。

しかし、ＰＬＡが中国の宇宙計画に関与していることを考えると、軍民両用の機能を備えたプラットフォームが必要に応じて攻撃目的に使用される可能性があることは明らかです。例えば、宇宙デブリ除去実験衛星と呼ばれている「遊龍１（Aolong1）」には、他の衛星をつかむためのロボットアームがあり、兵器にすることも容易です。一部のアナリストは、中国の衛星ＳＪ‐17（新しい推進技術・監視技術・太陽パネル技術の試験衛星）のＧＥＯにおけるＲＰＯ活動にとくに懸念を抱いています。それによると、ＳＪ‐17は静止軌道を通過しており、その動きは、軌道を変更する能力を含む、かなりの機動性があることを示唆しているということです。

4　サイバー戦

習近平主席は、サイバー空間を安全保障面で非常に重要な戦領域と認識し、「中国はサイバー強国を目指す」と宣言しています。サイバー戦は、平時及び有事の全期間を通じて実施され、中国共産党の活動を支える極めて重要な要素として発展してきました。

平時における中国のサイバー戦の特徴は、最先端技術などの知的財産の窃取を重視している点です。

国家ぐるみのサイバー戦

●ＰＬＡが主導するサイバー戦

中国のサイバー戦は、〝国家ぐるみ〟で行われます。ＰＬＡ、軍以外の公的機関（情報機関、治安機関など）、企業、個人のハッカーがすべてサイバー戦に関与します。そして、サイバー戦全体を統括する役割を担っているのがＰＬＡです。

中国軍事科学院の『戦略学』（２０１３年版）によりますと、ＰＬＡには特別軍事ネットワーク戦争部隊が存在し、サイバー戦（攻撃及び防御）を実施します。さらに、ＰＬＡ

がサイバー戦の権限を付与する政府組織として、国家安全部（国務院に所属する情報機関）や公安部（人民警察、人民武装警察）が存在しますが、サイバー戦を実施する場合にはPLAの許可が必要です。

また、非政府の民間組織は、自発的にサイバー戦に参加していますが、必要なときにはPLAがその活動をコントロールし、PLA統制下でサイバー戦を実施します。有事においては国家の指示で個人・企業もサイバー戦に動員されることになっています。とくに、有事に動員される個人は「サイバー民兵」と呼ばれ、民主主義国家では考えられない規模で動員されます。

●積極防御（アクティブ・ディフェンス）を超える中国のサイバー戦

サイバー戦における中国の顕著な特徴は、防御的サイバー戦のみならず、攻撃的サイバー戦を躊躇《ちゅうちょ》なく実施する点です。

繰り返しますが、中国は国家レベルでサイバー空間の統制を強化しています。そのうちサイバー空間を監視し、外部からの攻撃に対して防御的サイバー戦を担うのが、グレート・ファイアーウォール（大きな壁）で、いわば、サイバー空間における万里の長城です。

図表2-5　グレート・ファイアーウォールとグレート・キャノン

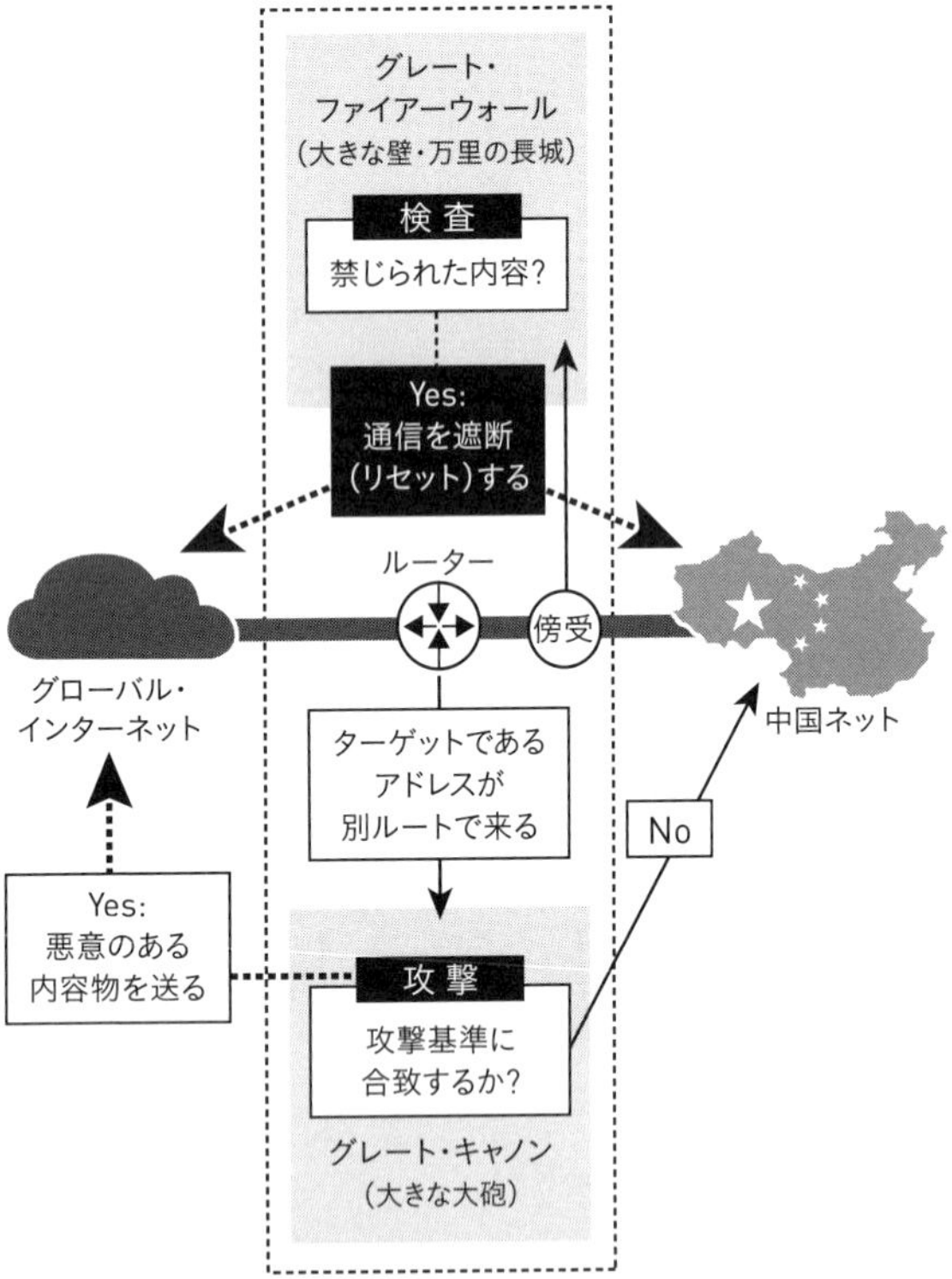

出典：トロント大学

他方、攻撃的サイバー戦を担うシステムがグレート・キャノン（大きな大砲）です。

中国国内のネット網に入ってくる者をグレート・ファイアーウォールで識別・選別し、悪意ある侵入者だと判断すれば、中国のインターネットへのアクセスを拒否します。さらにグレート・キャノンを使って、悪意のある侵入者に対し、自動的に報復するシステムを国家レベルで構築しているのです※8（図表2－5参照）。

以上の積極防御の考えは、攻撃されたから反撃する（後発制人）というものです。しかし、中国はより積極的に、先機制敵（先制攻撃により敵を制する）の考えに基づく攻撃的サイバー戦を実施します。そして、攻撃的サイバー戦の主役はＰＬＡです。

●仮想私設網の統制強化

サイバー戦論に入る前に、サイバー空間に対する中国の対応を見ておきます。中国は、サイバー空間を領土と同じように管理すべき空間として認識し、サイバー空間を厳しく統制しています。習近平は、あらゆる分野の統制を強化していますが、とくにサイバー空間

※8　University of Toronto The Citizen Lab, “China’s Great Cannon” https://citizenlab.org/2015/04/chinas-great-cannon/

を利用した国民や、企業への統制を強化しています。

例えば、中国の工業情報化省は、２０１７年1月22日、当局の許可なくＶＰＮ（Virtual Private Networks）サービスを提供することを禁止する通知を発出しました。そして、無許可のインターネット接続を根絶するキャンペーンを開始し、２０２０年5月末現在で、ＶＰＮの規制は新型コロナウイルス対策の影響もあり、さらに厳しくなっています。

中国は、グーグル、フェイスブック、ツイッター、ユーチューブなど１３５のウェブ・サイトへのアクセスをブロックしていますが、ＶＰＮを使うと禁止ウェブ・サイトが閲覧できます。このアクセスを禁止し、これまでグレーゾーンだったＶＰＮサービスを明確に禁止するというのが今回の措置です。

ＶＰＮの禁止は、中国のインターネットを管理するグレート・ファイアーウォールをさらに強化することを意味します。

ネットワークシステム部とサイバー戦

●ネットワークシステム部が担当するサイバー戦

戦略支援部隊のサイバー任務は、戦略支援部隊のサイバー作戦部隊の司令部であるネットワークシステム部（ＮＳＤ）に与えられています。ネットワークシステム部の指揮下部隊は「サイバー部隊」または「サイバー空間作戦部隊」と呼ばれています。その名称にもかかわらず、ネットワークシステム部とその下部組織は、サイバー戦、電子戦、そして潜在的には三戦を含む任務を担当し、より広範な情報戦を遂行しています。

ネットワークシステム部は、旧総参謀部第三部の名前変更、組織再編などにより編成されたもので、旧総参謀部第三部の司令部門、所在地、内部部局中心の構造を維持しています。例えば、ネットワークシステム部は「戦略支援部隊第三部」とも称され、以前の名称を反映しています。

中国の戦略的サイバー・スパイ部隊の大半は、ネットワークシステム部に大量に移されています（図表２－６参照）。

ネットワークシステム部のサイバー任務は、主に12の技術偵察局が担当し、サイバー・スパイ活動と信号情報活動（ＳＩＧＩＮＴ）を担当しています。

中国の戦略的サイバー戦力の集中化は、サイバー部門の重要な特徴です。ネットワークシステム部は、以前の総参謀部の構造から生じた運用調整上の課題に対処するように設計

図表2-6　PLAの軍事情報システム（移行中）

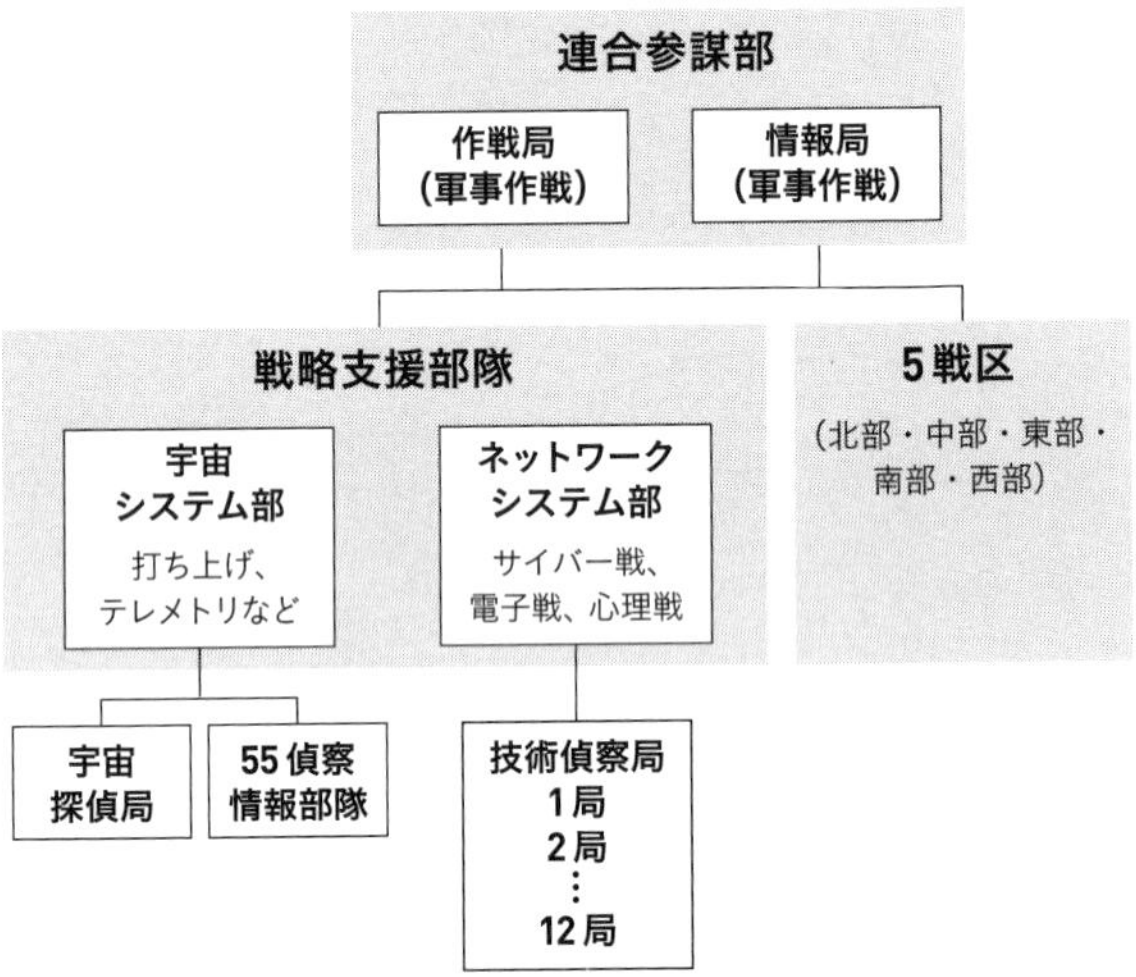

出典：China's Strategic Support Force: A Force for a New Era

されています。

従来、コンピュータ・ネットワーク攻撃は旧総参謀部第四部が、PLAの対ネットワーク防御任務は旧総参謀部情報部門が担当していました。

現在、旧総参謀部第四部のコンピュータ・ネットワーク攻撃部隊は、旧総参謀部第三部のサイバー・スパイ活動部隊と統合するために戦略支援部隊に移管されていると見られます。一方、PLAのコンピュータ・ネットワーク防護の主要な責任は、連合参謀部情報通信局（JSD-ICB）の情報支援基地にあり、戦略支援部隊のなかに統合されていません。

サイバー戦の課題

●PLAと国家安全部（MSS）との関係

戦略支援部隊を創設した改革は、２００９年から２０１４年にかけて行われた、サイバー軍を創設した米軍の構造改革と比較しても遜色がありませんが、改革のベースラインには大きな違いがあります。

米国にとっての主要な課題は、米サイバー軍を国家安全保障局（ＮＳＡ）から十分に分離して、軍事的なターゲティングや作戦の実施に必要な資源、専門知識、偵察を失うことなく、独立した行動や計画作成を可能にすることです。

中国のサイバー能力を構成する無数の機関のうち、国家安全部（ＭＳＳ：Ministry of State Security）とＰＬＡは共に、スパイ活動と攻撃的活動の両方を含むサイバー作戦を主に担当しています。

２０１４年の「マンディアント（Mandiant）」報告書[※9]、２０１５年の「サイバー知的財産権窃盗に関するオバマ―習合意」及び「戦略支援部隊の創設」は、様々な形で国家安全部とPLA、ふたつの組織間の責任の調整を促しました。その結果、国家安全部は、外国諜報活動、政治的反対意見への対処、経済スパイ活動に重点を置くようになり、PLAは軍事情報と戦争遂行に重点を置くようになりました。

この広範な責任分担は、綿密な調整を必要とせず、彼らの任務を混乱させず、目標を設定するという目的に貢献しました。

PLAも国家安全部もこれまで、情報活動の統合強化に抵抗してきました。とくにPLAは、文民当局による監視と調整を強く拒否してきました。彼らの政治的、官僚的権力は、排他的な情報源を統制することでほぼ確保されているため、情報を共有することは、彼らの影響力を犠牲にした権力の拡散を意味します。中国の2017年国家情報法では、情報活動の国家ガバナンスに関する規定は軍を除外しており、軍の技術偵察活動（つまりサイバー作戦）は文民当局ではなく中央軍事委員会が独占的に管理すると記述されています。

●戦略支援部隊のサイバー戦とPLAや民間のネットワーク防護の関係

PLAのサイバー作戦上の課題は、民軍間の対立を超えています。新たな枠組みの下でも、PLAは現代的なサイバー戦を確実に展開する能力に関して重大な課題に直面しています。

ひとつには、圧倒的にスパイ活動及び攻撃に力を入れていると見られる戦略支援部隊のサイバー作戦を、ＰＬＡのネットワーク防護任務とどのように統合していくのかという問題があります。既述のようにＰＬＡのネットワーク防護の主要な責任は、連合参謀部情報通信局（ＪＳＤ-ＩＣＢ）の情報支援基地にあります。つまり、戦略支援部隊ではなく連合参謀部情報通信局にネットワーク防護の任務を付与しているのです。

戦略支援部隊がどのように連合参謀部情報通信局と協力してＰＬＡネットワークをサイバー脅威から防護するのか、また、戦略支援部隊のより広範な宇宙情報支援ミッションが連合参謀部情報通信局の大規模な軍に対するサービス提供者としての役割とどのように統合されるのかは不明です。

また、民間の重要なインフラネットワークのサイバー防衛に対する戦略支援部隊の責任があるとすれば、それはどのようなものになるのかということは、さらに不明確です。「国家サイバー防護」ミッションを担当する既存の部隊が存在しないことを考えると、戦

※9　米国のファイア・アイ社（高度なサイバー攻撃への対応製品やサービスを提供している会社）が作成した年次サイバー脅威レポート

略支援部隊がこの能力をゼロから構築する必要があることを示唆しています。２０１８年末の時点では、こうした部隊が創設された形跡はなく、ＰＬＡのどの部隊がその任務に国、地域、または地方の責任を負うのかは不明です。

また、戦略支援部隊のサイバー防衛が、中国の重要な情報インフラの安全と防衛を担当する公安部（Ministry of Public Security）や中国サイバー空間管理局（国家互連網信息弁公室）とどのように対立し、調整されるのかも不明です。重要なインフラの防衛と安全保障に対する責任の重複は、国家のサイバー・セキュリティ管理において米国と共通の問題です。

中国政府は、重要なインフラのセキュリティと保護に意味を持たせるために、各組織の役割と責任を明確にし、必要な法的、手続き的、技術的な運用調整手段とインシデント対応手段を確立するという課題に直面する可能性が高いと思われます。

最後に、サイバー攻撃と諜報活動との間の構造的・組織的な障壁は減少しているように見えますが、作戦計画を担当するＰＬＡの部隊には、ふたつの任務の間の公平性を予測し、均衡させる経験がほとんどありません。

また、サイバー空間における武力行使のドクトリンも整備されていないようです。これまでの組織構造から解放されたＰＬＡは、サイバー空間における独自の戦争形態を定義するという非常に現実的な課題に直面しています。

これらの平時における決定は、戦略支援部隊のサイバー部隊の展開、ネットワーク戦闘能力、諜報活動の優先順位、及び戦闘空間の運用上の準備をかたちづくることになります。他の戦争分野とは異なり、戦時サイバー作戦に関して、ＰＬＡは自らのドクトリンの発展のために利用できる、貴重な現実世界の事例をほとんど持っていません。

ほかの多くの軍事組織と同様に、ＰＬＡも、平時と戦時の目標設定、平時と戦時の区分が必ずしも明確でないグレーゾーンにおけるエスカレーション、戦闘場所の事前配置、サイバー作戦を具体的な戦略的軍事目的の達成に活用する能力と知恵について、「本当にうまく機能するのか」という質問に答えなければなりません。

ＰＬＡは、紛争におけるサイバー作戦の戦略的利用について独自の理論を展開してきましたが、そのアイデアは、作戦上及び組織上の実施という困難な現実に照らして検証されていません。戦略支援部隊（より広範にはＰＬＡ）の再編が本当に機能するためには、克服しなければいけない困難が待ち受けているのかもしれません。

中国のサイバー戦はＰＬＡ主導

ＰＬＡ改革の目玉のひとつである戦略支援部隊は、情報戦、宇宙戦、サイバー戦、電磁波戦（電子戦など）を実施する部隊だと推察されますが、この項では平時から絶えず実施されている現実の脅威である中国のサイバー戦について注意を喚起したいと思います。

●サイバー戦の主力としてのＰＬＡのサイバー部隊

ここまで何度も触れてきましたが、国家ぐるみのサイバー戦を実施する中国において、サイバー戦の主役はＰＬＡです。米国のシンクタンク「プロジェクト２０４９」の２０１１年の論文[※10]によると、サイバー戦を統括するＰＬＡ総参謀部第三部の下に数千人規模のサイバー部隊が存在します。例えば上海所在の第二局には北米を担当する有名な６１３９８部隊、青島所在で日本と韓国を担当する第四局（６１４１９部隊）、北京所在でロシアに関係する活動をしていると見られる第五局（６１５６５部隊）、武漢所在で台湾・南アジアを担当する第六局（６１７２６部隊）から、上海所在で宇宙衛星の通信情報を傍受する第一二局（６１４８６部隊）まで計12の主要部局があります。なお、これらの部隊には、サイバー戦の専任部隊のみならずＣ４ＩＳＲを担当する部隊も含まれています。
　これらの部隊は、平素から米国をはじめとする諸外国の外交・経済・軍事産業・ハイテク産業の情報、米軍等の国防ネットワーク・兵站などに関する情報の入手を目的とするサイバー・スパイ活動を行っています。このサイバー・スパイ活動の技術は、攻撃的サイバー戦を遂行する際に必要な技術と同じであり、平素のサイバー活動が紛争時における攻撃的サイバー戦の前提となる点に留意が必要です。[※11]
　とくに６１３９８部隊については、２０１３年に情報セキュリティ会社、米マンディアント（現・米ファイア・アイ）が総参謀部第三部傘下に同部隊が設置されていることや、活動拠点が上海にあることなどを暴露しました。
　２０１４年に米連邦捜査局（ＦＢＩ）が同部隊に所属する将校五人を指名手配しました。この摘発以降、中国は民間のハッカー集団に依頼してサイバー攻撃を実施している可能性があります。

※10　"The Chinese People's Liberation Army Signals Intelligence and Cyber Reconnaissance Infrastructure"
※11　Annual Report To Congress: Military and Security Developments Involving the People's Republic of China 2015, Department of defense

●PLA以外のサイバー戦組織

・「ダブルドラゴン（APT41）」

当初はメンバーが私利私欲のために金銭目的のサイバー攻撃を仕掛けていたハッカー集団で、途中から当局の意向を受けて、サイバー諜報に活動範囲を広げたと見られています。具体的には中国のハイテク産業振興策「中国製造２０２５」や5ヶ年計画にほぼ沿った形で、日本を含む外国企業からＡＩ（人工知能）、自動運転、クラウド、医療機器などのハイテク情報を盗み出しています。窃取した情報は自国企業に流して、産業を育成しているようです。

・「ティック（ブロンズバトラー）」

日本電気（ＮＥＣ）と三菱電機にサイバー攻撃を仕掛けたと疑われているハッカー集団。中国当局の管理下にあるとされ、第一の標的は日本です。バイオ、電機、化学、重工、その他の製造業、国際関係などの情報を狙います。日本語に精通するメンバーがおり、日本語の電子メールを送りつけて、パソコンをウイルスに感染させようとします。日本のほかに、韓国もターゲットにしています。

・「APT40」

中国当局の支援を受けており、中国海軍の海洋進出や、中国政府の広域経済圏構想「一帯一路」を後押しする目的のサイバー諜報活動が目立ちます。南シナ海に関する情報、東南アジアに関連する情報、無人潜水機など海軍技術の情報などを奪い、中国海軍の海洋進出に寄与しています。また一帯一路を推し進めるうえで重要となるカンボジア、ベルギー、ドイツ、香港、フィリピンなどを標的に、情報を窃取しています。

以上はファイア・アイ、米セキュアワークス、トレンドマイクロなど情報セキュリティ会社の調査結果を基にしました。

このほかにも中国当局の配下にあるハッカー集団が多数存在し、日本企業は警戒を怠れません。

ただし、中国のハッカー集団を装って他国がサイバー攻撃を仕掛けることもあります。イスラエル軍のサイバー部隊、８２００部隊の元隊員は、「中国のハッカー集団が使っているコンピュータ・ウイルスを入手して、他国のサイバー部隊が中国のふりをしてサイバー攻撃を仕掛けるといった『偽旗作戦』はこの世界では当たり前だ」と言っています。

●PLAのサイバー部隊の具体的なサイバー戦の手順

以下の記述は、「中国軍がハッカー部隊を強化」[※12]という記事（『漢和防務評論』の記事を阿部信行氏が抄訳したもの）に基づき、私が表現を小修正したものです。これほど詳細なサイバー戦の手順が書かれた中国の文書は珍しく、中国のサイバー戦の実態を知ることができ、我が国がいかに対処すべきかを考える際に非常に参考になります。

①ネット偵察を行う。主として有線及び無線によるアクセスにより、敵ネットワークの通信体制、モデム方式、ネットプロトコル、操作系統の特徴及び脆弱性の分布等を重点的に調査し、ネットワーク攻防のための情報を提供する。

②ネットトスキャンによる探知活動を行う。目標とする敵ネットワークをスキャンし、分析し、敵ネットワークの位相構造、ネットプロトコル、ホスト名、ＩＰアドレス、操作系統等の情報を広範に収集し、敵ネットワークのセキュリティホール（セキュリティ上の穴）と弱点を捜索し、ネット攻撃のための目標と突破口を探知する。

③各種の手段を用いて、敵のネットワークに侵入する。その後、盗聴装置を仕掛け、敵ネット上に流れるデータを入手し、ユーザ・パスワード、作戦電文、ルーター等の価値ある情報を入手する。

④敵指揮所ゲートウェイ、メインルーター、ネット管理センター等の要害及び核心部分にネット盗聴器を仕掛ける。その後、敵の重要なユーザのアドレス、パスワード、通信流量を探知し、そのうえで敵の指揮体系、兵力部署、作戦行動等の重要情報を解析する。

⑤敵のネット上に保存され、伝送され、コピーされた秘密情報を窃取する。

⑥目標とする敵のネットにウイルスを嵌《は》めこみ、あるいは特定の「トロイの木馬」を駐留させる。そして、目標とするホスト・コンピュータを遠隔操作、あるいは予め自動設定した特定の操作を実施させる。またこれを踏み台にしてその他のホスト・コンピュータ

※12　http://www.ssri-j.com/SSRC/abe/abe-220-20151229.pdf

を攻撃する。

⑦味方のコンピュータ資源を利用し、敵のネットに大量にアクセスする。それにより、情報を無効にし、目標とする敵ネットワーク及びホスト・コンピュータ、サーバーの正常な機能を無効にする。

⑧敵のホスト・コンピュータ、またはサーバーに存在するセキュリティ・ホール、あるいは予め残置した「バックドア（不正なソフト）」を利用し、敵のホスト・コンピュータに秘密の指令を送る。それにより、ユーザ特権を偽造し、目標とするシステムを停止させ、システムの時刻補正を応用してサーバー及びデータバンクを自由に操作する。

⑨敵の情報ネットワークにウイルスを送り、敵システムのハード・ソフト・情報資源を破壊する。または、多様な技術手段を総合的に利用し、敵のネット上の通信系統を遮断し、敵ネット上のサーバーを麻痺させる。

⑩電磁妨害手段を利用し、ネット環境及びネット設備に電磁妨害を行う。そして敵の磁気記録中のデータを破壊し、また敵が使用中の電源及び帯電設備に衝撃を与える。

⑪ウイルス攻撃を行って汚染を拡大させる。長期にわたってウイルスを潜伏させ、予定時期に敵システムを破壊する。

⑫敵の暗号を解読する。敵の情報の結節点に向けて大量のデータを送り、情報処理資源を消耗させ、ネットを閉塞させる。

⑬ネット上のハードウェアを破壊する。ハードウェアに対する「地雷」攻撃を行う。「地雷」は、予めハードウェアに設けられた特殊な電気回路で、ハードディスクを破壊するマイクロロボットあるいはハードディスクに対するウイルス攻撃である。

5 電磁波領域の戦い（電子戦など）

米国防省が発表した「中国の軍事力に関する年次報告書（2016年版）」によれば、中国は電子戦を「米国の技術優位を無効にするための戦い」で、陸海空での戦いと並ぶ「死活的かつ重要な戦い」としています。そして、電子戦はすべての軍種と軍事作戦の骨幹であり、戦争の勝敗を左右する鍵と位置付けています。

中国の電子戦能力は、2000年以前には米国の脅威とは考えられていなかったのですが、2000年以降において電磁パルスや指向性エネルギーを使った兵器の開発に注力し、電磁波領域での能力強化は顕著です。また、戦術的な欺瞞《ぎまん》や電磁干渉などを用いて電磁波領域での部分的な優位確立を目指し、米軍との軍事的な技術力の差を相殺しようとしています。そして、戦略支援部隊の創設により、中国の電子戦能力が一段と高まる可能性があります。

統合されるサイバー戦と電子戦＝統合ネットワーク電子戦

先述のように、PLAでは旧総参謀部第三部と旧総参謀部第四部のサイバー戦と電子戦部門を統合する組織として「連合参謀部ネットワーク電子局（ＪＳＤ－ＮＥＢ）」が新設されました。「連合参謀部ネットワーク電子局」は、ＰＬＡ全体（戦略支援部隊、戦区、軍種）にわたるサイバー戦任務及び電子戦任務を監督する全軍的な組織です。

ＰＬＡは、情報戦を戦う最善の方法として「統合ネットワーク電子戦（ＩＮＥＷ[※13]：Integrated Network Warfare）」という理論を開発してきましたが、この理論は能力開発と運用の両方においてサイバー戦と電子戦の緊密な調整を想定しています。とくに、作戦初期における電磁波領域の支配を戦勝獲得のために非常に重視し、「統合ネットワーク電子戦」を行い、敵のシステムやネットワークを破壊しますが、その手段はノンキネティックな手段（サイバー攻撃、電子戦）のみならず、キネティックな手段である火力打撃も使います。「連合参謀部ネットワーク電子局」の誕生により、「統合ネットワーク電子戦」理論を全面的に推進する体制がほぼ出来あがりました。「連合参謀部ネットワーク電子局」の創設は、中国がサイバー領域と電磁波領域を密接不可分な領域であると認識していることを示しています。

※13　米国ではネットワークを使って活動するサイバー戦と電磁波領域で活動する電子戦を統合して、「サイバー電子戦」と表現する。一方、中国では米国の「サイバー電子戦」を「統合ネットワーク電子戦」と表現する

ネットワーク電子戦を実施する部隊など

戦略支援部隊のサイバー部隊は、旧総参謀部の部隊で構成されていて、国家レベルの戦略作戦の任務を担っています。また、電子戦がネットワークシステム部の担当になり、軍改革前に戦略電子戦を実施していた部隊や基地（多数の電子的対抗旅団やその基地）の一部または全部が戦略支援部隊の隷下になっていることはほぼ確実です。一方、軍種や戦区は、作戦・戦術レベルでのサイバー及び電子戦の任務を担っています。

かつては、サイバー・電磁波ドメインに対する責任は戦略レベルで分担され、旧総参謀部第四部がネットワーク・電子的対抗（攻撃）を、旧総参謀部第三部がサイバースパイ活動及び伝統的な電波信号情報処理（偵察・スパイ）を担当していました。

戦略支援部隊が両部門の作戦責任を統合すれば、概念全体がうまく浸透し、ネットワークと電磁波領域における統一された戦力が生まれる可能性があります。より深い統合を達成することに成功すれば、スパイ活動と攻撃活動の双方を実施する権限が十分に与えられることになります。

旧総参謀部第四部の電子戦部隊の一部が戦略支援部隊に再配置されていて、「電子対抗旅団」という名称でネットワークシステム部の隷下にあります。他方、全国的な「ネットワーク電子対抗大隊」が設立されています。この「ネットワーク電子対抗大隊」は、地域の軍種部門と戦区のサイバー戦部隊と電子戦部隊から構成されている可能性が高く、「ネットワーク電子対抗隊」と呼ばれる戦区の下位組織を持っているようです。

以上の事実は、戦略支援部隊がサイバー空間における独占的な部隊を有しているのではなく、むしろＰＬＡの他の構成要素と任務を共有し続けていることを示唆しています。このことは、「統合ネットワーク電子戦」がＰＬＡの主流の考え方として採用され、攻撃的サイバー戦・電子戦を部分的に実現したとはいえ、その広範な実施は依然として完全ではないことが推察されます。

6　ＡＩの軍事利用：アルゴリズム戦

中国の目標は「2030年までにAIで世界をリードする」

「米中の覇権争い」の本質はＡＩ等の先端技術をめぐる「米中ハイテク覇権争い」です。

中国は、ＡＩ分野においても米国に追いつき追い越すと決意しています。中国指導部は、ＡＩを将来の最優先技術に指定し、２０１７年７月に「新世代のＡＩ開発計画」を発表しました。そのなかで「中国は、２０３０年までにＡＩで世界をリードする」という野心的な目標を設定しています。

習主席は「ＡＩ技術で先頭に立つことは、グローバルな軍事力・経済力の競争において不可欠だ」「中国がＡＩ技術において世界的なリーダーとなることを追求すべきであり、外国技術の輸入に依存すべきではない」と主張しています。

中国は、「ＡＩは米中二大国間における競争だ」と認識し、米国を追い越そうとしています。そして、中国政府と産業界は民間のＡＩ研究開発において、米国との差を大幅に縮めてきました。

中国は、すでに米国に次ぐＡＩ先進国であり、中国のＡＩ投資額は米国を凌駕《りょうが》し世界第一位、ＡＩの特許出願数において米国に次ぐ第二位であり、ＡＩに関する論文数では米国を上回っています。

数のみではなく質の面でも中国は米国を猛追していて、「ＡＩ発展のための委員会（旧称：アメリカ人工知能学会）」が主催したコンテストにおいて、中国の「顔認証」ベンチャー企業が第一位になりました。

中国は、多額のＡＩ予算の投入、自由にアクセスできるビッグ・データの存在、最も優秀な人材を集め教育する能力などにより、ＡＩ分野で米国を追い越す勢いであり、米国は手ごわいライバルと対峙することになります。

中国は、軍民融合という国家戦略により民間のＡＩ技術を軍事技術に利用しようとしています。軍民融合は、「民の技術を軍に適用すること、反対に軍の技術を民に適用すること」ですが、習主席自らが「中央軍民融合発展委員会」を主導する力の入れようです。

米国のＧＡＦＡ（グーグル、アップル、フェイスブック、アマゾン）はＡＩの巨人ですが、これに対抗する中国を代表するＡＩ企業を表現する単語としてＢＡＴＨがあります。ＢＡＴＨとは、バイドゥ、アリババ、テンセント、ファーウェイの頭文字を取っています。ＢＡＴＨは、約14億人のビッグ・データにアクセスできるメリットを享受し、ＡＩの多くの分野（機械学習、言語処理、視覚認識、音声認識、顔認識など）で長足の進歩を遂げています。

中国は、ＡＩの軍事利用に関連して、「ＡＩは将来有望な軍事的『蛙《かえる》飛び的な発展』のチャンスだ」ととらえ、「ＡＩは米国に対する軍事的優越を提供する。ＡＩ開発をし、軍事利用することについては、ビッグ・データの活用や軍民融合戦略の観点で、米国より中国のほうが有利である」と認識しています。

中国の公式文書では、「ＡＩによる軍事競争に対する懸念とＡＩ軍備管理の国際的な協力の必要性」を記述していますが、これは中国の建前です。中国の指導者の本音は、「ＡＩの軍事利用は不可避である」という認識で、アグレッシブにＡＩの軍事利用を追求しています。中国はすでに（ＡＩ利用の）武装自律無人航空機と監視ＡＩを輸出していますが、これが中国の本音です。

ＡＩは今後の米中の軍事および戦略関係に大きな影響を及ぼすことになります。とくに中国のＡＩと自律化（autonomy）※14への取り組みは、将来のＡＩによる軍事革命に影響を及ぼします。

中国のＡＩと半導体産業

●外国技術への依存からの脱却

中国のＡＩ研究と商業適用における強い立場は、国際市場・技術・共同研究へのアクセスによって可能になったと、中国は認識しています。

中国の指導者は、米国との比較において、ＡＩトップの才能、技術水準、ソフトウェア・プラットフォーム（例えばグーグルのテンソルフロー〔ディープラーニングライブラリ〕）、半導体などにおける弱さを認識しています。そのため、中国の指導者は、「短期的に外国の技術へのアクセスを維持するが、長期的には外国技術からの独立を強化しなければいけない」と認識しています。外国の技術への依存からの脱却は長年の目標でしたが、米中貿易戦争により緊急性を帯びてきました。

中国の外国技術依存からの脱却の試みは結実しています。例えば、世界のスマートフォン市場サプライ・チェーンにおける中国企業のシェア増大、そして先端半導体設計における成功がその実例です。

●ＡＩにとっての半導体産業の重要性

軍事へのＡＩ適用や戦略的国家ＡＩ競争の焦点は半導体産業です。なぜなら、最先端のＡＩ技術は、ＡＩチップ（ＡＩのために特別に設計された集積回路）にますます依存して

※14　自律化とは、センサーを駆使して自ら状況を学習し、試行錯誤を繰り返しながら処理の手順を改善して能力を高め、自ら判断してアクションができるようになること

いるからです。中国はＡＩと半導体で米国に後れを取っていますが、現在はその差を縮小しています。これは中国政府の最優先事項であり、大きな注目と投資を引き付けています。中国のＡＩチップ半導体市場についての見通しは全体的な半導体産業についての見通しよりも有望です。

中国の民生用ＡＩと半導体市場における成功は、中国の軍事力、中国の地政学的パワーを強化することになります。

一方で、マクロ経済的な悪い要素と金融バブル破裂の可能性が、中国のＡＩ分野の成長を遅延させる可能性があります。

PLAは「軍民融合」による「AI軍事革命」を目指す

ＰＬＡは「ＡＩ軍事革命」を目指しています。ＰＬＡの指導者は、ＡＩが「軍事全般を刷新し、戦争の様相を激変させる」と確信しています。ＰＬＡの指導者は、ＡＩを軍事のあらゆる分野に取り込み、軍事分野における革命（「ＡＩ軍事革命」）や「戦場のシンギュラリティ（技術的特異点：ＡＩが人間の能力を超える時点）」を標榜しています。

ＰＬＡの研究者であるエルサ・カニア（Elsa Kania）は自らの論文「戦場のシンギュラ

リティ」[※15]で、以下の3点を指摘しています。

①中国はＡＩを将来の最優先技術と位置づけ、「２０３０年までにＡＩで世界をリードする」という目標達成に向け邁進《まいしん》中である。
②習主席が重視する「軍民融合」により、民間のＡＩ技術を軍事利用し、「ＡＩによる軍事革命」を実現しようとしている。
③「ＡＩによる軍事革命」の特徴のひとつは、ＡＩと無人機システム（無人のロボットやドローンなど）の合体であり、この革命により戦争の様相は激変する。

中国では民間企業がＡＩ開発の主人公であり、習主席は軍民融合により、民間のＡＩ技術を軍事に転用しようとしています。例えば、自動運転車の技術はＰＬＡの知能化無人軍事システム（ロボット、無人航空機、無人艦艇・潜水艦など）に応用可能です。また、コンピュータによる画像認識と機械学習の技術を応用すると、目標認識が不可欠な各種兵器

※15　Elsa B. Kania, "Battlefield Singularity", Center for a New American Security

の能力を飛躍的に向上させます。

軍民融合における優先技術には、無人機システムの知能化のためのＡＩ技術のみならず、量子科学技術（量子コンピュータ、量子通信、量子レーダー、量子暗号など）、バイオ技術などの最先端技術も含まれています。

●情報化から知能化によるアルゴリズム戦へ

中国の情報革命は、３段階の発展を経て実現します。すなわち、デジタル化（数字化）、ネットワーク化、知能化です。知能化した戦いはアルゴリズム戦とも呼ばれています。

中国は、情報化のためにＩＴを活用し、戦争において情報を活用する能力を向上してきました。また、ＩＴをプラットフォーム（母機）やシステムに導入しています。その結果としてＣ４ＩＳＲの統合を図り、すべての軍種、戦区、すべてのドメイン（領域）においてシステムとセンサーを融合してきました。

情報化の最終段階は、ＰＬＡの情報を大規模かつ機械（マシーン）のスピードで処理し、活用する能力を向上することです。

ＰＬＡの戦略的文化のために、中国の戦略家やＡＩ専門家は、知能化に焦点を当てていて、ＡＩの活用に関する考えは、米国のそれとは違っています。ＰＬＡのアカデミアに所属する者や将校は、ＡＩのインパクトのある応用を考える傾向にあり、ＡＩを使った知能化による指揮・統制または意思決定の支援、知能化無人兵器、人間のスタミナ・スキル・知能の増強を指向しています。

ＰＬＡは、伝統的に戦争を軍事科学のレンズを通して評価しようとしていて、シミュレーションやウォーゲーム（軍事作戦のシミュレーション）を使い、技術の潜在力を活用した軍事構想や理論を構築する傾向にあります。つまり、「技術が戦術を決定する」という伝統的な考えに基づき、ＡＩを使った実験を実施し、新たな軍事理論や構想を構築しようと積極的な試みをしています。

ＰＬＡは、人工知能を活用し、戦争遂行における作戦及び戦略レベルにおける指揮・統制を強化し、迅速な決心を可能にしようとしています。

中央軍事委員会の連合参謀部は、統合作戦指揮システムの構築において、知能化した指揮及び決心のために人工知能と関連技術を活用しています。

ＰＬＡの研究者は、米国防省のＤＡＲＰＡ（国防高等研究計画局）の計画である「ディープ・グリーン[※16]（２０００年代の中頃完成が目標）」を徹底的に分析しています。そして、リアルタイムで決心のための選択肢を評価すること及び決心の及ぼす影響の評価などを迅速に行うシステムを開発し、指揮官の戦場における決心を支援しようとしています。予測しうる将来において、ＰＬＡはディープ・グリーンと同等の能力を達成する可能性があります。

将来的な潜在能力を勘案すると、戦争の知能化は、戦場におけるシンギュラリティに接近するでしょう。戦争がマシーンの速さになれば、人間の認識は知能化戦争の新たな作戦テンポに追随できないでしょう。ＡＩの導入は、人間の認識力を強化、またはそれに取って代わり、決心のためのＯＯＤＡループ（Observe, Orient, Decide, Act）[※17]のスピードを劇的に加速させるでしょう。

中国の軍事専門家の一部は、自動化の時代における人間の果たすべき役割の重要性を認識しています。ある中将は、「ＡＩにサポートされた人間の脳のほうが、ＡＩそのものよりも優れているだろう」と言っています。しかし、ＰＬＡの組織的な傾向は、ＯＯＤＡループのなかに人を入れることなく、ＡＩの破壊的な潜在能力を完全に活用することです。ＰＬＡは、指揮権を下級部隊に移譲することを嫌い、上級レベルを強化し集権化する傾向があります。

ＰＬＡの決心を強化し、中央集権化させる科学的アプローチに焦点を当てることは、人間の判断よりも人工知能の判断を重視することになるでしょう。

ＡＩの軍事への利用分野

中国におけるＡＩの軍事利用の分野は人事、情報、作戦・運用、兵站（補給、整備、輸送）、Ｃ４ＩＳＲなどの「あらゆる分野」であり、まとめると以下のようになりますが、ＡＩを利用した手ごわい相手になります。

・無人機システム等の兵器の知能化（自律化）。例えば、ＡＩ搭載のドローンの分野では中国は最先端の兵器を持っています。世界的なドローン企業であると同時に有力なＡＩ企業でもあるＤＪＩの知能化ドローン「ファントム」はコストパフォーマンスに優れたＡＩドローンです。

また、ＡＩ搭載の水上艦艇や無人潜水艇、ＡＩロボットの開発を推進しています。こ

※16　ＤＡＲＰＡの情報処理技術局のプロジェクトで、米陸軍の決心支援システムを開発することが目的
※17　米空軍のボイド大佐が開発した迅速な意思決定の思考過程。状況を観察し（Observe）、決心の選択肢を案出し、決心の方向性を明確にし（Orient）、決心し（Decide）、行動する（Act）という思考過程をＯＯＤＡという

の無人機システムのＡＩ化により、将来的には自ら判断して任務を完遂する自律型のＡＩ無人機システムが多用されるでしょう。

・サイバー戦における防御、攻撃、情報収集のすべての分野でＡＩが活用されるでしょう。

・情報分野、例えば、ＡＩによるデータ融合、情報処理、情報分析も有望な分野です。身近な例で言えば、ＡＩを活用した小型で性能の高い自動翻訳機が登場するでしょう。

・ＡＩを活用した目標確認、状況認識（ＳＡ）の分野、例えば顔認証技術に関して、中国は世界一の技術レベルの可能性があります。

・ウォーゲーム、戦闘シミュレーション、教育・訓練の分野はＡＩを早期に適用できる分野です。

・指揮や意思決定や指揮・統制の分野におけるＡＩの適用は有望です。

・兵站及び輸送分野。例えば、ＡＩによる補給、整備、輸送などの迅速な兵站計画の作成などに適用できます。

・戦場における医療活動、体の健康と心の健康の両方の分野でＡＩが適用できます。意外な分野として、心の健康のためのカウンセラーをＡＩが代用する案は有望です。

・中国が最近とくに重視するフェイクニュースなどの影響作戦（Influence Operation）で

活用されます。

●AIによる軍事革命

米軍は、1990年代後半から当時の最新技術であるITを活用したRMA（軍事における革命）により、現代戦をリードしてきました。米軍は当時から、情報時代における戦争の技術（ステルス、精密誘導兵器、ハイテクセンサー、指揮統制システム）において、他の諸国に対して圧倒的に優位でした。

中国は当時、米国のRMAを学ぶ立場で、米軍のRMAを子細に観察・研究するとともに、米軍の弱点を攻撃する非対称的手段（宇宙戦、サイバー戦、電子戦能力）を向上させてきました。しかし、PLAはいまや、米軍も重視する新技術AIによる革命「AI軍事革命」をリードしようとしています。

PLAのリーダーたちは、「AIは軍事作戦のスタイル、兵器体系など戦争の様相を激変させるであろう」[※18]と信じています。

※18　科学技術委員会の委員長であるLiu Guozhi中将の言

中国では、ＡＩが戦争を情報化戦争（informatized warfare）（戦争の本質を情報ととらえた表現）から知能化戦争（intelligentized warfare）（戦争の本質をＡＩによる知能化ととらえた表現）へシフトさせると確信しています。

ＡＩは戦場における指揮官の状況判断を手助けでき、中央軍事委員会の連合参謀部は、軍に対して指揮官の指揮統制能力を向上させるためにＡＩを使うように指導しています。ＡＩはまた、ウォーゲーム、シミュレーション、訓練・演習の質を向上させます。これは、実戦経験のないＰＬＡにとって非常に重要な意味を持ちます。

また、ＡＩは、ドローンの大群（スウォーム）などの自律ロボットを支えています。ドローンのスウォームによる自律協調行動のデモは公的なメディアでも紹介されています。例えば、国営企業である「中国電子科学研究院」は、２０１７年６月に１１９個のドローンの飛行テストに成功しました。安いドローンで高価な空母を攻撃することも可能になると主張しています。

中国の専門家は、ＡＩとロボットが普及すると、「戦場におけるシンギュラリティ」が到来すると予想しています。このシンギュラリティに達すると、人間の頭脳ではＡＩが可能にする戦闘における決心のスピードに追随できなくなる可能性があります。そのため、軍隊は人を戦場から解放し、彼らに監督の役割を担当させ、無人機システムに戦いの大部分を任せることができるようになります。

ＡＩの軍事利用は始まっていて、各種対空ミサイルシステムの自動目標追随と目標の決定、重要な兵器の欠陥の予測、サイバー戦への適用など適用分野は軍事の大部分にわたります。

●ＡＩ軍事利用の問題点

中国のような全体主義国家は、戦争における完全な自律化を追求する可能性があります。自律システムは、軍事目標と民間目標を識別できないのではないかという懸念があり、作戦における倫理的・人道的な観点でのリスクを伴います。例えば、殺人ロボットの可能性は排除できません。スティーヴン・ホーキング、イーロン・マスク、ビル・ゲイツなど多数の専門家は、「悪い取り扱いをすると、汎用ＡＩは人類にとって脅威となる」と警告しています。

中国は、高度な教育を受け技術的に優れた能力を有する人材の確保に苦労していますが、ＡＩはその解決策になります。ＡＩは、軍事の専門分野や機能を人に代わり担当することが可能になるでしょう。AIが仮想現実の技術と合体して、PLAの訓練をより現実的・実戦的なものにすることが期待されています。

いずれにしろ、AIは、軍事における指揮官の状況判断、幕僚活動、部隊の運用、訓練などを大きく変え、今後何十年後かには戦争の様相を大きく変貌させてゆくでしょう。

ドローン・スウォームの可能性

小さなドローンを大量に運用する「ドローン・スウォーム」は最近の流行になっていて、この分野で中国は世界最先端の実績を挙げています。

●中国の世界最大のドローン・スウォームのデモンストレーション

中国は、2017年12月、「世界フォーチュン・フォーラム・イン広州」において、歴史上最大のドローン・スウォームによるデモに成功しました。1108個の小型ドローンがハイテク楽器によるオーケストラが音楽を奏でるように様々なデモ飛行を披露しました。

ドローン・スウォームの将来戦争への適用は、大きなトピックになっています。ドローンの数の多さにより、敵を圧倒し、戦術的優位性を獲得するというアイデアは良い発想です。2017年末のデモは、スウォーム・システム分野における中国の潜在的技術力の高さを示しました。1108個の小さなドローンの大群は、自律飛行能力に対する中国の強い関心を示しています。それらは、単なるドローンではなく、多くのことができる賢いドローンの大群でした。

中国は高いパフォーマンスを示し、ドローン・スウォームの初歩段階を超えた動きも見せてくれました。プログラムされたスウォームは、自律思考能力を証明しましたが、スウォームのデモの間、他のドローンとの協調に失敗したドローンや期待された行動がとれないドローンは自ら大群を離れて着陸しました。

もしも、ドローン・スウォームが相手の軍事システムや安全保障システムを圧倒し、PLAが自由に作戦できる望ましい環境をつくりあげたならば、PLAは、交戦前から敵に対する決定的な戦術的・作戦的優位性を確保できます。

●攻撃・防御でのドローンの活用

ドローンの大群を自由自在にコントロールすることは、防御及び攻撃の両方において大きな意味を持ちます。ドローン・スウォームは、空中でジェット戦闘機から放出され、他の航空機と共に作戦することにより、大きな戦争における攻撃や防空手段として使用できます。

攻撃シナリオでは、ドローン・スウォームは、敵の防御システムに劇的なダメージを与え、無効にすることができます。戦場において防御側の兵器を機能発揮できない状態にし、攻撃側のほぼ自由な行動を可能にします。

ドローンの大群は特定の目標、例えば艦艇とか戦車を攻撃するように運用できます。ドローンをミサイルそのものとして運用することもできます。以前の飛行テストでは、119個のドローンを使いましたが、今回の1108個のドローンは、劇的な効果を予感させます。

中国は、ドローンの大群を空中、地上付近、河川・海等の上空のみで運用するのではなく、大群の能力を宇宙近く（海抜約20km）に適用しようとしているようです。中国は2017年、軍事目的で使用できる情報を収集するために、スパイ・ドローンを宇宙近くで試験し、成功しました。作戦前にスパイ・ドローンの情報に基づき地図を作成し、戦場を知ることは大きな利点を提供します。

2017年に行った試験では、中国科学院が参加し、次々と発射されたドローンは、人間の誘導がなくても時速１００㎞で目標に向かって行き、自らの軌道と高度を調整し、試験は成功しました。

　重要な情報を収集し、眼下の何物でも見る手段としてのドローンの大群は将来性があります。ドローンの大群は、人工衛星が行う偵察活動などをより優れた費用対効果で行うことができます。軍事的動向に関する情報の取得は、各国間の力の均衡に大きな影響を及ぼします。

7　最新兵器

　中国は２０１９年10月１日に建国70周年を迎え、北京の天安門広場で軍事パレードが行われました。兵員約１万５０００人、戦車等の車両約５８０台、航空機約１６０機が参加し、最大規模のパレードでした。

　米国との貿易摩擦や香港問題など国内外で難しい問題を抱えるなか、一連の行事を盛大に行う目的は国内的には国威発揚ですが、国外的には米国をはじめとする諸国に、習主席が指導してきたＰＬＡ改革の成果、とくに核戦力の３本柱（大陸間弾道弾〔ＩＣＢＭ〕、潜水艦発射弾道ミサイル（ＳＬＢＭ）、核搭載戦略爆撃機）の威力を知らしめることでした。

中国は多種多様なミサイルを保有する世界一のミサイル大国

中国の戦力の中核は多種多様なミサイル戦力です。中国は過去数十年間、核及び通常抑止力を強化するために多くの資源を投入してきました。米国に対抗するためです。

中国は、米国が核戦略見直しによって「戦術核兵器使用の敷居を下げた」と認識し、「将来の戦闘で核兵器を使用する可能性さえある」と警戒しています。

２０１９年のパレードは、中国の核及び通常抑止力を米国などの諸国に誇示する良い機会でした。注目すべき兵器を以下に紹介します。

●大陸間弾道弾「東風41（ＤＦ－41）」

新型のＩＣＢＭ東風41は、固体燃料を使用し、道路を機動可能であり、サイロから発射される固定的なＩＣＢＭに比較して秘匿性と残存性に優れています。最大射距離は１万５０００㎞で、最大10発の核弾頭を搭載でき、中国本土から全米を射程に収めることができます。中国の対米核抑止力を大きく高める兵器です。

●極超音速弾道弾「東風17（DF－17）」

今回登場した新兵器のなかでもとくに技術的に注目されたのがこの東風17です。マッハ5以上で飛翔し、途中で軌道を不規則に変えることができる極超音速滑空兵器であり、日米の既存のミサイル防衛網では対処が難しいといわれています。

この技術を確保するために米国、中国、ロシアがしのぎを削っていますが、正式に実戦配備した国はありません。もしも中国が東風17を実戦で使用できる兵器として完成していれば世界初の快挙となりますが、実態はどうでしょうか。

東風17は、第二列島線に到達する射程（推定射距離1000〜2000㎞）を有するという説もあり、これが事実とすればグアムの米軍基地のみならず、日本全体がその射程内に入る可能性があります。我が国はこれへの対抗を真剣に考えるべきです。

●長距離巡航ミサイル「長剣100（CJ－100）」

長剣100は、長剣10（CJ－10）（主として地対地巡航ミサイル、射程1500〜2000㎞）の改良版で、射程2000〜3000㎞であり、第二列島線に到達します。長剣10に比較して精度と飛翔速度も向上し、これに対処することは難しくなっています。ターゲットは米国の空母機動打撃群、とくに空母などの大型艦艇です。

●潜水艦発射弾道ミサイル「巨浪－2（JL－2）」

「巨浪－2」は、相手からの第一撃から生き残り、第二撃能力を有する貴重な核戦力です。戦略ミサイル原潜から発射され、航続距離が7000㎞と短いJL－2では、中国近海からだと米本土に届きません。米本土に近づいて射撃して初めて米本土に到達できます。

多様な攻撃型無人機を開発

無人機の重要性については、米軍がイラクやアフガニスタンにおける対テロ戦争において多用して得られた大きな成果を見ても明らかです。最近では、サウジアラビアの石油精製施設が巡航ミサイルと無人機により破壊されて、世界中に大きな衝撃を与えました。

中国は、米国に次ぐ世界第二の無人機大国であり、PLAは多様な無人機を導入するのみならず、中東などにも輸出しています。すでに攻撃型の無人機の分野では米国を抜き世界一の輸出国になっています。

今回の軍事パレードにおいても多様な無人機が登場しましたが、とくに脚光を浴びたのは攻撃型の無人機の利剣（GJ－11）と無人偵察機DR－8（WZ－8）です。

これらの無人機と我が国は対峙しなければいけませんが、現状では対処能力は限定されています。中国製無人機への対処は喫緊の課題であり、無人機を破壊・墜落させるためのレーザー兵器、高出力マイクロ波兵器などの開発が急がれます。

●ステルス無人攻撃機「利剣（GJ－11）」

利剣は、米国の「X－47B（ペガサス）」、英国の「タラニス」、フランスの「ニューロン」などに似ていますが、これらから技術を盗用した可能性があります。ちなみに、米国のX－47Bは、空母離発着のステルスの無人戦闘攻撃機として開発され、レーザーと高出力マイクロ波で敵のミサイルや通信施設を破壊できます。しかしながら、米海軍は、X－47Bの開発計画を中止し、現在は無人偵察機であるMQ－25と空中給油機であるRAQ－25の開発が計画されています。

利剣は、中国初の国産空母「001A型」に無人偵察機として搭載されるといわれています。空母などの大型艦艇に無人機を搭載することは世界中でトレンドになっていて、中国も例外ではありません。

一方で、利剣は、飛行中に他の航空機に燃料補給が可能な米国の無人偵察機「MQ－25」ほど多用途ではなく、その主要任務は３００㎞から４００㎞離れた目標にミサイルを正確に命中させることを補助するために、相手の艦艇搭載ミサイルシステムの情報（レーダーの位置・周波数など）を収集することだといわれています。また、敵の防空網が密集している地域の偵察や、外国の艦艇の追跡に利用できるともいわれています。

一方で、中国の兵器を議論するときに、宣伝戦に惑わされてはいけません。軍事パレードに登場する兵器についても宣伝戦に注意すべきです。ＤＦ－17の滑空弾やＤＦ－26の対艦弾道ミサイルが本当に実戦で使用し得るレベルに達しているか否かは今後とも検証していかなければいけません。

相手を過小評価することは避けなければいけませんが、逆に過度にこれらの兵器を恐れてしまう愚も避けなければいけません。

第三章　米国の現代戦

1　米国が考える現代戦

米軍は第二次世界大戦以降、高度な科学技術力を活用して戦略・作戦構想・戦い方を創造し、世界一の軍事力を保持してきました。この間、米国に挑戦したソ連は、米国の経済力と科学技術力の前に敗北し、崩壊しました。そして、いまや中国が世界第二位の経済力と軍事力を背景として米国と覇権争いをしています。

米軍は、2001年のニューヨーク同時多発テロが発生したときに大きな方向転換を迫られました。つまり、数十年にわたりソ連軍との戦闘に備えてきた米軍部隊は、イラクやアフガニスタンの武装勢力との戦いに巻き込まれたのです。これらの武装勢力は自爆攻撃用の自動車爆弾や道路沿いの爆発物などを使用し、航空部隊や重装備の機甲部隊を保有していませんでした。陸軍は暴動鎮圧の任務に専念するため、現代戦、とくに電子戦の能力が衰退するのを甘受し、国防省は他の主要兵器システムの予算をカットして、武装勢力に対処するための予算を確保しました。結果として、米陸軍や海兵隊は、対テロ戦争の能力は高まりましたが、現代戦遂行能力は低下してしまいました。

この間、中国人民解放軍（ＰＬＡ）やロシア軍は軍の現代化を推進し、現代戦を戦う能力を高めてきました。そして、米国が中東に注力せざるを得ない間に、中国とロシアは、自国に近い地域で米国が部隊を結集させ、交戦することを阻害する「接近阻止／領域拒否（Ａ２／ＡＤ）」システム（第二章Ｐ１０５参照）を構築しました。もしも戦争が勃発すれば、中国は太平洋全域にある米国や同盟国の空軍基地や港湾、司令センターに数百発のミサイルを発射し、米軍の衛星測位システム（ＧＰＳ）を妨害、米国の衛星システムを攻撃し、防空技術を使って米戦闘機の動きを封じることが可能である。そう米当局者は結論づけました。

ロシアも同様に、バルト海に面したカリーニングラードや黒海北岸のクリミア半島に配備された地対地ミサイルや防空システム、対艦ミサイルを使いＡ２／ＡＤ網を構築しました。ロシアはさらにクリミア半島を２０１４年にウクライナから奪い取りました。

中国とロシアの勢力伸長を見た米国防省は、大国同士の衝突に備える新時代に入ったという結論を導き出したのです。

第二章で紹介したＰＬＡのＡ２／ＡＤは優れた作戦構想で、強大な米軍に対していかに戦い勝利するかを徹底的に追求したものです。米軍は、このＡ２／ＡＤにいかに対処するか、作戦構想の構築に苦労してきました。

米国防省は、２０１０年版の『4年ごとの国防計画見直し（ＱＤＲ：Quadrennial Defense Review）』で、海空を中心とした「統合エアシーバトル構想（ＪＡＳＢＣ：Joint Air Sea Battle Concept）」を打ち出して、Ａ２／ＡＤに対抗していく方針を示しました。しかし、エアシーバトル（ＡＳＢ：Air Sea Battle）はバラク・オバマ政権の正式な作戦構想としては採用されませんでした。ＡＳＢについては本書では詳述しません。詳細を知りたい方は拙著『米中戦争——そのとき日本は』（講談社現代新書）を参考にしてください。

当時のオバマ政権がＡＳＢを正式な作戦構想と認めなかった理由は、ＡＳＢは中国本土縦深に対する攻撃も辞さない構想であり、核戦争にまでエスカレートする可能性があるという批判、そしてＡＳＢの中核となる兵器（Ｆ‐35、長距離爆撃機など）を整備するためには膨大な軍事費がかかり、ＡＳＢは金食い虫だという批判があったからです。

その後に登場する様々な作戦構想も、Ａ２／ＡＤを中心とする中国の脅威にいかに対処するかが大きなテーマでした。例えば「統合作戦アクセス構想（ＪＯＡＣ：Joint Operational Access Concept）」は、ＡＳＢが海軍と空軍中心の作戦構想であり、統合作戦ではなかったという反省を踏まえて構築されました。ＪＯＡＣは、統合作戦により米軍の弱点をカバーし、領域横断作戦（ＣＤＯ：Cross Domain Operation）の相乗効果により、敵のA2／ADネットワークやキルチェインを無力化または破壊する構想です。このJOACで初めて、現在自衛隊が採用している「領域横断作戦」の考えが派生したのです。また米海軍は、『21世紀のシーパワーのための協調戦略』を2015年に発表し、A2／ADへの対処として、必要なときにすべてのドメイン（領域）へのアクセスを確保するという「全領域アクセス（All Domain Access）」を宣言しました。

その後も、相殺戦略（Offset Strategy）[※1]、陸軍の「マルチドメイン作戦（MDO：Multi Domain Operation）[※2]」、海軍や海兵隊の「分散型海洋作戦（DMO：Distributed Maritime Operations）」「機動展開前線基地作戦（EABO：Expeditionary Advanced Base Operations）」などの作戦構想が出てきました。これらの構想はすべてA2／ADに対処するもので、相互に密接に関連しています。

マルチドメイン作戦

マルチドメイン作戦（MDO）は、米陸軍が主導するA2／ADに対処する作戦構想で、

※1　ロバート・マーティネジ（Robert Martinage）海軍省元次官、"The Third Offset Strategy", CSBA
※2　TRADOC, The US Army in Multi-Domain Operations 2028

海兵隊も同意した作戦構想ですが、陸軍としては海軍と空軍も含めた統合作戦構想としたいという希望を持っています。

●MDOの特徴

米陸軍には米ソ冷戦時代の1982年に公表した作戦ドクトリン「エアランドバトル（ALB）」がありましたが、戦うドメインが「陸」と「空」のみであり、当時は有効なドクトリンでしたが、現代戦にはマッチしていません。中国やロシアは米軍のエアランドバトルを研究し、陸や空のドメイン以外の海、宇宙、サイバー空間、電磁波領域を含めたドメインでの戦いによって米軍を撃破しようとして、A2／ADを開発しました。このA2／ADにいかに対処するかを考えた米陸軍の作戦構想がマルチドメイン作戦です。マルチドメイン作戦は、野心的な作戦構想で以下のような特徴があります。

①米軍の従来の事態区分は「平和」と「戦争」に明確に分かれていました。しかし、マルチドメイン作戦では、「競争」と「紛争」に区分しています。「紛争以前」の「平和」と思われている時期も敵対国との「競争」が行われていると考え、「平和」ではなく、「競

争」としたのです。マルチドメイン作戦を主導した米陸軍の「訓練教義コマンド（TRADOC：Training and Doctrine Command）」司令官パーキンス大将は「敵対国との間で武力紛争が発生していない段階でも、常に戦略的競争が行われている」と発言しています。

中国が超限戦で「戦わずして勝つ」という平和時の戦いを仕掛けてきたときに、従来の「平和」「戦争」モデルでは対応できませんが、「競争」「紛争」モデルであれば、対応できるようになります。マルチドメイン作戦で超限戦に対抗する第一歩が踏み出せるのです。ちなみに、自衛隊は「平時」と「戦時」の間に「グレーゾーン事態」があると主張していましたから、「競争」「紛争」モデルは受け入れやすい考えです。

②マルチドメイン作戦が重視する主要なドメインは、陸・海・空・宇宙・サイバー空間の五つですが、電磁波・情報・政治・経済・外交・認知ドメインなど、すべてのドメインを考慮しています。マルチドメイン（複数領域）作戦ですが、実質的にはオールドメイン（全領域）作戦になっています。

③陸軍は、MDO構想を統合作戦構想とすべく努力をしています。MDO構想は、陸軍が主導する作戦構想ですが、陸上部隊（陸軍と海兵隊）のみの作戦ではなく、海軍、空軍

などを含めた統合作戦構想にするのが陸軍の願望です。

●「競争」段階

ＭＤＯでは、「スタンドオフ（近づけない）」というキーワードを使用しています。「競争」段階における「スタンドオフ」とは、敵対国が政治、経済、軍事などの分野で、米国とその同盟国や友好国を離間させるために採用する措置です。

ちなみに、「紛争」段階におけるスタンドオフとは、米軍とその同盟国や友好国を時間、空間、機能（経済など）において離間するため、すべてのドメイン（陸・海・空・宇宙・サイバー空間）における重層的な措置をとることです。

「競争」段階において、中国やロシアは、情報戦、非通常戦（特殊部隊・民兵・潜伏工作員などを使ったテロ活動、破壊行動、反政府運動、暴動など）、サイバー戦、政治戦などにより標的国を不安定化させます。

また中国やロシアは、米国の介入前に迅速に軍事力を投入して目標を制圧し、成果を固定化する「既成事実化攻撃」を行う意思と能力を持っています。例えば、ロシアがクリミアを奪取するために使ったハイブリッド戦を思い出してください。そして、中国が台湾を武力統一するために、この「既成事実化攻撃」を行うというのは常識になっています。米軍は、この「既成事実化攻撃」にいかに対処するかで、難しい作戦を強いられます。

「競争」段階における米軍の対応としては、

①紛争を抑止することが眼目ですが、米軍に有利な状況における抑止を追求します。

②武力紛争未満における敵対国による競争領域（サイバー空間など）拡大を阻止することです。

③武力紛争への迅速な移行を可能にする能力の確保です。例えば、中国の標的となる国家の防衛体制の強化を支援すること、米軍の前方プレゼンスの維持、緊急展開部隊の即応体制の整備などです。

この観点では、米国防省が2019年に公表した「インド太平洋戦略」に記述されている「マルチドメイン・タスクフォース（対艦ミサイルや対空ミサイルなどを装備し、海洋交通上の要点であるチョークポイントをコントロールする部隊）」が具体例です。米陸軍は、インド太平洋地域で、MDOの一部として「太平洋細道（Pacific Pathways）」計画を推進しています。この計画に従い、マルチドメイン・タスクフォースがインド太平洋地域を巡回して訓練を実施、米陸軍のプレゼンスを誇示しています。

図表3-1　マルチドメイン作戦『集合』

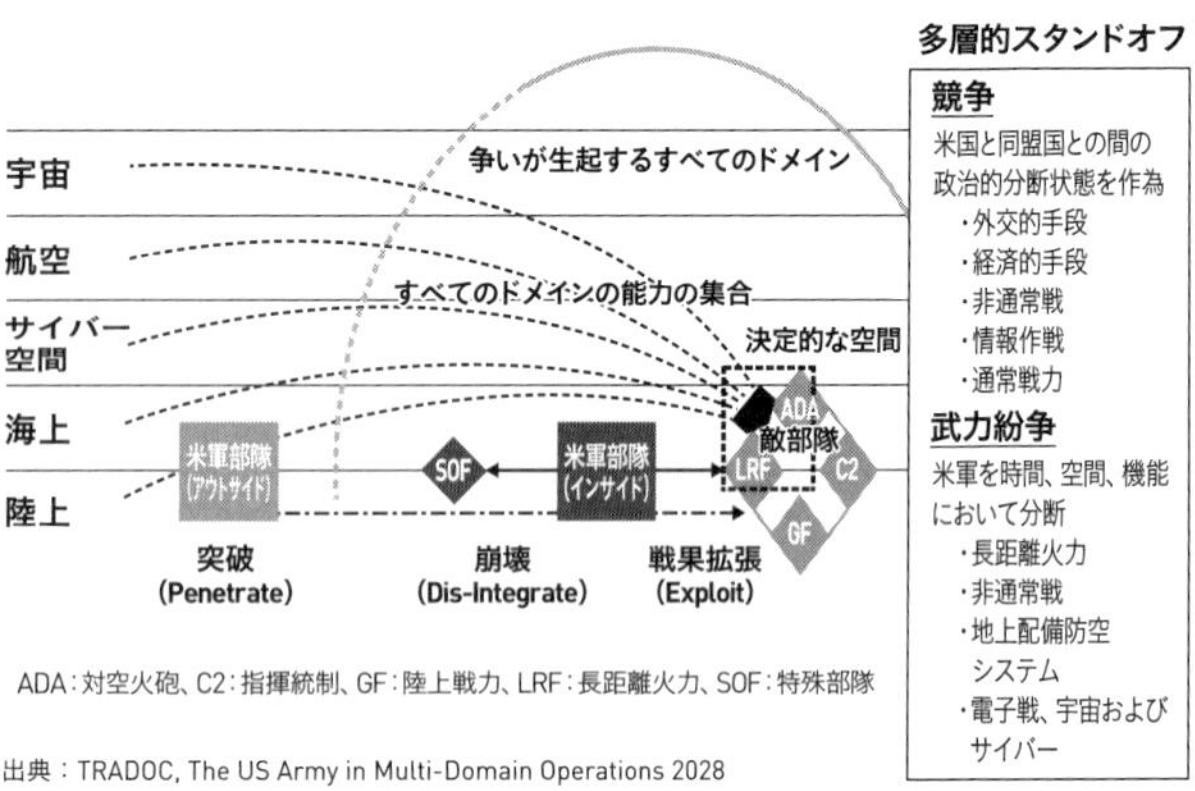

出典：TRADOC, The US Army in Multi-Domain Operations 2028

●「紛争」段階

紛争段階におけるMDOのキーワードは「集合（convergence）」です。「集合」とは、「すべてのドメインにおける能力の急速かつ持続的な統合」のことです。そして、この「集合」を時間的・空間的に最も重要なドメインに集中すること、つまり各ドメインで使用する能力を一点に集中することです。

武力紛争における「集合」においては、敵対国のA2／ADをいかに撃破するかが焦点です。そして、「紛争」段階を三つのフェーズに区分します（図表3－1参照）。

①「突破（Penetrate）」の段階：敵の長距離システムを無力化し、敵の機動戦力（艦艇、

航空機など）の活動を妨害・遅滞し、わが部隊は遠方から機動してくる。

②「崩壊（Dis-Integrate）」の段階：敵の長距離火力システムを破壊し、中距離火力システムを無力化し、A2／ADを完全に撃破する。

③「戦果拡張（Exploit）」の段階：敵の陸上部隊を撃破し、戦後の有利な条件を確保する。

●MDOに対する筆者の評価

・MDOには本書でテーマとする現代戦の要素がたくさん詰まっています。

・米軍にとって画期的なのは、事態を「平和」と「戦争」に単純に区分することなく、「競争」と「紛争」に区分したことです。米軍が平和と思っている時期は、PLAやロシア軍にとっては平和ではなく、武力紛争未満の作戦を実施する時期なのです。このことに米陸軍が気づき、「競争」における情報戦、政治戦、サイバー戦、宇宙戦への対処を真剣に考えはじめたことは、望ましい変化です。

・MDOはほとんどすべてのドメインにおける戦いを考慮に入れていて、その内容は単に陸上部隊の作戦ではなく、統合作戦の範疇《はんちゅう》に入ります。陸軍が望んでいる統合作戦構想に持っていくためには、海軍、空軍等を説得する必要があります。

・MDOに関する文書を読んでいると、ロシアが敵対国で、戦場は欧州で説明しています。本来は、敵対国は中国で、戦場はインド太平洋地域の作戦構想を描くべきですが、そこまでの構想には煮詰まっていない印象を受けます。インド太平洋地域のMDOの完成を待ちたいと思います。それは当然ながら自衛隊の南西諸島の防衛構想との調整・連携が必須となります。

前方展開前線基地作戦

前方展開前線基地作戦（EABO：Expenditionary Advanced Base Operations）は、海軍と海兵隊の作戦構想で、厳しい作戦環境下（A2／ADの勢力圏のなか）において海洋作戦を支援するものです。

海兵隊は、中国の攻撃を阻止するため、中国のミサイル、航空機、海軍の兵器の攻撃可能範囲内で戦う部隊（Stand-in Forces）になります。海兵隊総司令官デビッド・バーガー大将が策定した計画の中核は、中国海軍と戦うことを任務とする新たな海軍前方展開部隊（Naval Expeditionary Forces）です。海軍前方展開部隊は、米海軍の作戦を支援するために、小規模なチームに分散し、揚陸艇などで南シナ海や東シナ海に点在する離島や沿岸

図表3-2　前方展開前線基地（EAB）の一例

出典：Proceedings、US Naval Institute HP

部に上陸し、前方展開前線基地（ＥＡＢ：Expeditionary Advanced Bases）を設定します。図表３-２にＥＡＢの一例を紹介しているので参考にしてください。

ＥＡＢは、敵の長距離精密火力の射程内の離島や沿岸地域に設定されます。ＥＡＢは中隊から大隊規模の小さな前方基地です。ＥＡＢは敵の発見・対処が難しいため、艦艇や航空機よりも長い時間、敵地近くで作戦を行えます。敵地近くに長くとどまることで、ＥＡＢは敵の行動に制約を加えます。例えば、対空・対艦攻撃を行い、敵のセンサーを無能力化し、敵の戦力の活動を妨害・阻止する無人機を運用します。

ＥＡＢは、海洋ＩＳＲ（情報・監視・偵察）装備、沿岸防衛巡航ミサイル、対空ミサイル、戦術航空機のための前方武装給油拠点、滑走路、艦艇・潜水艦の弾薬補給拠点、哨戒艇基地として利用できます。これらの兵器や施設は、友軍のセンサーとミサイルの能力を高め、敵のターゲティングを複雑にします。また、重要な海洋地域をコントロールし、シーレーンや海のチョークポイントの安全を強化し、敵の利用を拒否します。

空中・海上・水面下で運用可能な無人システムを運用し、中国海軍がより広い太平洋に進出する直前に、対艦ミサイルで中国の艦艇を破壊します。そのデータは空軍や遠方から長距離ミサイルを発射する海軍部隊にも伝達されます。

敵の反撃を避けるため、海兵隊は遠隔操縦できる新世代の水陸両用艇を駆使し、48～72時間ごとに島から島へと移動します。他のチームは米戦艦からおとりの船を使った欺瞞《ぎまん》作戦を展開します。

米海兵隊総司令官バーガー大将は、「海兵隊の新たな能力や戦術がＰＬＡに『極めて多くの問題』をもたらすことをウォーゲーム（軍事作戦のシミュレーション）が明らかにした」「小規模で常に動き回り、しかも敵と接触する能力を持つ、分散型の海軍前方展開部隊に対抗するのは非常に難しいだろう」と述べています。

米海兵隊の大胆な改革「2030年の戦力設計」

米海兵隊は2020年3月末に、「2030年の戦力設計」（"Force Design 2030"）というバーガー大将の署名入りの文書を発表しました。

「2030年の戦力設計」によると、中国の台頭などの新たな安全保障環境に効果的に対処する改革として、海兵隊員1万2000人の削減、戦車の全廃、陸上戦力の骨幹である歩兵大隊の削減、F-35の機数削減など大胆な削減を行う一方で、海軍前方展開部隊の強化、長距離対艦ミサイルや致死性の高い無人機システムの増強を提案しています。この改革の結果は、インド太平洋地域の第一列島線防衛、とくに日本の南西諸島防衛にも大きな影響を与えると予想されるので、紹介します。

●大胆な改革の核心

バーガー大将の改革案は、2018年に発表された「国家防衛戦略」に基づいていること、インド太平洋地域における中国の脅威にいかに対処するかを、ウォーゲームや部隊実験などで実戦的に分析検討している点に特徴があります。

2018年の「国家防衛戦略」は、海兵隊の任務の重点を中東のイスラム過激派などへの対処から、インド太平洋地域における中国やロシアの脅威への対処へと転換しました。米海兵隊は、内陸部から沿岸部へ、そして非国家主体から米軍と対等な軍事力を持った競争相手（PLAやロシア軍）へとミッションを大きくシフトさせました。

つまり、米海兵隊はこの20年間、イラク戦争やアフガニスタン戦争において、米陸軍と共に主として地上戦力として運用されてきました。しかし、米海兵隊は本来、米海軍の作戦を支援する海軍前方展開部隊としての役割があります。バーガー大将の改革の核心は、海兵隊が陸上での作戦を重視するのではなく、米海軍と海兵隊の統合を強化し、海軍との全面的なパートナーシップの下で、海洋沿岸での本来の役割に回帰することです。

なお、戦力設計の前提になるのが作戦構想です。海兵隊の改革で根拠とした作戦構想は、海軍の作戦構想である「分散型海洋作戦」、海兵隊と海軍の共同作戦構想である「競争環境下における沿岸作戦（LOCE：Littoral Operations in a Contested Environment）」、そしてEABOです。

●米海兵隊の戦力設計の概要

海兵隊は自らの戦力設計に際し、「海兵隊に提供される予算は増えない」という前提を受け入れています。この前提の結果として、不可欠な新しい能力に資源を投入するためには、既存の部隊や兵器を削減しなければなりません。

部隊削減の最も合理的な方法は、歩兵大隊を削減するとともに、削減される歩兵大隊を支援する組織（直接支援火砲、地上機動部隊、攻撃支援航空、軽攻撃航空、支援対象となる地上部隊や航空戦闘部隊の規模に類似した能力を持つ戦闘サービス支援能力）も削減することであると、バーガー大将は言いきっています。

主要な焦点が大国間の競争に移り、インド太平洋地域へ新たな焦点が置かれるなかで、現在の軍隊は、新たな統合作戦構想、海軍及び海兵隊の作戦構想を支援するために必要な、以下のような能力が不足しています。

＊長射程の精密火力　＊中・長距離防空システム　＊短距離防空システム　＊情報・監視・偵察（ＩＳＲ）　＊電子戦（ＥＷ：Electronic Warfare）　＊殺傷能力と耐久能力が高い長距離無人機システム　＊海上民兵などを使った「グレーゾーン」戦略を追求する相手に対抗するのに適した、殺傷力の低い装備

そして、将来の環境に不適な兵器となるのは、例えば戦車、牽引火砲、殺傷力の低い短

距離・低耐久性無人機システムだと分析しています。

●米海兵隊の2030年目標戦力

何年も極秘で行われたウォーゲームを通じ、中国のミサイルや海軍力が太平洋地域での米軍の優位性を脅かしつつあることが判明しました。

海軍前方展開部隊としての役割を予算の枠内で再構築するため、海兵隊は保有する戦車と軍用機を削減し、兵員総数を1万2000人削減して17万人程度に縮小します。バーガー大将は、「質を高めるために海兵隊の規模を縮小すべきだとの結論に至った」と述べています。

主要な目標戦力は以下の通りです。

地上戦闘部隊

海兵隊は、対テロ戦争の時代において、米陸軍と共に地上戦力として活動してきました。しかし、米海軍と共に海洋や海岸近くで作戦するという本来の任務へ回帰するという決心をし、以下のような目標戦力を設定しました。

・7個の歩兵連隊本部：8↓7（1個歩兵連隊本部の削減）
・21個の歩兵大隊（現役）：24↓21（3個大隊の削減）
・6個の歩兵大隊（予備役）：8↓6（2個大隊の削減）
・残りの歩兵大隊の再設計：1歩兵大隊当たりの削減数は約200人
・5個の砲兵中隊：21↓5（16個中隊の削減）
・21個のロケット砲兵中隊：14↓21（7個中隊の増加）
・ゼロ戦車中隊：7↓0（7個中隊と前方配置能力のすべてを削減）
戦車中隊は、将来の最優先課題に運用上適していないと結論づけられています。しかし、米陸軍は引き続き戦車を保有します。この削減は陸上戦闘における戦車の重要性を否定するものではありません。
・12個の軽装甲偵察中隊：9↓12（現在の部隊に比し3個中隊の増加）
・4個の強襲水陸両用中隊：6↓4（2個中隊の削減）
歩兵大隊の削減などに伴い、これらを支える部隊も縮小します。
・2個の水陸両用強襲中隊の削減と水陸両用強襲輸送車（AAV：Assault Amphibious Vehicle）および水陸両用戦闘車両（ACV：Amphibious Combat Vehicle）の削減

航空戦闘部隊（Air Combat Element）

・18個の現役攻撃戦闘機飛行隊（ＶＭＦＡ）：（Ｆ－35ＢとＦ－35Ｃ戦闘機を各飛行隊当たり16機から10機まで削減）

・14個の現役中型ティルトローター（注：オスプレイのこと）飛行隊（ＶＭＭ）：17→14（3個飛行隊の削減）

歩兵大隊の能力とそれに伴う戦闘支援の削減を考えると、残りのティルトローター部隊で十分です。

・5個の重輸送ヘリコプター（ＨＭＨ）中隊：8→5（3個中隊の削減）

5個飛行中隊で、海兵隊の要求及び承認された海軍コンセプトに記述されている将来の戦力を満たすのに十分な能力を提供できます。

・5個の軽攻撃ヘリコプター（ＨＭＬＡ）中隊：7→5（2個中隊の削減）

・4個の航空給油輸送機（ＶＭＧＲ）中隊：3→4（1個中隊の増加）

・6個の無人機（ＶＭＵ）中隊：3→6（3個中隊の増加）

この無人機中隊の増強は注目すべきです。将来の「スタンドイン部隊（敵の脅威圏内に展開する部隊）」として、海兵隊は無人航空機システム（ＵＡＳ）を必要とします。

・海兵航空支援グループ（ＭＷＳＧ）の削減

●米海兵隊改革への筆者の評価

・バーガー大将は、「中国の脅威は着実に増している。もし米軍が何もしなければ、われわれは追い抜かれるだろう」と中国の脅威を強調していますが、その危機感は妥当です。そして、米海兵隊が限られた予算のなかで、米海軍の作戦を支援するという役割に回帰したことは、インド太平洋地域においては妥当だと思います。ＰＬＡの増強が最大の脅威になっている日本にとって、米海兵隊の改革を前向きに評価し、陸海空自衛隊の統合作戦と米軍との共同作戦の充実に向けた努力を継続すべきだと思います。

・戦車をすべて削減するという方針は非常に大胆です。日本でも、「米海兵隊は戦車を全廃したのだから、陸上自衛隊も戦車を削減しろ」という暴論が出てきそうです。しかし、バーガー大将は、「海軍を支援する海兵隊には戦車は必要ないが、大量の戦車を持つ陸軍は必要だ」と発言していることに留意する必要があります。主として陸上戦闘を遂行する陸上自衛隊や米陸軍と米海兵隊を同列に議論するのは不適切です。

また、退役した海兵隊の将軍でバーガー大将の改革案を批判する者が少なくないことにも留意する必要があります。批判者は、「米海兵隊には多くの任務が付与される。中東、欧州、朝鮮半島などで海兵隊が陸上作戦を命じられた場合に戦車なしでは対応できなくなる。行きすぎた改革には問題がある」と主張しています。

・海兵隊の作戦構想であるEABOの多くの要素は、自衛隊の南西防衛構想と共通点があります。例えば、離島を拠点とする対艦ミサイルや対空ミサイルにより、PLAの作戦を妨害し、米海軍や米空軍の作戦を容易にするという構想（筆者はこれを自衛隊が実施するPLAに対するA2／ADと呼んでいます）は自衛隊と米海兵隊で共通のものです。

また、離島における作戦のためにISR（情報・監視・偵察）能力の向上、無人機システムの導入、長距離ミサイルなどが必要であるという主張にも共通するものがあります。

以上の諸点を勘案すると、自衛隊、とくに陸上自衛隊は米海兵隊の大胆な改革から多くのことを学ぶべきでしょう。そして、米海兵隊の大胆な改革を契機にして、日米同盟をさらに強化し、中国の脅威に日米共同で対抗すべきです。

技術安全保障

ＡＩ、５Ｇ、量子技術、ＡＩ搭載の無人機システムなどの最先端技術がダイレクトに国家安全保障に影響を及ぼしています。最先端技術に対する理解なくして安全保障を語ることができない時代になっています。米中覇権争いの本質は米中技術覇権争いです。その意味で、トランプ政権が実施している技術安全保障の重要性を深く認識すべきです。

●５Ｇの地政学

トランプ政権は、「中国製造２０２５」を目の敵にしています。「中国製造２０２５」では、中国が２０４９年の中華人民共和国建国１００周年までに「世界の製造大国」としての地位を築くことを目標に掲げています。トランプ政権は、「中国製造２０２５」に列挙されている５Ｇなどのハイテク10分野で、中国が米国に追いつき追い越す事態を何がなんでも阻止するという強い決意を表明しています。

とくに５Ｇは、中国が重視する10分野の技術のなかでトップに記述されている最重要な技術です。５Ｇが普及した暁には、情報通信、自動運転、ロボットなどの無人システム、医療、セキュリティなど多くの分野で革命的な変化が起こると期待されています。

5Gの軍事利用に関しては、中国だけではなく米国等でも計画されています。5Gはすでに記述した軍事利用の分野のみならず、兵站《へいたん》（補給や整備など）やサプライ・チェーンの可視化を実現します。また、5Gにより次世代のC4ISR（指揮、統制、通信、コンピュータ、情報、監視、偵察）は飛躍的に発展します。5GとAIの相乗効果は、将来の軍事戦略・作戦・戦術を大きく変える可能性があるのです。

最近、「5Gの地政学（The Geopolitics of 5G）」という表現を使う論考が増えています。例えば、イアン・ブレマーが社長を務めるコンサルティング会社「ユーラシア・グループ」が、2018年11月15日、〝The Geopolitics of 5G〟という報告書を公表しました。また、PLAの研究者エルサ・カニアは中国における5Gの軍事活用に関する論考[※3]を発表し、「5Gの技術とその応用において中国の企業（ファーウェイやZTEなど）が他の諸国をリードしている。中国5Gの優勢を阻止しようとする米国等の動きにより、世界が5Gをめぐり二分され、世界の経済や安全保障に大きな影響を及ぼす。米中覇権争いの象徴である5Gが引き起こす地政学的リスクが今後焦点になる」と指摘しています。

●5Gを巡るふたつのエコシステム（Ecosystem）が世界を分断する

中国製5G機器がもたらす国家安全保障上のリスクが中心テーマになっていますが、米国及び米国の同盟諸国（日本や豪州など）は、自らの5Gネットワークから中国製の技術や機器を排除する動きを継続するでしょう。

5Gのエコシステム（経済的な依存関係や協調関係）はふたつになります。ひとつは米国主導のエコシステムで、シリコンバレーの技術でサポートされます。もうひとつは中国が主導するエコシステムで、ファーウェイなどの非常に能力の高い中国企業によりサポートされます。

中国と中国以外のふたつの陣営に分断されることは、相互運用性に問題が生じるとともに、スケール・メリット（規模を拡大することによって得られる優位性）が低下し、コストが増大する可能性があります。

5Gの導入が成功すれば、5Gとその関連アプリケーションが才能ある人材と資本を引き付けます。それに加えて、5Gネットワーク上で実行されるアプリケーションによって

※3　Elsa Kania, "Why China's Military Wants to Beat the US to a Next-Gen Cell Network" ２０１９年１月８日

生み出される膨大なデータがさらなる革新をもたらす好循環が実現することでしょう。

この好循環を利用したい第三国は、「どちらの5Gネットワーク技術と関連アプリケーションを採用するか」という難しい選択に迫られます。各国政府は、中国の提供する5G技術のコストパフォーマンスに惹《ひ》かれながらも、米国政府から5Gに対する中国への依存を避けるように圧力を受けることになります。

しかし、コストに敏感な途上国は、中国の技術と安さの魅力を諦めることは難しいでしょう。

●5Gにより米国と同盟国の間に不協和音が

トランプ政権は安全保障上の脅威を理由にし、同盟諸国などに圧力をかけてファーウェイを米国市場のみならず世界市場からも排除しようとしています。しかし、米国の同盟国のファーウェイ排除の動きは一致団結したものにはなっていません。日本、豪州は米国の意向に沿う決定を一応下しています。豪国防信号局は、「通信網のいかなる部分に対する潜在的脅威も全体への脅威となる」として、ファーウェイを5Gに参入させないよう求めています。

しかし、ドイツやフランスは米国のファーウェイ排除の要請に対して曖昧な態度を取っています。その理由は、ファーウェイが安全保障上の脅威であることの具体的な証拠を米国が提示していないことと、トランプ大統領が同盟諸国に対して同盟を軽視するような言動を繰り返してきたことに対する反発があるからです。

米国は、5Gにおいて世界を米国のブロックと中国のブロックに二分する政策を取りながらも、米国ブロックに入ってもらいたい欧州主要国の支持を取り付けられていないジレンマを抱えています。

米国主導で機密情報を共有する5ヶ国の枠組み「ファイブ・アイズ」のファーウェイ排除の姿勢はバラバラになっています。これは中国の5Gの実力がNATO諸国に深刻な影響を与えている証です。

かつて米国と密接不可分な同盟関係にあった英国は、ファーウェイ排除の姿勢を明確にはしていませんでした。英政府通信本部（GCHQ：Government Communications Headquarters）の指揮下にある国家サイバーセキュリティーセンター（NCSC：National Cyber Security Centre）が、「ファーウェイ製品を5G網に導入したとしても、リスクを管理することは可能だ」という結論を出しました。

これに対して、英国王立防衛安全保障研究所（ＲＵＳＩ：Royal United Services Institute for Defense and Security Studies）の報告書は、[※4]「ノキアやエリクソンではなくファーウェイの通信機器を使用するのは甘い考えと言うしかなく、最悪の場合は無責任ということになる」と批判しています。

2 情報戦

米露などでは、公式文書で「情報戦」が言及されています。一方で驚かれる人が多いかもしれませんが、米国政府は情報戦の正式な定義を持っていません。情報戦は戦略レベルの情報の概念であり、作戦レベルの概念である情報作戦（ＩＯ：Information Operation）の定義はありますが、それは軍事作戦のみを対象としており、非軍事的な戦略目標を達成するためのサイバー空間の利用を重視していません。

米国は中国やロシアほど露骨に情報戦を行う国ではありません。一方、中露やテロ組織は強固な情報戦の戦略を持ち、情報作戦についても軍事に限定しないで政府全体または社会全体のアプローチを採用しています。

以下、米国の情報戦について、サイバー・情報戦の専門家であるキャスリン・セオハリーが米国議会に提出した資料[※5]がよくまとまっているので、それに基づき説明します。

情報戦とは、武力紛争のレベルより下で行われる、情報環境を防護し、利用するためになされる軍事および政府の一連の作戦です。情報は国力の要素として認識されていますが、先述のように情報戦は米国では比較的理解されていない概念です。

情報戦は、情報を利用して、攻撃的および防御的な活動により競争優位性を追求する戦略です。情報戦は政治戦の一形態であり、国家が戦略目標を達成し、外交政策目標を推進する手段です。防御的な取り組みには情報保証や情報セキュリティ、攻撃的な取り組みには情報作戦が含まれます。情報戦を特徴付けるために使用される同様の用語には、アクティブ・メジャー、ハイブリッド戦、グレーゾーン戦があります。

情報戦は「偽情報キャンペーン」と呼ばれることもありますが、偽情報は情報作戦で使われる戦術のひとつにすぎません。情報作戦で使用される情報のタイプには、プロパガンダ、誤情報、偽情報などがあります（第四章Ｐ３０１参照）。

※4　英国王立防衛安全保障研究所（RUSI）、"China-UK Relations : Where to Draw the Border Between Influence and Interference?"
※5　Catherine A. Theohary, "Information Warfare: Issues for Congress", Congressional Research Service

サイバー空間は、多くの人々に、メッセージを伝えるための簡単で費用対効果の高い方法を提供しています。そのため情報戦がインターネット上で起こり、「サイバー戦」と情報戦を混同する人もいます。

米国政府の官僚機構では、情報戦の重心がどこにあるべきかについての議論がなされています。冷戦時代、米政府の情報戦の主要担当機関は国務省と米中央情報局（ＣＩＡ）でした。９・11同時多発テロ以降、現在のドクトリンと能力の大部分は軍隊が保有しています。そのため、その情報戦の主役はペンタゴンです。しかし、軍がプロパガンダの制作に関与すべきではないという懸念もあります。

情報戦とは何か？

現在、米国政府による公式な情報戦の定義はありませんが、ここでは、「競争優位を追求するための攻撃的および防御的な取り組みを含む、情報の使用および管理」と定義します。

米国の一部の人々にとっては、「戦争」という用語は武力紛争やその他の軍事活動を意味します。しかし、政治戦（political warfare）は一般に、「自分の意志を敵に強制し、実行させるために、政治的手段を用いること」と理解されています。冷戦時代の外交官ジョージ・ケナンの定義によれば、「政治戦争とは、戦争には至らないが、国家目標を達成するために、国家の指揮下であらゆる手段を用いること」です。

このような作戦は、公然に行う場合も隠密に行う場合もあります。その範囲は、政治的同盟、経済的手段、宣伝のような公然の行動から、「友好的な」外国勢力への密かな支援、心理戦、さらには敵対国における地下のレジスタンスの支援のような秘密工作にまで及びます。この意味で、情報戦は、国家の政府、軍、民間部門、一般住民を標的とする政治戦の一形態です。

繰り返しますが、情報戦は、武力紛争以下のレベルで行われ、情報環境を防護し、利用するためになされる軍事および政府の一連の作戦です。情報戦は攻勢作戦と防勢作戦を含みます。自分の情報の保護（情報保全）とアシュアランス（保証）、利益増進のための情報作戦などです。情報戦は、危機、紛争、戦争のみならず、平時においても行われています。世論に影響を与えるために、あるいは意思決定者にある種の行動をとらせるために、政府機関、政治指導者、あるいは報道機関を攻撃するかどうかにかかわらず、情報戦の最終的な標的は人間の認知です。このため、情報戦は説得作戦、影響作戦（工作）、心理作戦などと呼ばれることもあります。

しかし、情報戦には常に強制的に決心を強要するとは限りません。むしろ、市民社会をターゲットにし、ターゲットとする集団に混乱を引き起こし、意思決定の麻痺《まひ》状態を引き起こす「分断し征服する」戦略の一環です。この場合、ターゲットとなる意思決定者は矛盾した報告に絶えずさらされており、真実を見分ける手っ取り早い手段がありません。

信頼できる情報がなく、問題の両方の派閥からの強い反対に直面している場合、意思決定者は行動できません。これは、カール・フォン・クラウゼウィッツが戦争の「霧と摩擦」と呼んだものに相当します。戦争の霧とは、軍事作戦の参加者が経験する状況認識の不確実性を指し、摩擦はこの霧の副産物です。

情報戦は社会全体の取り組みであり、政府の代わりに民間人が意図的に、あるいは意図せずに代理人として機能することがあります。

ロシアや中国の政府は、一般市民に対し、金銭的報酬を与えたり、愛国心に訴えたり、脅迫や強制によって情報戦のエージェントとして行動することを強制します。

情報戦は武力紛争の前奏曲であり、部隊の展開に先立つ戦場の準備です。地元の人々の心をつかむなど武力紛争で勝利するための環境をつくりあげます。あるいは、情報戦はそれ自体が目的であり、軍事力を行使しないで各国が互いに競争優位を獲得するプロセスです。

情報を武器として使用することを表す用語はたくさんあります。しかし、情報戦は、情報を力の手段として動員することの戦略的意味を強調しているため、このことを説明するのに有用な用語です。

情報作戦とは

米国政府の定義では、情報作戦は「一連の戦術または能力を含む、純粋に軍事的な活動」であると考えられてきました。米国防省の統合教範3-13、「情報作戦ロードマップ」によると、情報作戦は五つの柱で構成されています。

＊コンピュータ・ネットワーク作戦（CNO：Computer Network Operations）
コンピュータ・ネットワーク攻撃（CNA：Computer Network Attack）
コンピュータ・ネットワーク防御（CND：Computer Network Defense）
コンピュータ・ネットワーク活用（CNE：Computer Network Exploitation）

＊心理作戦（PSYOP：Psychological Operations）
＊電子戦（EW：Electronic Warfare）
＊作戦保全（OPSEC：Operations Security）
＊軍事的欺瞞《ぎまん》（MILDEC：Military Deception）

CNO（コンピュータ・ネットワーク作戦）はのちにサイバー空間における攻撃的・防御的作戦となり、米国防省の統合教範3－12・10でドクトリンを発表しました。

PSYOP（心理作戦）には、外国の政府、組織、グループ、個人の感情、動機、客観的推論、および最終的には行動に影響を及ぼすための情報（宣伝）の計画的使用が含まれます。

戦略レベルにおける心理作戦は、米国の目標と目的を支援するために外国の標的とする聴衆に影響を与える情報を流布します。

作戦レベルでの心理作戦は、戦闘指揮官の任務達成を支援するために、独立して、または他の作戦の不可欠な部分として実施されます。

これまでの心理作戦の定義は、情報作戦や情報戦という言葉に似ていました。現在のドクトリンでは、心理作戦は軍事情報支援作戦（ＭＩＳＯ：Military Information Support Operation）という名称に変更されています。

ＥＷ（電子戦）は、電磁スペクトルを制御するため、または敵を攻撃するために、電磁および指向性エネルギーを使用する軍事行動と定義されます。例としては、指揮・統制システム、全地球測位システムに使用される衛星、および無線通信を妨害することが挙げられます。

ＯＰＳＥＣ（作戦保全）とは、重要な情報を特定し、軍事作戦やその他の活動に参加する我部隊の行動を分析するプロセスです。

ＭＩＬＤＥＣ（軍事的欺瞞）とは、敵対する軍事的、準軍事的、または暴力的な過激派組織の意思決定者を意図的に欺く行為であり、それによって敵対者に我部隊の任務達成に資する具体的行動を取らせることです。

情報戦関連用語

国家安全保障戦略担当者は、情報戦を表すために他の用語を使用することがあります。これらの用語は、軍または政府による情報の利用に焦点を当てる傾向があり、情報戦全体を具体化する様々な情報関連能力を見逃す可能性があります。他のいくつかの関連する用語は、それらが同様の概念を伝えるので、しばしば情報戦と共に使用されます。以下、それらをいくつか具体的に検証していきます。

「アクティブ・メジャーズ」（積極的な取り組み）とは、国家が主体となって行う、国民を対象とした影響力行使、国家間の影響工作等の外交政策目標を達成するための取り組みです。

「ハイブリッド戦」は、通常戦、非正規戦、情報戦を混合したものです。また、経済的及びその他の形態の競争を含みます。情報戦を記述するためにしばしば使用されるハイブリッド戦という用語は、情報戦という用語の範囲外の活動を含みます。

「グレーゾーン戦」は、国家の目標を達成する一方で、認定された正規軍を必ずしも含まない力を使用して、競合国の目標を否定することを目指します。この戦いの対象には国家と非国家主体が含まれます。伝統的な戦争と平時の間に分類されます。

「非正規戦」は「合法性と関連住民への影響力をめぐる、国家と非国家主体の間の激しい闘争」です。これは部族戦争または低強度紛争としても知られており、しばしば伝統的な軍事組織が存在しないことが特徴です。

「非通常戦」とは、政府や占領権力に対する反乱を支援することです。情報やゲリラ戦による破壊活動に大きく依存しており、軍はしばしば秘密裏に活動します。

「非対称戦」は、相対的な軍事力、戦略や戦術が大きく異なる交戦国同士で行われます。その際、情報戦は格差を克服する成功の手段になります。

「ソフトパワー」とは、国際関係学者ジョセフ・ナイによれば、「強要や報酬ではなく、魅力によって望むものを得る能力」です。これには、対象国の意思決定者を自国の利益のために行動させるように、情報を積極的に利用することが含まれます。

「パブリック・ディプロマシー」（広報文化外交）とは、対象国の世論に情報を提供したり、影響を及ぼしたりすることを目的とする政府主導のプログラムのことです。主な手段は出版物、映画、文化交流、ラジオ、テレビです。

情報の種類

一般的な用語では、「偽情報キャンペーン」は、情報操作と同じ意味で使用されます。しかし、偽情報や欺瞞は、情報戦の一部として利用できるツールのひとつにすぎません。

一方、事実に基づく情報は、戦略的目標を達成するために、場合によっては欺瞞的手段よりも効果的に使用できます。情報作戦では、次のような様々なカテゴリーの情報を使用します。

プロパガンダ

プロパガンダは、心理戦や影響工作と似た影響を与えるアイデアや物語（ナラティブ）を広めることです。それは、誤解を招くかもしれませんが真実である可能性があり、盗まれた情報が含まれる場合があります。

パブリック・ディプロマシー

演説やプレスリリースなどの広報活動を通じて、政府の意図や政策、価値観を伝えることは、パブリック・ディプロマシーであると同時にプロパガンダでもあります。これらのコミュニケーションには戦略的価値があり、時間の経過とともに、対象国の意思決定者を特定の行動に向かわせる認識を生み出すことができます。

誤情報（Misinformation）

これは、意図せずに誤った情報が広がることです。その例としては、根拠のない陰謀説を広めるインターネット荒らしや、それが真実だと信じてソーシャル・メディアを利用する、ウェブ上のいたずらがあります。誤った情報は、真実を見抜くことが難しくなり、対象となる社会に分裂と混乱をもたらします。

偽情報（Disinformation）

誤情報とは異なり、偽情報は意図的な虚偽情報です。その例としては、メディアに意図的に虚偽のニュース記事を流したり、抗議行動を偽造したり、画像を加工したり、広範に公開される前に私的通信や機密通信を改ざんしたりすることが挙げられます。

これらの活動のすべては、情報環境のなかで行われます。情報環境とは、情報を収集し、発信し、または情報に基づいて行動する個人、組織及びシステムの集合体です。次のものが含まれます。

・物理レイヤー：指揮・統制システムとその関連インフラストラクチャー

・情報レイヤー：情報が格納されるネットワークとシステム
・認知レイヤー：情報を伝達し、情報に反応する人々の心（mind）

情報環境では、外交、情報、軍事、経済など、国力に関するあらゆる手段を予測し、活用することができます。

サイバー空間での情報活動

サイバー空間は、情報戦を促進する触媒の役目を果たしています。ソーシャル・メディアやボットネット[※6]はメッセージや物語を増幅させ、対象となる視聴者に不和や混乱を引き起こします。今日の情報戦の多くはサイバー空間で行われており、多くの人が情報作戦とサイバー・セキュリティを結びつけています。

しかし、米国防省では、情報作戦とサイバー作戦は別々の教義に基づく活動です。サイバー作戦は、戦略的な情報戦の目標を達成するために利用します。攻撃的なサイバー作戦は、標的集団に心理的影響を与えるために利用されます。つまり国家がサイバー攻撃を利用して対象国の意思決定者に影響力を行使し、その行動を変えさせる可能性があるのです。

サイバー作戦は、敵対者の通信回線へのアクセスを不能にしたり拒否したりする目的や、悪意を持って重要なインフラストラクチャーの構成要素を劣化させる目的を持って行われます。

政府が民主主義の価値を伝えることを目的とした資料を作成・配布するなどの情報作戦は、公然の活動です。この場合、その活動に対する政府の後援が知られています。それに対して秘密情報作戦とは、政府の支援が暴露された場合に、その支援が否定される活動のことです。サイバー空間の匿名性は、秘密情報作戦を行うための理想的な戦闘空間を提供します。また、情報作戦はサイバー空間以外でも実施されます。

中露などの国々では、公式文書で「情報戦」が言及されていますが、米国政府は情報戦の正式な定義を持っていません。しかしながら、「情報作戦」については米国防省の定義があります。ただ、それは軍事作戦のみを対象としており、非軍事的な戦略目標を達成するためのサイバー空間の利用を重視していません。

※6　悪意のあるプログラムを使用して乗っ取った、多数のコンピュータで構成される端末やネットワークのこと

3　宇宙戦

宇宙戦に消極的だった政府や議会

宇宙分野においても米国は世界一の国家です。米国は、宇宙分野における組織・技術・専門知識、活気に満ちた宇宙ビジネス部門、宇宙のリーダーシップと多くの国際的なパートナーシップの長い歴史を持っています。これらは、宇宙における米国の中国に対する優位性を示しています。実際、中国が宇宙で行おうとしていることの多く（例えば有人宇宙船による月面着陸）は、米国がすでに達成したことです。

しかし、宇宙における世界のリーダーとしての地位を確立しようとする中国のひたむきな努力と国家ぐるみの関与は、米国の国益を損ない、米国がこれまで長年確立してきた多くの成果を損なう可能性があります。宇宙分野における中国の相対的な進歩は、米国が宇宙での戦略的関心をここ10年間、失っていたという事実に起因し、この事実は中国に米国との差を狭める機会を提供しました。

２０１７年の米国家安全保障戦略は、「宇宙の民主化」を提言しました。これは、政府のリーダーシップによる宇宙開発ではなく、企業などによる小規模で低コストのシステムを使った、商業活動を目的とした宇宙アクセスの注目すべき試みです。しかし、宇宙への米国企業などの参入は、宇宙をますます輻輳《ふくそう》にし、彼らが何者かの攻撃を受ける可能性を予感させます。宇宙はもはや米国が過去のような優位性を確保できる絶対的な領域ではないため、「宇宙の民主化」は、米国の安全保障上のリスクを増大させることになるでしょう。

米国の経済的利益を確保するために宇宙へのアクセスを拡大すること、とくに、シスルナ（地球と月軌道の間）の領域とその先の空間は、米国の将来の安全保障と経済にとって重要な役割を果たす可能性があります。

宇宙に帰属する経済的潜在力を活用する技術が成熟した場合、中国は新しい経済分野において米国と覇権争いをすることになります。宇宙における米中の覇権争いは長く継続することになるでしょう。

宇宙戦についてですが、米国政府や議会は、伝統的に軍事作戦としての対衛星兵器の配置には否定的であり、米軍が要求する対衛星兵器関連予算を拒否してきました。米国の対衛星兵器の配置は他国による同様な配置を正当化する恐れがありますし、宇宙の自由な使用こそが米国の国益にかなうと考えられてきたからです。

しかし、米政府や議会は、中国やロシアが保有する対衛星兵器の脅威に直面し、2002年に従来の方針を転換し、空軍のふたつの対衛星兵器事業を認めました。ただし、最終的にひとつの事業が否定され、2004年に敵の衛星通信を妨害する能力を有する通信妨害システムのみが最終承認されました。

この宇宙戦に消極的な姿勢は、トランプ大統領の米宇宙軍（US Space Force）の創設によって大きく変わる可能性があります。

トランプ大統領の執念で実現した米宇宙軍の創設

●トランプ大統領の宇宙軍の創設はレーガン大統領の宇宙軍の復活を意味する

トランプ大統領は、2019年12月20日、国防予算（宇宙軍創設の予算を含む）の大枠を決める2020会計年度の国防権限法に署名をし、これに伴い米宇宙軍（US Space Force）が正式に創設されました。

宇宙軍の創設に至る道のりは決して平たんなものではありませんでした。じつは、宇宙軍の創設について米軍内部からも根強い反対がありました。軍の要人らの反対意見は、「宇宙軍の創設は屋上屋を重ねるものであり、現在の体制で十分だ」というものでした。

トランプ大統領は、軍の反対にもかかわらず宇宙軍の創設にこだわりました。彼の狙いは、「歴史に名を遺す大統領になる」ことでした。彼は、陸・海・空軍と同格の第六の軍種として宇宙軍を創設しました。これにより歴史に名を遺すことができました。

軍の宇宙軍創設反対論者たちも、最終的には大統領の強い意向を無視することができず、宇宙軍の編成を受け入れたのです。

米宇宙軍が発足するまでには踏むべき手順がありました。まず、トランプ大統領は、2019年の2月に宇宙軍創設を指示し、8月には米宇宙コマンド（US Space Command）が編成されました。なお、米宇宙コマンドは、ロナルド・レーガン大統領が1985年9月23日に創設したものですが、その後に必要性が否定されて2002年9月30日に廃止されました。そして、2019年の8月29日に再編成されたことになります。

2019年8月に発足した宇宙コマンドは87人体制でスタートし、人工衛星の運用、宇宙空間の監視、ミサイル警戒などの任務を担当しています。

一方、宇宙軍は約1万6000人の人員で、陸・海・空軍が保有していた宇宙関連部隊や施設を統合して発足しました。

図表3-3 「宇宙軍を含めた米軍の組織編成」

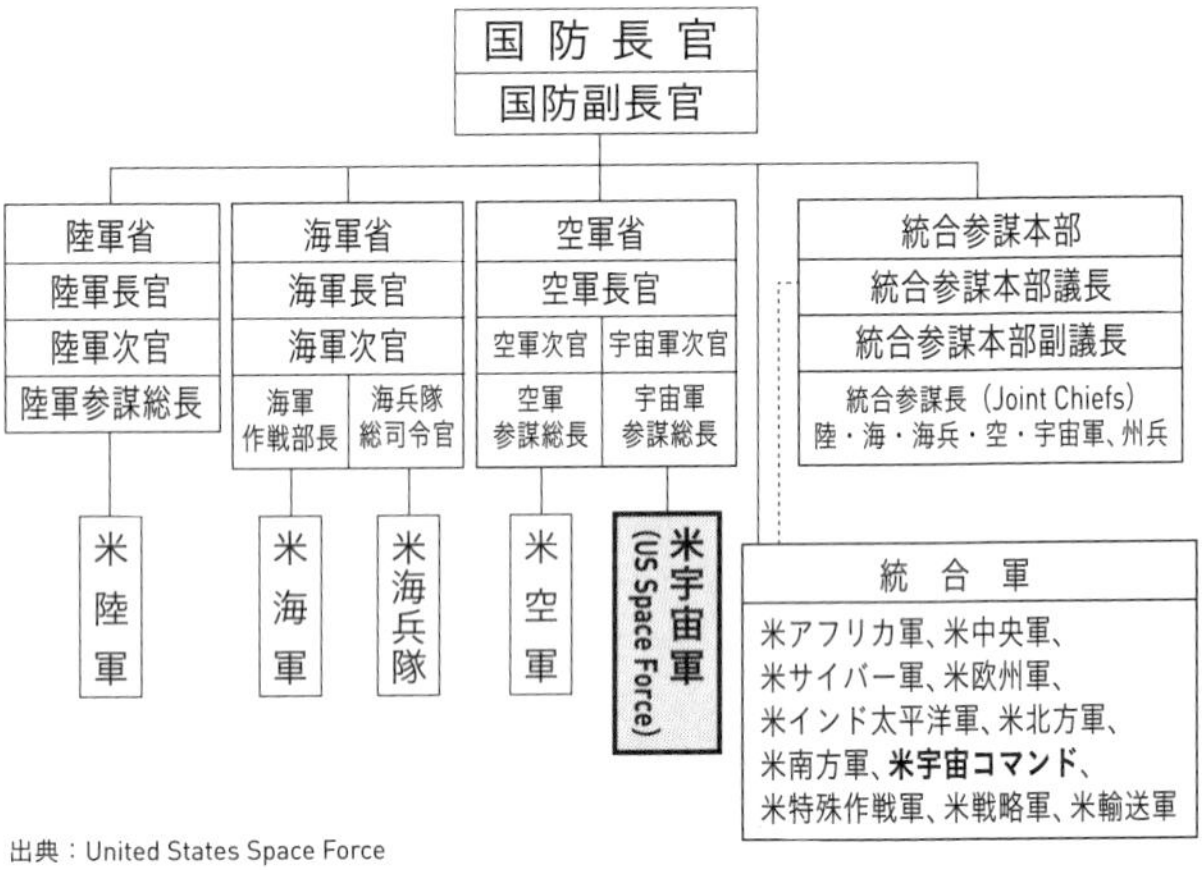

出典：United States Space Force

●米宇宙軍と米宇宙コマンドは違う

ここで宇宙軍関連の用語で多くの人たちが誤解している大事な点について注意喚起をしたいと思います。米宇宙軍（US Space Force）と米宇宙コマンド（US Space Command）は違います。米宇宙コマンドを宇宙軍と表現する人がいますが、不適切です。

米宇宙軍は、陸軍、海軍、空軍と同じ軍種で、いわゆる「フォース・プロバイダー」で、指揮下にある部隊を他の組織に派遣する組織です。一方、米宇宙コマンドはインド太平洋軍や中央軍と同じ「統合戦闘コマンド（Unified Combatant Command）」であり（図表3-3参照）、いわゆる「フォース・ユーザ」で実際に部隊を使い作戦・戦闘を行う組織です。「フォース・ユーザ」である米宇宙コマンドは他の組織（例えば米宇宙軍）から部隊の提供を受け、実際に作戦・戦闘を行う実働部隊です。

●米宇宙軍は海兵隊以上、陸・海・空軍以下

また、米宇宙軍創設後における国防長官以下の米軍の組織編成は、図表3－3の通りです。

この編成図から見ると、海兵隊が、海軍と共に海軍長官と海軍次官の下にいるのに対して、米宇宙軍は空軍と共に空軍長官の下に入るものの、空軍次官（先任次官）とは別に宇宙軍次官が配置されています。一方、海兵隊は海軍次官の下に入っています。この違いから、米宇宙軍は「海兵隊以上、陸・海・空軍以下」と位置付けられていると分析します。この分析に基づくと、トランプ大統領の「宇宙軍は陸・海・空軍と同格」という主張は事実と少し違います。

トランプ大統領の宇宙政策はレーガン大統領の宇宙政策を参考にしている

米宇宙コマンドの復活が一例ですが、じつはトランプ大統領の宇宙開発へのこだわりは、彼が尊敬してやまないレーガン大統領の宇宙開発に触発されたものです。トランプ大統領の安全保障に関するスローガンである「力による平和（Peace through Strength）」はレーガン大統領のスローガンを真似たものです。そして、2016年の大統領選挙期間中にトランプ陣営は、「力による平和」と並んで「米国の宇宙開発の復活」をスローガンにしました。このふたつは明らかにレーガン大統領のコピーです。

そして、筆者が注目しているのはレーガン大統領が冷戦時代のライバルであったソビエト連邦を破滅させるために華々しく打ち上げた「戦略防衛構想（SDI：Strategic Defense Initiative）」、いわゆるスターウォーズ計画です。SDIは、衛星軌道上にミサイルやレーザー兵器を搭載した攻撃衛星、早期警戒衛星などを配備し、これらの衛星と地上の迎撃システムを連動させて、ソ連の大陸間弾道弾などのミサイルを破壊するという構想です。このSDIは、当時の技術では実現不可能な、はったりの構想でしたが、このはったりの構想に騙《だま》されたソ連は膨大な軍事費を対抗手段の開発のために費やし、最終的に国家を崩壊させてしまいました。

トランプ政権は、レーガン大統領のＳＤＩと同じような発想で宇宙開発の構想を打ち上げて、中国をけん制しています。そしていざとなれば宇宙戦によって中国に大きな損害を与える体制を構築しようとしているのではないかと思います。

しかし、現在は、レーガン時代といくつかの点で状況が違います。

まず、科学技術力の進歩によりレーガン政権のＳＤＩが実現可能な状況になっています。米国がＳＤＩを実現できるのみならず、中国やロシアも実現できる状況です。冷戦時代以上に宇宙をめぐる争いは激化しそうです。

二番目に、米国と覇権争いを展開している中国はソ連と違って経済力があります。中国は、ソ連のように経済的な理由によって簡単に崩壊する国ではありません。経済大国、軍事大国、科学技術大国、宇宙大国を目指す中国は米国にとって手ごわい相手であり、レーガン流のはったりが効かない国です。宇宙をめぐる米中の覇権争いは長く続くでしょう。

三番目に、宇宙は衛星や宇宙ゴミ（デブリ）でますます輻輳しています。多くの国々や民間企業が宇宙での活動を活発化させていくなかで、宇宙における秩序形成や協力が重要な時代でもあります。

米宇宙軍について

米宇宙軍は、2019年12月20日に創設されましたが、米空軍を中心とした軍人の反対があったことは既述した通りです。筆者も当初、「宇宙軍の創設により、約70年ぶりに、陸軍、海軍、空軍、海兵隊等に続く新しい軍種が誕生した。宇宙軍をつくることにより歴史に名を遺したいというトランプ大統領の希望は実現したが、彼はなんと自己顕示欲の強い人間か。陸・海・空軍と同格の軍種にするというのも無理がある。宇宙軍と陸・海・空軍では規模が違いすぎる。そして、宇宙軍をつくることにより、国防予算の増大などの弊害も出てくるだろう」と思っていました。

しかし、徐々に宇宙軍の創設を評価するようになってきました。その理由をこれから記述していきますが、まずはトランプ大統領の国家宇宙戦略について触れます。

トランプ大統領の国家宇宙戦略

米国ほど国家安全保障上の各種戦略を作成し、公表する国はほかにありません。宇宙戦略も例外ではありません。トランプ大統領は、2018年3月に国家宇宙戦略（National

Space Strategy）を発表しましたが、この戦略を読むとトランプ大統領の宇宙開発に関する思いがよく分かります。この戦略の要点を紹介します。

・米国の利益を最優先し、米国を強く、競争力があり、偉大な国家にする。
・米国の宇宙をめぐる足かせを取り除き、米国が宇宙サービスと技術の世界的なリーダーであり続けるための規制改革を優先する。
・米国の開拓者精神（パイオニア・スピリット）の伝統を継承し、宇宙の開拓と探査を推進する。
・宇宙における科学・ビジネス・国家安全保障上の利益を確保することが政権の最優先事項だ。
・米国の繁栄と安全にとって不可欠な宇宙システムの創造と維持において、引き続き主導的役割を果たす。宇宙における米国のリーダーシップと成功を確保する。
・「力による平和」：宇宙分野における力による平和を追求する。宇宙への自由なアクセスと宇宙での活動の自由を確保し、米国の安全保障、経済的繁栄、科学的知識を増進する。
・米国のライバルや敵が宇宙を戦闘領域に変えてしまったと認識している。宇宙領域に紛争がないことを望むが、それに対応する準備をする。米国と同盟国の国益に反する宇宙空間の脅威を抑止し、対処し、撃退する。

どうですか、トランプ政権の宇宙における思いが伝わってきませんか。トランプ大統領の「アメリカ・ファースト」は宇宙にも適用されます。明らかに宇宙における覇権を追求しています。

「科学・ビジネス・国家安全保障上の利益を確保することが政権の最優先事項だ」という記述は、米国のあらゆる分野における覇権宣言なのです。この宇宙での覇権確立のための大きな一歩が米宇宙軍の創設なのです。

米国防省の文書「米宇宙軍（United States Space Force）[※7]」

米宇宙軍をよりよく理解するために、国防省が2019年2月に発簡した文書「米宇宙軍」を紹介します。この文書では次のように記述されています。

①宇宙は、米国人の生活と戦争を支えている。しかし、いまや宇宙は「戦闘領域」である。

国防省は、宇宙への自由なアクセス及び宇宙での活動の自由という死活的利益を確保するために措置を講じる。

②中国とロシアなどの脅威対象国との大規模な争いに、米国は勝利する体制をとる。新たな安全保障上の課題に対処するため、国防省は、空軍省の下に宇宙に特化した新たな軍種を設置することを提案している。

③議会の承認が得られれば、「米宇宙軍」が創設され、宇宙部隊を組織し、訓練し、装備する責任を負う。米宇宙軍は、宇宙ドクトリン、能力（部隊や装備品）、人員を統合して、国防省の宇宙戦闘能力を構築、維持、強化する。

④米宇宙軍の立ち上げは、２０２０年度から２０２４年度までの5年間で段階的に行われる予定であり、２０２０年度に宇宙コマンド（約２００人）が設置される。

⑤２０２１年度と２０２２年度に、他軍種からの任務移転が行われる。既存の宇宙関連部隊、兵士宿舎、兵力、予算は適切に米宇宙軍に移転される。また、関連する宇宙運用組織、装備品等の調達、訓練、教育等も含まれる。

※7　“United States Space Force”, February 2019, U.S. Department of Defense

⑥2023年度と2024年度には米宇宙軍の増強が行われる。
⑦任務が米宇宙軍に移管されると、既存の人員と予算の権限も、既存の軍種から宇宙軍に移管される。移管終了までに、1万5000人の要員と共に、宇宙部隊の年間予算の95%以上が、既存の国防省予算枠から宇宙軍に移転される。

以上の記述を読むと米宇宙軍が「国防省の宇宙戦闘能力を構築、維持、強化する」軍であることが分かります。国防省は、「いまや宇宙は『戦闘領域』である。国防省は、宇宙への自由なアクセス及び宇宙での活動の自由という死活的利益を確保するために措置を講じる」と宣言しているのです。

米国の宇宙計画

2019年は、米国のアポロ11号が人類史上初めて月面着陸した1969年から50周年の記念すべき年でした。アポロの月着陸は1969年から1972年までの3年間です。その後、どの国の飛行士も月面には着陸していません。ちなみにアポロはギリシャ神話に登場する太陽の神のことです。

●アルテミス計画

米国は現在、「アルテミス（ARTEMIS）計画」を作成し、2024年までに月に宇宙飛行士を送る計画です。日本もこのアルテミス計画に参加を表明しています。なお、アルテミスは、月の女神でありアポロの双子の姉（ギリシャ神話では姉）の名前です。

米航空宇宙局（NASA：National Aeronautics and Space Administration）のホームページに掲載されているアルテミス計画によると、NASAは2024年までに初の女性と男性を月に着陸させます。そして彼らは革新的な技術を用いて、これまでに人類が訪れたことのない月の地域を探検し、宇宙の謎を解き明かし、人類の境界をさらに太陽系にまで広げる技術をテストします。

米国は、商業的パートナーや国際的パートナーと協力し、2028年までに持続可能な探査を確立します。そして、米国が月やその周辺で学んだことを利用して、次の大きな飛躍である火星への宇宙飛行士の派遣を行います。

アルテミス計画でもロケット、宇宙戦、月着陸船、ゲートウェイ（月を回る宇宙ステーションのこと）が必要な要素です。

アルテミスの独自性は、アポロ計画からインスピレーションを受け、独自の道を歩み、かつてない月探査を追求し、火星への道を切り開くことにあります。

ＮＡＳＡは60年間、宇宙探査を主導してきましたが、人類初の月面着陸から50年が経過し、アルテミス計画で次の大きな飛躍に向けて準備を推進します。

アルテミスは、再度人類に月の地を踏ませようというＮＡＳＡのすべての努力を網羅しています。

4　サイバー戦

第一章の図表1-11でも明らかなように米国防省のサイバー作戦を統括する米サイバー軍（ＵＳＣＹＢＥＲＣＯＭ）の予算は世界一であり、サイバー戦の実力は世界一です。

米国防省のサイバー戦略

中国等から執拗《しつよう》なサイバー攻撃を受ける米国防省は、２０１５年4月23日、国防省の「サイバー戦略」：〝THE CYBER STRATEGY〟を発表しました。このサイバー戦略では、サイバー攻撃に対する「抑止」を重視するとともに、「サイバー任務部隊」（ＣＭＦ：

Cyber Mission Force）などによる具体的な「対処」と産官学の連携、同盟国・友好国との連携を強調しています。

アシュトン・カーター国防長官（当時）は同日、スタンフォード大学でこのサイバー戦略に関するスピーチを行い、「抑止と防御的な態勢を重視するが、必要ならばそのほかのサイバー上の選択肢（注：サイバー攻撃等）を採用する意志がある」と明言しました。同長官は、スピーチの後にシリコンバレーのＩＴ企業などを訪問していますが、国防省のサイバー戦略が法執行機関であるＦＢＩ、国土安全保障省、大学、民間ＩＴ企業、国防産業などとの密接な連携なくしては成立しないことを示す行動です。

サイバー戦略の主要点は以下の通りです。

・抑止が新サイバー戦略の鍵となる。米国のトータルな行動（宣言した政策、警告能力、防護体制、対応手順、強靭《きょうじん》な米国のネットワーク・システム）が米国の国益に対するサイバー攻撃の抑止となる。米国の行動は、抑止を重視した防御的なものであるが、必要ならばほかの（筆者注：攻撃的）行動をとる。米国は、抑止と防御的な態勢を重視するが、必要ならばその他のサイバー上の選択肢（サイバー攻撃等）を採用する意志があることを敵対者は認識すべきである。国家が行動する場合、国際法及び国内法に適合する交戦規程に則り、サイバー空間で防御的またはその他の（筆者注：攻撃的）行動をとる。また、サイバー空間以外の空間で行動（筆者注：敵のコンピュータ・ネットワークの物理的破壊など）をとる。多くの国の軍隊がサイバー部隊を編成しているが、大切なことは相互の誤判断をいかに避けるかである。各国の軍は相互に話し合い、互いの能力を理解しなければならない。

・民間会社、政府のほかの機関、世界中と連携をしなければいけない。とくに民間会社は、米国のネットワークの90％に関与していて、これとのパートナーシップは重要である。

・米国防省が２０１２年、国防省のサイバー任務を遂行するために６２００人規模の「サイバー任務部隊」の編成を開始した。さらに２０１８年までに１３３のチームを編成し、サイバー防衛及びサイバー抑止態勢を強化する予定である。その細部は、「国家任務チーム」（13個チーム：重大な結果をもたらすサイバー攻撃から米国及びその国益を守る）、「サイバー防護チーム」（68個チーム：敵の脅威から重要な国防省のネットワークとシステムを防護する）、「戦闘任務チーム」（27個チーム：作戦計画及び緊急時の作戦を支援することにより戦闘指揮官を支援する）、「支援チーム」（25個チーム：国家任務チームや戦闘任務チームに分析支援及び計画立案支援を提供する）である。

以下はこれら戦略を俯瞰《ふかん》しての筆者のコメントです。

米国防省のサイバー戦略では、サイバー攻撃の抑止を重視するとして、具体的な方策（宣言した政策、警告能力、防護体制、対応手順、強靭な米国のネットワーク・システム）を記述していますが、サイバー攻撃の抑止は難しい。なぜなら、サイバー攻撃に対してそれを拒否し防護するという意味での「拒否的抑止」はある程度可能ですが、サイバー攻撃者に対し懲罰を与える「懲罰的抑止」は非常に難しいからです。

何よりも大切なことは為政者のサイバー戦に対する断固たる姿勢と懲罰を伴う対応（攻撃者に対するピンポイントのサイバー攻撃による逆襲、経済制裁など）です。とくに攻撃者に対するピンポイントのサイバー攻撃については、国防省のサイバー戦略で何度も暗示されているので米国は実施しているのでしょう。経済制裁については、オバマ政権とトランプ政権の専売特許であり、ロシアへの経済制裁、北朝鮮への経済制裁など何度も実施しています。とくにトランプ政権は、中国に対して厳しい経済制裁を２０１８年以来かけています。

米サイバー軍

米サイバー軍（ＵＳＣＹＢＥＲＣＯＭ）は、米国のサイバー戦を担当する部隊として設立され、２０１０年に公式に活動を開始しました。なお、米サイバー軍は、２０１８年に統合軍に格上げされています。

米サイバー軍の任務は、国防省に関係するあらゆるサイバー作戦を統括するとともに、以下の任務に関する活動を計画、調整、統合、同期（シンクロ）、遂行することです。

①国防省の特定の情報ネットワークに対する日々の防衛・保護活動を指揮する。
②軍事作戦にサイバー作戦上の観点から支援を行う。
③国防省の特定の情報ネットワークに関連する作戦・防衛活動を指揮する。
④国防省の特定の情報ネットワークに関連する作戦・防衛活動の際に、全般的な軍事的サイバー作戦を実施できるように必要な準備を行う。

なお、米サイバー軍の隷下部隊には、陸軍サイバーコマンド（第２軍）、艦隊サイバーコマンド（第10艦隊）、第24空軍、海兵隊サイバーコマンドがあります。

米サイバー軍の存在は、米軍がサイバー空間において攻撃能力を有することを世界に示すことにより、他国からのサイバー攻撃を抑止する効果があると思います。そして、米サイバー軍には、米軍内におけるサイバー戦の円滑な実施に大きく貢献することが期待できます。

米国家安全保障局等との連携

中国がサイバー戦において国家ぐるみの総力戦でくる以上、こちらも総力戦で対応しないと負けてしまいます。米国のサイバー・セキュリティ全般を統括するのは米国土安全保障省（DHS：Department of Homeland Security）です。一方、米国防省は他の省庁に比較してサイバー戦に人も金も投入していますが、それでもサイバー戦を常に仕掛けられ、しばしばその防御網を破られています。多くの米政府機関の防御態勢には問題があり、抜本的な対応が必要です。

サイバー戦に関連して米サイバー軍と密接な関係にあるのが米国のインテリジェンス・コミュニティの中核である米国家安全保障局（NSA：National Security Agency）です。

ＮＳＡは海外情報通信の収集と分析が主任務ですが、米サイバー軍との連携がどうなっているのかが問われます。

中国では軍のサイバー戦と海外情報通信の収集分析は一体化していますが、米国の場合は米サイバー軍とＮＳＡの実際の任務区分がどうなっているのか、連携がどこまでなされているのか、興味が尽きないテーマです。また、一般のサイバー関係企業や大学との連携も欠かせません。

米国のサイバー空間の活動をめぐる国内関連機関の連携は、日本にとっても参考になります。

5　電磁波戦（電子戦など）

米国防省は、中国やロシアとの大国間競争において、米国の軍事的な優位が相対的に低下していることを認識しています。これは電磁波領域における作戦遂行能力についても当てはまります。

米軍が２００１年から始まった対テロ戦争に没頭している間に、中露は電子戦を含む現代戦に不可欠な技術に資源を投入しました。そのために、電磁波領域の一部の分野において中露に劣る状況になっています。また、米空軍に典型的ですが、ステルス技術に依存しすぎたために、電磁波戦における攻勢的な側面を軽視したことも大きな要因です。

米軍において、電磁波領域における能力改善を図る以下のような動きはあります。例えば、米陸軍や空軍では電子戦関係の文書が発表されています。米海軍も、２０１５年の戦略文書『21世紀のシーパワーのための協調戦略』のなかで、「全領域構想（All Domain Concept）」を新たに取り入れ、とくに電磁波戦の強化を強調しています。いずれの文書も、米軍がこれまで謳歌《おうか》してきた電磁波領域の優勢は、将来戦においては保障されないとの認識で一致しています。

以下、主として防衛研究所研究者である切通亮氏の論考「電磁スペクトルにおける米国の軍事的課題と対応」を参考にしながら、米軍の電磁波戦について紹介していきます。

対テロ戦争等が電磁波戦に及ぼした影響

冷戦以降、中露は電磁波領域の軍事利用を重視してきましたが、米国は過去20年間、電磁波戦能力への十分な投資を怠ってきました。最も電磁波戦を軽視したのは米陸軍で、米空軍がこれに続きます。米海軍は、ＰＬＡ海軍やロシア海軍への対抗上、電磁波戦能力を維持してきました。

米国の電磁波領域での諸問題の原因ですが、まず冷戦終結後の世界における卓越した競争相手の不在が挙げられます。米国は１９７０年代において、ソ連のレーダーやセンサーを使った兵器（地対空ミサイルや対艦巡航ミサイルなど）の能力向上に対して、ステルス性能（レーダー反射断面積の低減）の向上で対抗しようとしました。

これにより現在のF-22、F-35戦闘機やB-2爆撃機、ＤＤＧ-１０００ステルス駆逐艦などが誕生しました。しかし冷戦終結に伴い軍事的脅威が低下した結果、国防費の削減と相まって、ステルス型プラットフォームの調達数は当初計画よりも大幅に削減されました。

そして、湾岸戦争におけるステルス戦闘機F-１１７ナイトホークの成功に見られるように、ステルス性能を確立した米軍の制空権を脅かす国は、冷戦直後には存在しませんでした。

こうした背景から、米軍においてステルスへの自信と依存が高まり、電子戦能力強化への関心が薄れていきました。実際に空軍では、戦闘機や爆撃機などのエスコート機として運用されていた電子攻撃機ＥＦ－１１１Ａレイヴンを１９９０年代後半に退役させて以降、代替のエスコート機を調達していません。

さらに、９・11以降、米国が対テロ戦争により、ハイエンドでのより洗練された電磁波戦を駆使するような相手が不在で、電磁波能力への関心が低くなりました。

電磁波領域の戦いで攻勢に転換

米国は、ソ連が電磁波領域を使って米国に対抗していた冷戦時代の電子戦の考え方に立ち返り、より攻勢的な電子戦に関するアプローチへの転換を図っています。

そして、電子戦のみならず、電磁波領域をいかに友軍が自由に利用し敵には使わせないかの戦い（電磁波戦）、および電磁波領域をいかに管理するかを扱う「電磁波戦闘管理」が重要になっています。

●米国防省の対応

米国は電磁波戦において、ステルス技術や無線通信の抗たん化（敵の攻撃を受けた場合にも、機能を失うことなく軍事的活動を実施する能力を持たせること）などを重視してきました。しかし、２０１５年7月に国防科学委員会（ＤＳＢ：Defense Science Board）が米国防省に提出した『複雑な電磁環境での21世紀型軍事作戦』では、敵対者に対し、金銭や作戦上のコストを強いるために、米国防省はより攻勢に重心を置くべきとの指摘がなされました。

そして、米国の体制の問題として、高度な電子戦システムを効果的に運用するためのコンセプトが、米国防省に欠如している点を指摘しています。

さらに、国防科学委員会は、電磁波戦分野における米国防省の最も重要な課題として、この分野を統治する機構が省内で欠落している点を挙げています。米軍におけるほぼすべての軍事活動に電磁波が関連するにもかかわらず、電磁波の重要性が米国防省では十分に理解されていないと指摘しています。

オバマ政権期の米国防省では、ロバート・ワーク副長官のリーダーシップの下で、こうした指摘に対応する改善の動きが見られ、２０１５年3月、国防科学委員会の提言を受けて、電子戦執行委員会（ＥＸＣＯＭ）が設立されました。ＥＸＣＯＭは電子戦戦略の策定や各種プログラムの管理、長官および副長官への電子戦に関するアドバイスを担うとされています。

●米海軍の「電磁機動戦」

米軍のなかで最も電磁波戦対応が進んでいるのは海軍です。米海軍は、2015年に発表した『21世紀のシーパワーのための協調戦略』で、敵国のA2／AD能力への対応として「全領域構想」を打ち出しました。なかでも電磁波領域に関する危機意識は強く、「電磁波領域が軍事作戦の基盤」であるという認識の下、キネティック及びノンキネティック能力の組み合わせによる「電磁機動戦」を採用しました。

米海軍はこの電磁機動戦コンセプトの下、電子戦機（EA－18Gグラウラー）、哨戒機（P－8ポセイドン）、早期警戒機（E－2Dホークアイ）、ヘリコプター（MH－60R）、F－35Cなど米海軍保有の個々のプラットフォームが電子戦においてより大きな役割を担当し、かつそれぞれが連携し合う電子戦を指向しています。その中心となるのが最新のジャマー（妨害装置）を搭載したEA－18Gで、自らは「生き残り」ながら戦域で電子戦を実施できる電磁波戦機です。

●出遅れる空軍と陸軍

米空軍にとって、電磁波戦は死活的に重要ですが、ステルス技術に過度に依存してきた悪い影響が出ています。空軍のEC－130Hコンパスコールは高度な通信妨害能力を有する一方、C－130輸送機を改装した大型の機体であることから、俊敏性に欠け、戦場における残存性に問題があります。さらにEC－130Hは、いわゆるスタンドオフ（敵の攻撃を避けて、敵から遠くに位置する）電子戦機ですが、米空軍はいまやスタンドイン（敵の攻撃圏内に位置する）電子戦機を必要としています。

米陸軍の電磁波戦の能力の低さに関する逸話があります。

米陸軍は一時期、ウクライナ軍の訓練を支援するために訓練アドバイザーとして派遣されていました。しかし、ウクライナ軍の将兵の三割は、電子戦を駆使したロシア軍との実戦を経験していました。一方、米陸軍は、20年間続いた対テロ戦争のために電子戦環境下における実戦を経験していなかったのです。ウクライナ軍を訓練するために派遣された米軍が、逆にウクライナ軍から学ぶことが多かったということです。この経験は米陸軍にとって屈辱でした。

米陸軍は、電子戦能力の抜本的な改善に取り組んでいるそうですが、冷戦期には当たり前に浸透していた不必要な電波を流さない、低出力での通信、指向性アンテナの使用などの基本的事項が徹底されていないそうです。

しかし、米陸軍は電子戦能力を向上するために、「多機能電子戦（ＭＦＥＷ：multifunctional electronic warfare）」構想を採用しています。米陸軍の電子戦能力は、これまで少数の地上配備型ジャマーと数機のＣ－12（ビーチクラフト社の輸送機ヒューロン）の電子戦型機を有するのみで、それ以外は主に海軍のＥＡ－６ＧやＥＡ－18Ｇから支援を受けていました。ＭＦＥＷとは、こうした陸軍の限定的な電子戦能力を改善するため、ＵＡＶ[※8]からヘリコプター、各種車両、地上拠点、歩兵のバックパックなどの装備に最新鋭のセンサーやジャマーを搭載する構想です。ＭＦＥＷは、携帯電話や衛星、ＧＰＳといった広範な電波に対するジャミングを可能にする構想です。しかし、ＭＦＥＷが完全運用になるのは２０２７年頃といわれています。

※8　「ＵＡＶ (Unmanned Aerial Vehicle)」とは、無人航空機のこと。ドローンなどもＵＡＶの一種である

6　ＡＩの軍事利用

米中のＡＩ覇権争い

ハーバード大学ケネディ・スクールのグレアム・アリソン教授は有名な国際政治学者ですが、彼が書いた「中国はＡＩ覇権争いで米国を撃破しつつあるか？」という論考[※9]で、米中のＡＩ覇権争いで米国が中国に負けるかもしれないという危機感を吐露しているので紹介します。

〈ほとんどの米国人は、先端技術における米国のリーダーシップは揺るぎないと考えています。そして、米国の安全保障関係者の多くは、ＡＩ分野で中国は米国以上の存在にはなり得ないと主張しています。しかし、どちらも間違っています。

中国は現在、ＡＩのビジネスや国家安全保障への適用において、米国と対等に競争する立場にあります。中国政府はＡＩをマスターしようとしているだけでなく、成功していま す。過去四半世紀にわたって半導体、コンピュータ、インターネットがそうであったように、ＡＩは次の20年間にビジネスと国家安全保障に変革的な影響を与えるでしょう。

中国は、ＡＩが次の四半世紀における経済発展の最大の原動力に必ずなると認識しています。中国共産党にとってＡＩは生き残りをかけた不可欠な技術です。共産党の権威主義政権による14億人の国民の統制は困難な挑戦です。

ソ連が崩壊して以来、米国人は、独裁政権はいずれ失敗する運命にあると確信してきました。しかしＡＩは、この命題を覆す現実的な可能性を提示しています。ＡＩは、今日の機能不全に陥った民主主義より優れた国家運営システムを共産党に提供しているという主張に根拠を与えます。グーグルの元最高経営責任者であるエリック・シュミットは、「もしソビエト連邦が、今日のアマゾンのリーダーたちが採用している高度なデータ観測、収集、分析のノウハウを活用できていたならば、冷戦に勝っていたかもしれない」と述べています。つまり、ＡＩは独裁政権による国家統治に優れた手段を提供しています。

中国は人口などの規模、ビッグ・データの収集の容易性、国家的決断力の速さで優位にあり、過去10年間、ＡＩにおける米国との差を縮めることができました。今後10年で米国

※9　Graham Allison, "Is China Beating America to AI Supremacy?"

を追い抜く勢いです。それにもかかわらず、米国が中国の挑戦に目覚め、国家の総力を動員し、戦略を策定し、実行すれば、米国は勝利します。〉

米国のＡＩ戦略の基本的スタンスは、「民間企業、とくにスタートアップ（短期間でイノベーションや新たなビジネスモデルの構築、新たな市場の開拓を目指す動き）が技術革新を起こし、新しい産業を創出し、経済をよくし、雇用を増やしていく。政府としては彼らがしたいことをやりやすい環境をつくることで貢献すべき」ということです。このことによりシリコンバレーを中心にＡＩ関連の活力が担保され、ＡＩが多岐にわたる分野で活用されています。

この米国の民間主導のＡＩ戦略は、中国の国家主導の国家ぐるみのＡＩ戦略とは真逆で、米中の国家体制の違いからきています。

中国の共産党独裁体制は、ＡＩ開発に有利だといわれています。ＡＩ開発に不可欠なビッグ・データの利用に関して、プライバシーの保護などの制約がありませんし、中国の独裁体制が生み出したデジタル監視社会から得られる膨大なデータはＡＩ開発には宝です。また、「軍民融合」による民間のＡＩ技術を軍が容易に利用できるなど、中国の国家ぐるみのＡＩ開発体制は脅威です。

一方で、米国には世界のＡＩタレントを引き付ける魅力がありますし、産官学シンクタンクにおけるある程度の連携もあります。また、ＡＩの軍事利用については、第一章で記述したように、軍事のあらゆる分野に応用できます。米軍も多岐にわたる分野でＡＩを活用しており、米軍はＡＩの軍事利用の分野で世界のトップを走っています。

以上のような米中の事情を勘案すると米中の伯仲のＡＩ覇権争いは今後とも継続すると思います。

将来の戦争はＡＩの影響を強く受ける

好むと好まざるとにかかわらず、将来の戦争はＡＩの影響を強く受けます。マーク・エスパー米国防長官が国家安全保障会議（ＮＳＣ：National Security Council）で、「ＡＩの進歩は、今後数世代にわたって戦争の性格を変える可能性がある。どの国が最初にＡＩを利用したとしても、長年にわたって戦場で決定的な優位性を確保することになる」と発言しています。

●将来戦は「人間の意思による戦い」からアルゴリズムの戦いに[※10]

将来戦に詳しいピーター・シンガー[※11]は、「我々はゲームをチェンジさせる一連の技術を持っている。AI、機械学習、ロボティクス（ロボット工学）、ビッグ・データ分析だ。その技術で、『人間の監視のもとで任務を遂行するシステム』から『自ら考えて任務を遂行する自律性の高いシステム』まで、様々なレベルの自律型システムや兵器をつくることになる。将来の戦場における最も決定的な要素は、双方のアルゴリズムの質であろう。戦闘は、人間がついていけないレベルにスピードアップすることになる」と主張しています。

そして、米国防大学のフランク・ホフマンは、「これらの技術は、戦争の性格を変えるだけではなく、人間の『意思の競争』としての戦争の普遍的性格を変えるであろう。戦争における成功を規定する人間の要素（意思、恐怖、決心、天才的なひらめき）が初めて決定的な要素でなくなるかもしれない」と述べていますが、適切な評価だと思います。

米国防省の国防科学委員会は2016年、「システムが自律であるには、システムは状況（自分の周囲の状況、自分の状況など）に関する知識及び理解に基づき、目標を達成するために、独立的に行動方針を案出し、最善の行動を選択する能力を持つ必要がある」と主張しています。

自律型のシステム（兵器）同士の戦いは、ＡＩのアルゴリズムの戦いと表現できます。

米国防省におけるＡＩの軍事利用

●ＡＩの軍事利用は進んでいる

特定の仕事を人間以上にうまくできる特化型ＡＩは、もうすでに検索、翻訳、スパムフィルター、高速株式トレード、囲碁ＡＩなどとして使用されています。

特化型ＡＩの軍事利用はすでにあらゆる分野で革命を引き起こしています。自律システムは、機械学習、深層学習（ディープ・ラーニング）を利用して、人間が反応できない速度での運用、例えばサイバー攻撃、超音速で飛行するミサイル、電子戦などに対処します。

ＡＩは、ビッグ・データ分析においても活躍しています。軍事データ分析者は、膨大なデータ、とくに監視ドローンやテログループが発信するソーシャル・メディアから得られる膨大なビデオ・データに圧倒されています。その膨大なデータ処理を行っているのがＡＩなのです。

※10　The Economist “War at hyperspeed: Getting to grips with military robotics” Jan 25 2018
※11　Peter Singerは、New America think-tankに所属する「将来戦」の専門家

サイバー戦は、ＡＩシステムが攻撃に際し相手のネットワークの弱点を発見するとか、自律的なソフトウェアが敵の攻撃に対する最良の対策を案出するなど、ＡＩのアルゴリズム間の競争になります。

●米国防省は「有人と無人のチーム」を重視する

米国防省で国防副長官として第三次相殺戦略を主導したロバート・ワークは、「自律型ドローンは今後さらに重要になってくるが、それだけでは十分でない」と強調します。

ワークが主張しているのは、有人のシステムと無人のシステムが連携し、人がより良く・より早く決心するのを可能にすることです。そのために、無人と有人のシステムの連携を重視する戦闘チームが重要であると言っています。そんなロバート・ワークは２０１８年に国防省ペンタゴンを去るに際し、「アルゴリズム戦闘チーム」を立ち上げました。

「有人と無人のチーム」については、ＤＡＲＰＡ（国防高等研究計画局）の「モザイク作戦（Mosaic Operation）」が典型です。図表３－４は、空中戦における「モザイク作戦」の一例です。

無人のシステムである自律型無人機（ＵＡＶ）が有人機であるＦ－35の前方や側方を飛

図表3-4　モザイク作戦の一例

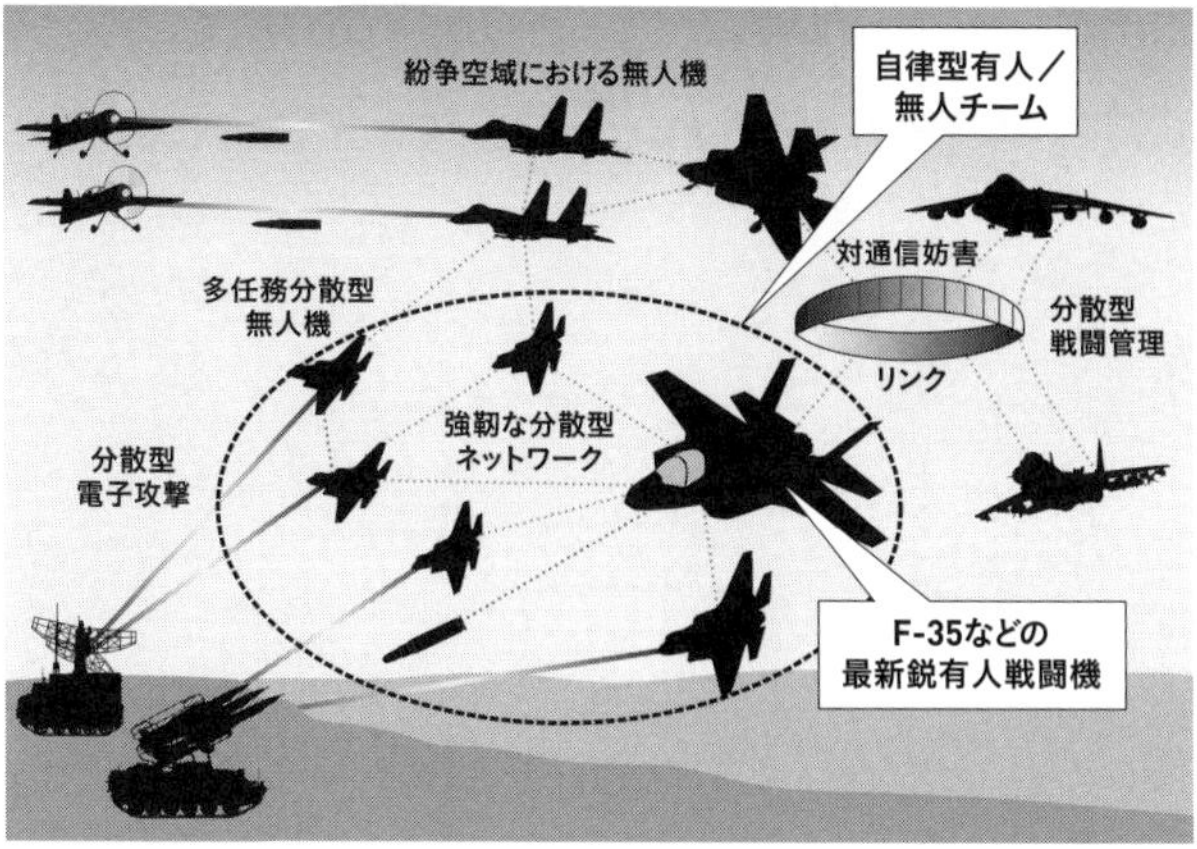

出典：DARPA

び、Ｆ－35の戦闘を支援します。人間のパイロットは、ＵＡＶに特定の目標を攻撃するなどの任務を付与します。ＵＡＶは、その目標をどう達成するかについて、予め定められた行動の選択肢のなかから最適の選択肢を決定できますし、予期せぬ脅威やチャンスに対応することもできます。

自律型無人機は、空中・地上・海中のいずれにおいても、有人機を凌駕《りょうが》する利点を提供する場合があります。スタッフの人件費を節約し、しばしば人間よりも大胆で粘り強い。彼らは、疲れないし、恐怖を感じないし、飽きないし、怒りもしない。彼らは、有人機よりも安く、小さい。なぜならば、敵の攻撃から人を防護する必要はないし、より多くの数をより危険な状況で運用可能だからです。

自律型UAVは、様々な任務（偵察や攻撃など）を遂行できるようになり、（現代戦には）不可欠な存在になっています。とくにステルスUAVは、最新の防空網を突破する槍の役目を果たし、あるUAVは、敵が現れるのを上空で待つようにデザインされます。

自律型のレーダー攻撃用UAVは、数時間空中を飛行でき、敵の防空レーダーが作動した瞬間を狙って攻撃します。また、自律型高高度UAVは、衛星が破壊されたときのバックアップのデータリンクまたは対ミサイル固体レーザーの母機として研究されています。大型のUAVは、空中給油機や輸送機として使用されます。

無人水中ビークル（UUV）は、様々な困難で危険な任務、例えば機雷の除去、敵海岸近くにおける機雷の敷設《ふせつ》などから、係争海域における対潜水艦センサー・ネットワークからデータを収集したり、アクティブ・ソナーを装備してパトロールしたり、有人潜水艦にミサイルを再補給したり、攻撃原潜よりもはるかに安価に自らがミサイルの発射母機になったりします。これらの開発は技術的な困難さはありますが、開発が加速しています。

また、自律型のロボットは、電子機器やスケルトン（外殻）を装着することで機械的な強さや防護力を付与され、特殊作戦部隊と共に行動することも考えられます。

戦争の形態における最大の変化は、多くのUAVを同時に運用することから起きます。UAVのスウォーム（大群）は、軍事作戦に劇的で破壊的な変化を起こすでしょう。スウォームは、大量、共同調整、知能化、スピードの特性をもたらします。

スウォームは、米国の大きな問題を解決すると期待されています。米軍は、非常に能力がある半面、非常に高価で、多任務を遂行し、紛争時に失うと代替が効かない母機に依存しています。例えば、F-35は1機で1億ドル以上、攻撃原潜は27億ドル、フォード級空母は搭載航空機も含めると200億ドルです。スウォームは、これらの母機を代替できる可能性があります。

米国には「低コスト無人航空機スウォーム技術」計画があり、あたかも対空砲が何百発もの弾丸を発射するかのように、ひとつの筒から空中にUAVを迅速に放出します。また空中放出のスウォームもあります。

米陸軍訓練教義コマンドのAI研究事例

米陸軍の訓練教義コマンド（TRADOC）には「狂った科学者研究所（Mad Scientist

Laboratory)」という面白い名前の研究所があります。そこではＡＩの軍事利用について精力的に研究し、発信しています。そこで発信されたＡＩ活用事例をふたつ紹介します。

●迅速な意思決定ループ「ＯＯＤＡ」[※12]へのＡＩの利用

米軍は、有事における指揮官の意思決定のサイクルを迅速化する高い能力を持ったＡＩを研究しています。具体的には迅速な意思決定のループ「ＯＯＤＡ（「ウーダ」と発音）」にＡＩを活用する試みを行っているのです。ＯＯＤＡは、観察（Observe）、状況判断（Orient）、決心（Decide）、行動（Act）サイクルにより意思決定を行います。ＡＩは、人間の能力の何倍もの能力でＯＯＤＡループを回転させていくので、迅速な意思決定が求められる状況に対応できます。

「観察」を担当する多種多様なセンサーの進歩により、指揮官が入手できるデータは膨大な量になっています。その生のデータをＡＩで処理し、価値のあるインフォメーションに加工し、共通戦術状況図（ＣＴＰ）や共通作戦状況図（ＣＯＰ）を作成し、状況判断の資とするのです。この段階が「状況判断」です。

「状況判断」で判断された情勢をもとに、具体的な行動方針を決定していく段階が「決心」です。この段階で複数の行動方針を分析するためにＡＩは能力を発揮します。

じつは、自律型（オートノミー）無人機システムは、すでにＯＯＤＡを採用して自律的に任務を達成しています。例えば、自律型無人航空機は、周囲の状況をそのセンサーでデータ収集（「観察」）し、その情報を分析・再構成（「状況判断」）し、コンピュータの頭脳が決心するために必要な全体像を提供し、目標達成の最適の行動方針を「決心」し、決心通りに「行動」します。

効果的な自律型システムの鍵は、全体像の迫真性と全体像のアップデートの適時性です。これらの一連の業務を処理するのがＡＩです。

指揮官の意思決定とＵＡＶシステムでのＡＩを利用したＯＯＤＡの研究は注目の分野です。

●市街戦におけるＡＩの活用

米軍が直面している最も重要な課題のひとつは市街戦です。結論的に言えば、市街戦に

※12　元米空軍のパイロットのジョン・ボイド大佐が考案した意思決定のループ

ＡＩを活用すると「よりハイテンポな戦い、より長い戦い」になります。

ＡＩ対応の情報・監視・偵察（ＩＳＲ）は、市街戦における意思決定の速度と精度を向上させます。都市は膨大なデータを生成するため、ＩＳＲは市街戦におけるＡＩ適用の有望な分野です。

自動化された情報処理は、市街戦に劇的な変化を及ぼす可能性があります。現在は情報分析者が、無人機が撮影した写真やビデオを数時間かけて調べています。敵の能力、位置、活動、都市の地形、インフラストラクチャー、人口に関する正確でタイムリーな情報は、市街戦で成功するために最も重要です。数時間または数分前に正確だった情報は、一瞬で陳腐化する可能性があり、コンピュータの速度で情報を処理することは重要です。しかし、膨大な量の情報は圧倒的です。

リアルタイムで実行可能な情報活動を通じて戦時の意思決定を改善するＡＩは、市街戦での死傷者や付随的損害のリスクを減らします。

ＩＳＲに加えて、ＡＩアプリケーションは指揮統制にも重要な役割を果たします。市街戦における地上作戦は、部隊が市街の路地を前進し、建物や地下トンネルに入るため、分散化し、小部隊の指揮官が意思決定を独立して行う必要があります。

同時に、市街戦は、軽装で機械化された歩兵、装甲部隊、密な空軍支援、特殊作戦部隊、狙撃兵、同期された緊密な調整で動作するエンジニアなどを含む、組み合わされた武器の戦いです。したがって、柔軟で合理化された指揮・統制は必須です。

現代の戦争における意思決定は非常に複雑で、様々な指揮レベルにある兵士は、多くの情報源から、様々な形式の情報を受け取ります。多くの場合、そこには冗長性と矛盾があります。しかし、AIを使用して様々なプラットフォームと軍事資産からのデータを融合し、それを共通の包括的な作戦図にまとめ上げれば、戦時の意思決定を改善し、加速できます。

AIは情報の処理と分析を改善し、副次的被害の評価を改善し、指揮官がターゲットの選択と関与についてより適切かつ迅速に決定できるようにします。一般的な運用状況の開発に使用されるAI対応のデータ融合機能により、様々な指揮レベルのリーダーが、より迅速に一連のアクションを選択して収束できるようになります。

総合すると、これらのISRおよび指揮統制のAIアプリケーションは、作戦の戦術的テンポに影響を与え、市街戦に特徴的な近距離での高速戦闘をさらに高速化します。

米国の軍人の防護を支援し、改善するAIの活用は、国防省のAI計画を導く様々な戦略文書で一貫して扱われているテーマです。実際、軍種全体で、地上および空中補給、負傷者の救難、兵站の部分的な自動化に向けた取り組みがすでに進行中です。

ＡＩは市街戦に変化をもたらし、個々の交戦はハイテンポになる傾向を持つことになります。そして、ＡＩはＩＳＲの改善と迅速な指揮統制を実現することで、それらをさらに高速化します。

一方で、都市での戦いは費用がかかり長引きます。部隊防護や兵站を強化し、長期にわたる軍事関与の政治的コストを削減することにより、ＡＩは市街戦を長引かせることになります。

7　最新兵器

米軍が開発している技術や兵器は多いのですが、量子技術と無人航空機とレーザーによる弾道ミサイルの検知・破壊の2点に絞って紹介します。

量子技術の軍事への応用

米中間の技術覇権争いでＡＩは有名ですが、量子技術をめぐる争いにも注目する必要があります。米中は、量子技術の研究・開発を重視し、膨大な資金と人員を投入しています。

●量子レーダー

航空自衛隊はステルス戦闘機Ｆ－35を導入しましたが、機種選定において重視された要素のひとつは明らかにステルス性能でした。しかし、いまやそのステルス技術を無効にしてしまう量子レーダーが開発されようとしています。量子レーダーは、量子ねじれの現象を利用しています。量子レーダーから光子を発射し、ステルス機から反射してくる僅《わず》かな光子を背景のノイズや妨害から分別できます。そのため、電波ではノイズに隠れて見つけられないステルス機も検出できます。

中国電子科技集団は２０１６年に、自社の量子レーダーが最大１００㎞離れた物体を検出したと発表しました。もしこの発表が事実とすれば、中国の量子技術が米国を凌駕しているということです。

しかし、世界の専門家はこの発表の真実性を疑っています。なぜならば、量子レーダーを実現するためには克服すべき課題（きわめて信頼性の高い量子ねじれ光子の流れを起こすこと、高感度の検出器をつくることなど）がありますが、中国電子科技集団は量子レーダーの技術的細部について秘密にしているからです。

ただ、世界の専門家は、「量子レーダーの可能性には疑問の余地がない」と言っています。いずれ現在のステルス技術が陳腐化する時代が来るでしょう。

●量子通信ネットワーク

米中は、暗号に量子暗号を使った量子通信ネットワークの実現にしのぎを削っています。量子通信に使える量子暗号は量子鍵配送という手法を使っています。量子鍵配送では、量子1個1個に乱数情報を載せて伝送し、2地点（送り手と受け手）間で同一の鍵を共有します。量子ビットには光ファイバー網や大気を通してやり取りできる光子を使います。もしも、量子ビットを傍受しようとすると、繊細な量子状態が瞬時に破壊され、なおかつ侵入者の痕跡が分かる仕組みになっています。つまり、量子通信は極めて安全な通信方式なのです。

中国は北京と上海間に地上の量子通信ネットワークをつくっています。そして、中国は2016年8月、量子暗号通信技術を搭載した人工衛星「墨子」の打ち上げに成功し、それ以来、「墨子」と地上局の間で量子暗号メッセージをやり取りする実験を行っています。

中国が量子衛星を増やしていくと、米国でさえ破ることのできない量子通信ネットワークが完成することになります。

米国は、量子衛星を持っていませんから、この分野における米国の敗北は、21世紀版の「スプートニク」ショックとなっています。当然、米国は巻き返してくると思います。

●量子センサー

超小型の「ダイヤモンド窒素‐空孔中心[※13]」を使った量子センサーを使うと、自己位置がわかると同時に、艦艇や潜水艦が進行する方向も分かります。そして、これは将来的に潜水艦を検知・追跡できる可能性を秘めています。潜水艦のように大きな金属の物体が、局所磁場のなかで引き起こす磁場の揺らぎを検出することにより、潜水艦を発見できるのです。

将来的には、宇宙から潜水艦を探知できることも考えられます。そうなれば、潜水艦の存在価値が大きく棄損されることになるでしょう。

※13　窒素‐空孔中心という格子欠陥のある量子素材

無人航空機とレーザーによる弾道ミサイルの検知・破壊

米国のミサイル防衛局（Missile Defense Agency）は、２０１９年版の『ミサイル防衛レビュー』で、弾道ミサイル防衛に関する新たな構想を発表しています。それは、無人航空機に搭載したレーザーにより、弾道ミサイルを発射初期のブースト段階（再突入するミサイルがブースターから分離する前）で検知し、破壊する構想です（図表３－５参照）。

弾道ミサイルの軌道は、ブースト段階、ミッドコース段階、ターミナル段階の３段階に分かれます。すべての段階で弾道ミサイルを迎撃できれば、これを破壊する確率は高くなります。

キネティック迎撃体や指向性エネルギー兵器を使用して攻撃ミサイルをブースト段階で迎撃することは、脅威にうまく対処する可能性を高め、攻撃者の攻撃判断を難しくし、ミサイル攻撃への信頼度を低下させます。

また、敵の弾道ミサイルの破壊に必要なミッドコース段階またはターミナル段階での迎撃のために準備する手段の数を減少できます。『ミサイル防衛レビュー』は、以下のようにこの構想を説明しています。

図表3-5　無人機とレーザーによる弾道ミサイルの検知・破壊

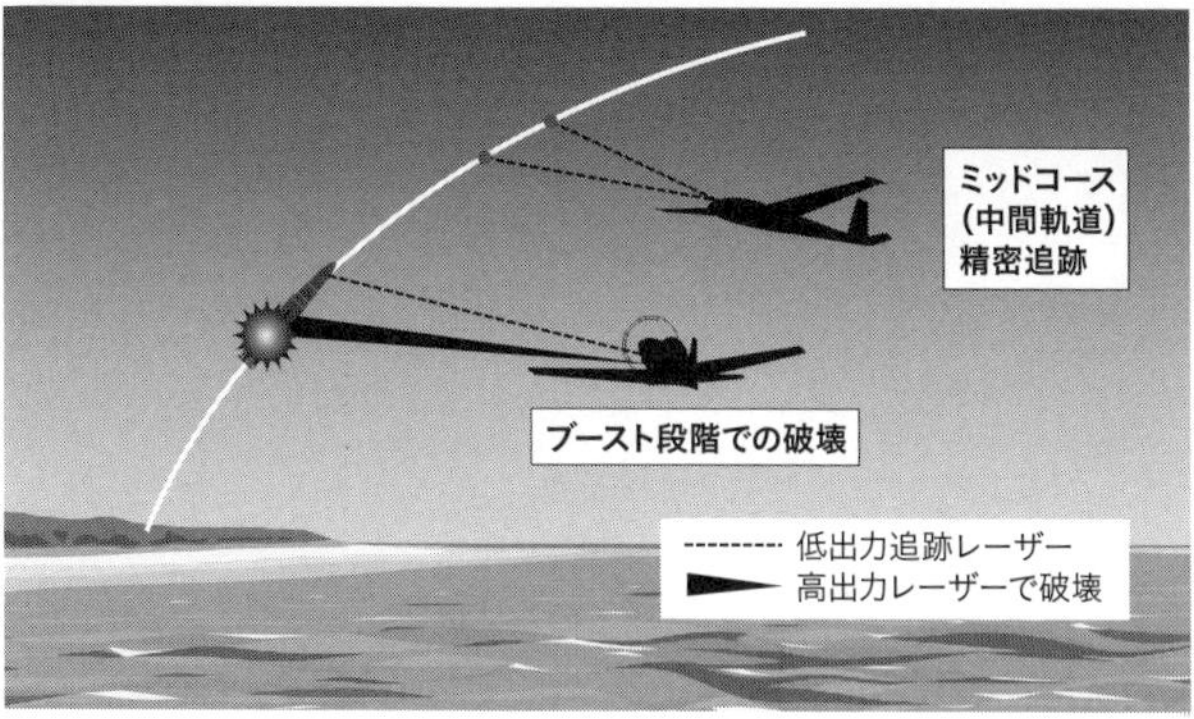

出典：2019 Missile Defense Review

〈自在に強弱を調整できる、効率的で、コンパクトな高エネルギーレーザー技術を開発し、それを空中プラットフォーム（無人航空機など）に搭載し、弾道の初期段階、すなわちブースト段階でミサイルを破壊することを目指している。これを実現するために、米国防省の「空中レーザー・プログラム（Airborne Laser Program）」で蓄積した技術（レーザーのビーム伝搬とビーム制御の技術）を活用する。

もしもこの構想が実現すると、北朝鮮の弾道ミサイルを発射直後に破壊することが可能になり、日本の弾道ミサイル防衛にも大きな朗報となります。日本の弾道ミサイル防衛は、イージス艦から発射するＳＭ３ミサイルおよびイージス・アショアによるミッドコース段階での迎撃とターミナル段階でのPAC－3による迎撃の2段階です。

そこにブースト段階の迎撃手段が加わると、非常に信頼性の高いBMD（ミサイル防衛）体制が完成する可能性があります（図表3－5参照）。

第四章　ロシアの現代戦

1　ロシアが考える現代戦：ハイブリッド戦

ロシアの歴史的な安全保障観

ロシアは、陸地の領土全般が比較的平坦で、山や川などの天然の国境に適する自然障害に乏しい国家です。そのため、他国への侵入が容易である半面、防護については極めて脆《ぜい》弱《じゃく》で、外敵が一旦攻め込んでくると国土の奥深くにまで侵入されてしまうという危険性をはらんでいます。

このような地政学的な諸条件は、ロシア人に不安感、脆弱感を抱かせ、独特の安全保障観を形成させています。そのロシア人独特の安全保障観とは、完璧に近い形での安全を確保しないと安心できないという考え方です。

しかし、安全保障というものは相手があって初めて成り立つものであり、現実には完璧な安全保障は存在しません。確実な安全とは、自国にとっての潜在的な脅威をすべて排除し、自国一国が生き残って初めて得られるものとも言えます。そこまで極端ではありませんが、ロシア人の不安感は、相手側をはるかに上回る安全を確保できないと落ち着かないという過剰防衛意識となって表れています。

このような、安全保障観を持つロシアでは、近年、確実な安全保障を求めて、新たな世代の戦い方を模索しています。それは、非軍事・軍事のあらゆる手段をもって戦う「ハイブリッド戦」という形で明らかになってきました。このハイブリッド戦の根底には、中国の人民解放軍将校（喬良大佐及び王湘穂大佐）が1999年に打ち出した「超限戦」という戦略があるのではないかといわれています。「超限戦」とは、その名の通り、「21世紀の戦争は、あらゆる限度を超えた紛争であり、あらゆる手段が軍事兵器になり、あらゆる場所で軍事紛争が生起する」といったことを戦略としてまとめ上げた文書です。すなわち、軍事・非軍事手段、正規・非正規組織、作戦領域（ドメイン）などを問わず、あらゆる制限や制約を超えて国家目標を達成するという戦略のことです。※1

ロシアは、この「超限戦」を深く研究し、自国の戦略策定に活用したのではないかとみられています。詳細は後述しますが、ロシアの「ハイブリッド戦」という戦い方が文書として初めて世の中に出たのは、2013年のゲラシモフ参謀総長が発表した戦略論文「先

※1　渡部悦和『中国人民解放軍の全貌』扶桑社新書

見の明における軍事学の価値」といわれています。※2

この論文においてゲラシモフは、「（中東諸国で生じた情報空間における国家転覆活動の脅威を念頭に、）21世紀においては、平時であるか有事であるか曖昧な状態が続いている。戦争はもはや宣言するものではなく、我々に馴染んだ形式の枠外で始まり進行するものである。（中略）もちろん、『アラブの春』※3は戦争ではない。しかし、これが21世紀の典型的な戦争ではないだろうか」と疑問を呈しました。

21世紀の戦争は、非軍事手段により、宣戦布告もなく平時とも有事ともいえない状態で生じ、あらゆる手段・領域において生起する紛争を想定しています。まさに「超限戦」で記述された内容を、現在のロシアに適用したものと言えるでしょう。ロシアは元々新たな世代の戦いにおいて重視される「情報戦」や「諜報活動」には長けた国です。それを戦略として体系的に組み込むことに関しては、まったく抵抗感はなかったと思われます。

ロシアの現代戦の根底にある「ハイブリッド戦」

ここで、ロシアの現代戦の根底にある「ハイブリッド戦」を考察してみたいと思います。

前述のゲラシモフ論文は、ロシア国防省との関係が深い『軍事産業クーリエ』誌に発表されたものですが、その後、『フォーサイト』誌などで英訳され、西側諸国で広く認知されることとなりました。しかし、ロシアはこれまで、自らの戦略を「ハイブリッド戦略」と呼称したことはなく、西側諸国が、その戦略を「ハイブリッド」の用語が適当であると解釈し、また、ロシアが近年実地に行動している状況を解釈したうえで名付けた名称です。実際には、ゲラシモフ論文において「21世紀の典型的な戦い（または、新たな世代の戦い）」と呼称した部分が、西側諸国が名付けたいわゆる「ハイブリッド戦」に相当するものと考えられます。

ゲラシモフ論文の内容は、のちに、戦略文書である「国家安全保障戦略」「軍事ドクトリン（＝基本原則）」及び「情報安全保障ドクトリン」における総論、脅威の定義、実施の指針などの項目に反映されています。そのような見地から、このゲラシモフ論文は、ロ

※2　ヴァレリー・ワシーリエヴィッチ・ゲラシモフ「先見の明における軍事学の価値」『軍事産業クーリエ』２０１３年２月26日〈https://www.vpk-news.ru/articles/14632〉（２０２０年２月26日アクセス）。原題の直訳は「先見の明における科学の価値」であるが、ここでいう「科学」とは、本文によると、自然科学を意味するのではなく「軍事科学（兵学）」を意味している。ただし、日本語では「政治学」と表現する学問をロシア語では「政治科学」と表現している関係上、齟齬《そご》をきたさないように、本書においては「軍事科学」を示す「科学」の訳語を「軍事学」とする

※3　「アラブの春」とは、２０１０年から２０１２年にかけてアラブ世界において発生した、前例のない大規模反政府デモを主とした騒乱の総称である。２０１０年12月18日に始まったチュニジアのジャスミン革命から、アラブ世界に波及した

シアの安全保障の捉え方を考察するうえで貴重な論文と言えます。

国際間紛争の解決における非軍事手段の役割

さて、ゲラシモフが論文の冒頭で問題提起したことは、北アフリカや中東で生起した「アラブの春」の事案、及び旧ソ連諸国（独立国家共同体〔CIS〕諸国）において相次いで生起したいわゆる「カラー革命」[※4]です。これらの事案に共通している事項は、ソーシャル・ネットワーキング・サービス（SNS）やメディアなどを利用した情報戦が実施されたこと、それを起点として世論が動かされ、激しい内戦や武力紛争が生起し、政権を転覆させることも可能であったことです。そして、「『アラブの春』の事案は、『21世紀の典型的な戦い』である」との宣言に至っています。

この論文では、とくに「国際間紛争の解決における非軍事手段の役割」について、図を用いて説明を加えています。その概念図を図表4－1に示します。

ロシアは従来から軍事ドクトリンにおいて、紛争・戦争のレベルを「武力紛争[※5]」「局地戦争[※6]」「地域戦争[※7]」及び「大規模戦争[※8]」の四つの段階に区分しています。ゲラシモフ論文

図表4-1　国際間紛争の解決における非軍事手段の役割

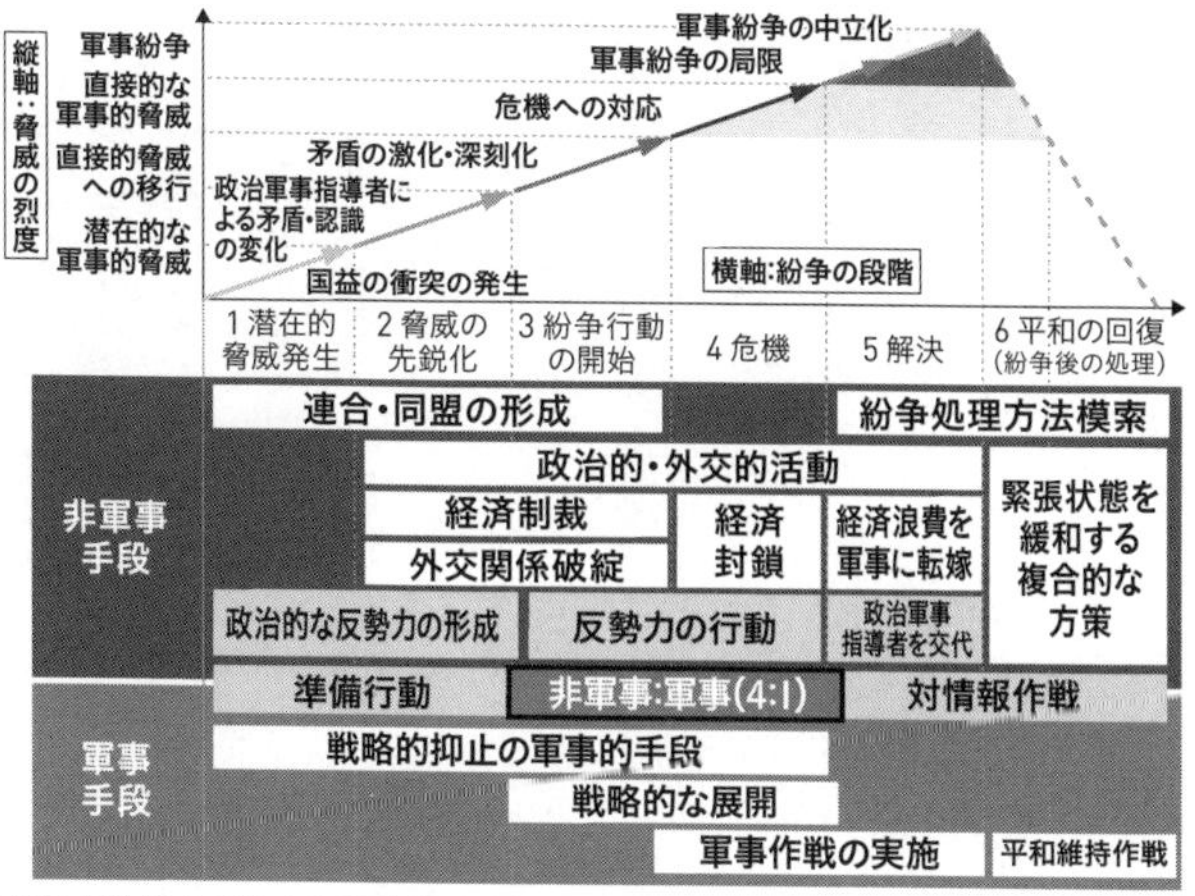

出典：図は「先見の明における軍事学の価値」から引用、訳文は筆者による

で述べられている「国際間紛争」とは、「軍事ドクトリン」で規定していると ころの四つの段階のうち、最も烈度の低い「武力紛争」を対象にしているものと考えられます。ロシアが2000年代以降に実戦として武力を行使した「グルジア（ジョージア）紛争」「ウクライナ危機（クリミア併合）」などがここで掲げる「武力紛争」に該当します。図表4－1に示す「国際間紛争」の主たる対象が「アラブの春」や「カラー革命」であることから、この戦い方というものは、国家間が全面的な戦争（局地戦争以上）に至る前の段階の「管理された低烈度紛争（武力紛争）」

を戦うための指針を定めたものと言えます。

また、論文のなかでゲラシモフは、「(将来の) 軍事紛争においては、旧来の軍事兵器よりも非軍事兵器による攻撃のほうがより効果的であり、非軍事手段と軍事手段の比率は4：1で圧倒的に非軍事手段の比率が高い」と強調しています。ここで注目したいのが、非軍事手段のなかにある「政治的な反勢力の形成」「反勢力の行動」「政治・軍事指導者を交代させる」といった項目です。のちに述べる影響工作（Influence Operation）で実施する事項を具体的に掲げているということです。

あらゆる手段・戦い方を融合させたハイブリッド戦

さらに、ゲラシモフは非軍事手段だけでは収まらず軍事力の行使を要する事態に至った場合にも、従来とはまったく戦い方が変わったことを指摘し、政治目的達成のための「軍事紛争の性質の変化」というものを図に示しました（図表4－2参照）。

ゲラシモフはこの図を用い、従来から重視されていた大規模な地上軍（陸軍）を主体とする部隊による最前線での勝利を得るという純軍事的な戦い方から、政治目的達成のためには、軍事力と政治・外交・経済その他の非軍事手段を複合的に組み合わせて戦うことの重要性を強調しました。つまり、キネティックな（動的な）戦いから、ノンキネティックな（非動的な）戦いへの転換を進言したということです。

とくに、①平時とも有事とも判断のつかない状態から軍事行動を開始すること、②各軍種が各個に行動するのではなく、統合的に高機動で、かつでき得るならば非接触の軍事行動（情報戦・サイバー戦・電磁波戦などを念頭）で打ち勝つこと、③軍事施設のみならず重要インフラ、社会インフラなどの国家の核心施設を目標とし軍事力のみならず経済力を

※4　「カラー革命」もしくは「花の革命」とは、2000年頃から、中・東欧や中央アジアの旧共産圏諸国で起こった一連の政権交代を総体的に指す。米国情報機関の関与が疑われている。その象徴として色や花が当てはめられた

※5　「軍事ドクトリン」の規定による「武力紛争」とは、限定された規模の、国家間のまたはひとつの国家の領域内の対立する当事者間の武力衝突のこと

※6　「軍事ドクトリン」の規定による「局地戦争」とは、2国またはそれ以上の数の国家間の、限定された軍事・政治的目的を追求する戦争であり、戦っている国家の領域内に軍事行動が留まり、主としてこれらの国家の利益のみに関わるもののこと

※7　「軍事ドクトリン」の規定によれば、「地域戦争」とは、ひとつの地域のふたつ以上の国家が参加し、自国軍または同盟軍によって行われ、通常撃破手段も核撃破手段も使用され、地域の領域及びその周辺の海域ならびにその上空で行われる戦争であり、当事者が重要な軍事・政治目的を追求するもののこと

※8　「軍事ドクトリン」の規定によれば、「大規模戦争」とは、国家同盟間または国際社会の最大規模の国家間戦争であり、当事者は根源的な軍事・政治目的を追求する。武力紛争、局地戦争または地域戦争に世界の様々な地域の著しい数の国家が関与してエスカレートした結果が大規模戦争となることもある。大規模戦争は、参加する国家が保有するすべての物的資源と精神力の動員を要求する

図表4-2　軍事紛争の性質の変化

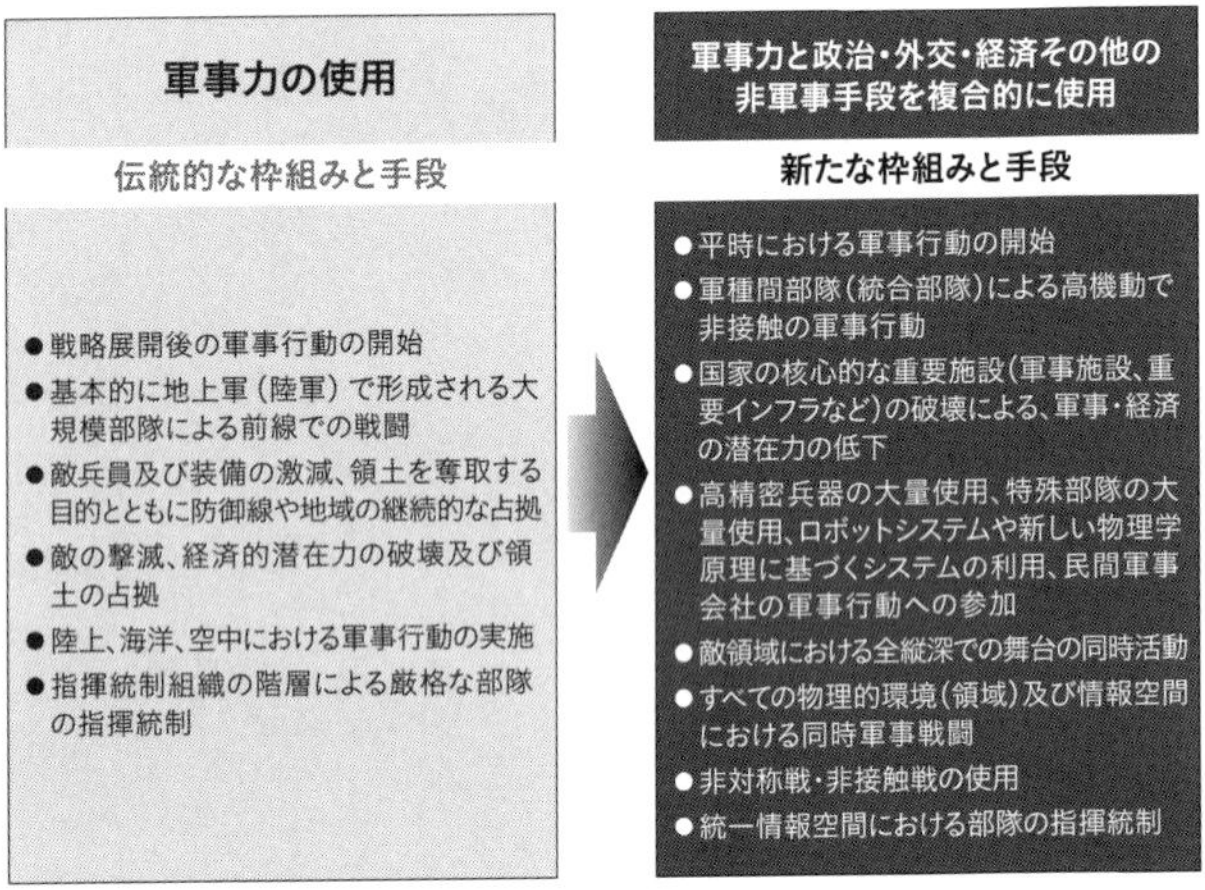

軍事力の使用	軍事力と政治・外交・経済その他の非軍事手段を複合的に使用
伝統的な枠組みと手段	新たな枠組みと手段
● 戦略展開後の軍事行動の開始 ● 基本的に地上軍（陸軍）で形成される大規模部隊による前線での戦闘 ● 敵兵員及び装備の激減、領土を奪取する目的とともに防御線や地域の継続的な占拠 ● 敵の撃滅、経済的潜在力の破壊及び領土の占拠 ● 陸上、海洋、空中における軍事行動の実施 ● 指揮統制組織の階層による厳格な部隊の指揮統制	● 平時における軍事行動の開始 ● 軍種間部隊（統合部隊）による高機動で非接触の軍事行動 ● 国家の核心的な重要施設（軍事施設、重要インフラなど）の破壊による、軍事・経済の潜在力の低下 ● 高精密兵器の大量使用、特殊部隊の大量使用、ロボットシステムや新しい物理学原理に基づくシステムの利用、民間軍事会社の軍事行動への参加 ● 敵領域における全縦深での舞台の同時活動 ● すべての物理的環境（領域）及び情報空間における同時軍事戦闘 ● 非対称戦・非接触戦の使用 ● 統一情報空間における部隊の指揮統制

出典：図は「先見の明における軍事学の価値」から引用、訳文は筆者による

も低下させること、④高精密兵器、特殊部隊、ロボットシステムや新しい物理学原理（量子コンピュータ、量子通信、量子暗号などを念頭）に基づくシステムを利用すること、⑤正規軍・非正規軍、民間軍事会社なども軍事行動に参加させること、⑥敵領域の全縦深（陸上、海洋、航空、宇宙、サイバー空間及び電磁波領域など）で同時に活動すること、⑦非対称戦・非接触戦を使用すること、などを重視した新しい戦い方を提言しました。総じて、軍事・非軍事のあらゆる手段を融合させた「ハイブリッド」な戦いを提言したということです。

ハイブリッド戦における核戦力の位置づけ

前述の通り、ロシアの軍事ドクトリンでは、紛争・戦争のレベルを「武力紛争」「局地戦争」「地域戦争」及び「大規模戦争」の四つの段階に区分しています。ゲラシモフが論文で示した戦い方は、「軍事ドクトリン」の規定に当てはめると「武力紛争」を主として念頭に置いています。

当然、あらゆる手段を融合させた戦い方というものは、従来からもロシアは実施してきましたし、紛争・戦争のどの段階においても実施されるものです。そのカテゴリーに従来ではあまり言及されてこなかった「情報領域での戦い」「電磁波領域での戦い」及び後述しますが、「認知領域での戦い」というものが加わったとも言えるのかもしれません。

一方、「軍事ドクトリン」では、「武力紛争」以上の戦略にまで言及しています。つまり、一義的には、「武力紛争」のような低烈度紛争を管理された紛争としてコントロールすることを目指しますが、エスカレートした場合には、「戦略核の抑止下における『局地戦争戦略』『地域戦争戦略』『大規模戦争戦略』」に移行するという戦略です。通常戦力での戦いにおいても国家存亡の危機に立たされたと判断された場合は、戦術核（射程が500km

図表4-3　紛争・戦争のエスカレーション

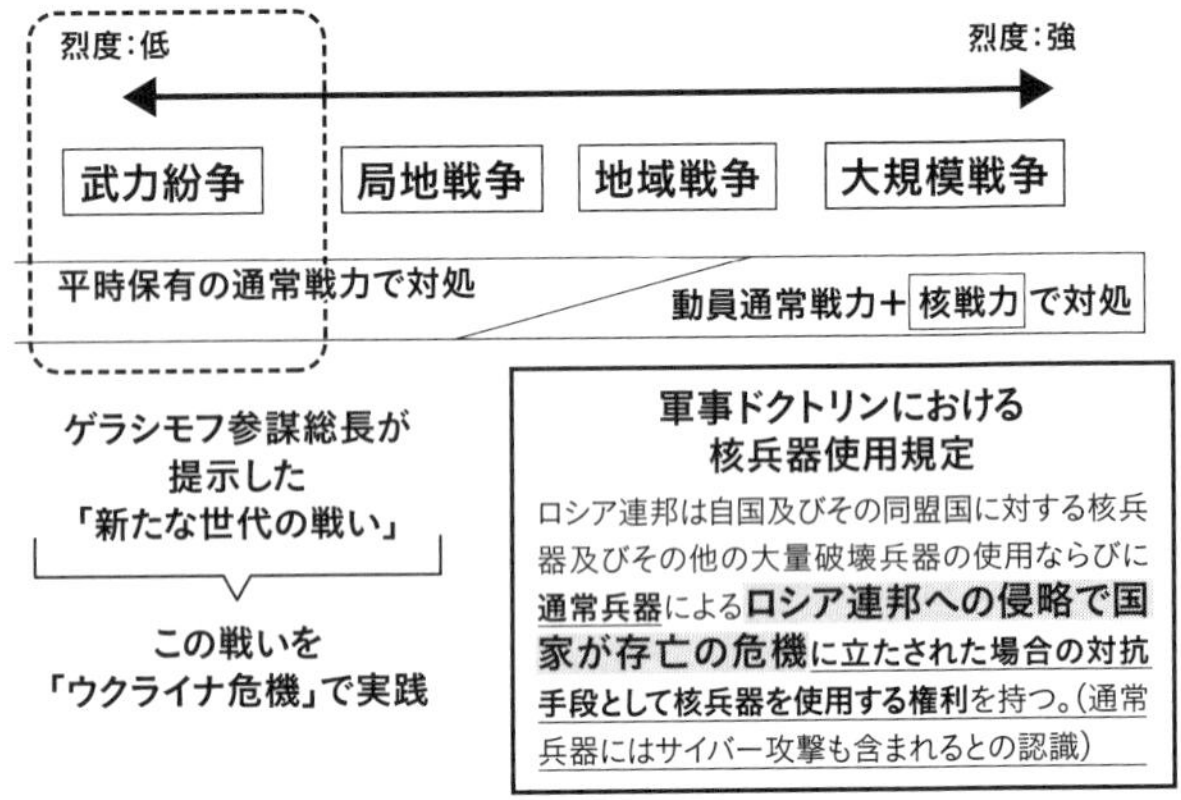

烈度：低
烈度：強
武力紛争
局地戦争
地域戦争
大規模戦争
平時保有の通常戦力で対処
動員通常戦力＋核戦力で対処
ゲラシモフ参謀総長が
提示した
「新たな世代の戦い」
この戦いを
「ウクライナ危機」で実践
軍事ドクトリンにおける
核兵器使用規定
ロシア連邦は自国及びその同盟国に対する核兵器及びその他の大量破壊兵器の使用ならびに通常兵器によるロシア連邦への侵略で国家が存亡の危機に立たされた場合の対抗手段として核兵器を使用する権利を持つ。（通常兵器にはサイバー攻撃も含まれるとの認識）

出典：ロシア安全保障会議「軍事ドクトリン」及び時事通信「弾道ミサイル情報で攻撃ー軍縮協議にらみ使用条件公表（2020年6月2日）」を基に筆者作成

以下の核兵器）を使用し、それを補完します。さらにエスカレートする場合は、戦略核（射程の長い核兵器）の使用も辞さないとの強い対応による抑止戦略も採用するということです。ロシアの核使用規定では、とくに紛争・戦争の段階とは直接リンクしてはおらず、「ロシア連邦への侵略で国家が存亡の危機に立たされた場合の対抗手段として核兵器を使用する権利を持つ」とされています。すなわち、ゲラシモフが提示した低烈度紛争における「ハイブリッド戦」においても、核使用規定上は、核兵器の使用の可能性も考えられるということです（図表4－3参照）。

じつは、クリミア併合時にもロシアは核兵器の準備をしていたということが、のちに分かりました。クリミア併合から1年が経過した2015年の3月に、プーチン大統領はウクライナ紛争を総括した席上で、「クリミア紛争時、核兵器の使用を準備していた」と明言しました。[※9] 政治的なブラフとしての発言とも受け取れますが、軍事ドクトリンでの規定を鑑みると、ロシアが低烈度紛争の段階においても、国家存亡の危機に直面したと判断した場合は、核兵器の使用も辞さないとの戦略を保持している証と受け取ることができるでしょう。つまり、ロシアが掲げる「ハイブリッド戦」の行く先には、最後の拠り所と考えている核戦力があるということです。

核戦力を巡るロシアの狙い

2019年には、米露の核戦力を巡って大きな動きがありました。2月2日に、米露両国は中距離核戦力（INF）全廃条約破棄の方針を示しました。その後、8月には失効が規定される6ヶ月が経過し、両国の国内の法令手続きに移行しました。時事通信社の報道

※9　ロイター通信「プーチン露大統領、クリミア併合で『核兵器準備していた』」『ロイター通信HP』2015年3月16日〈https://jp.reuters.com/article/ptin-idJPKBN0MC03Z20150316〉（2020年2月26日アクセス）

によれば、ロシアのプーチン大統領は8月5日、米国とのＩＮＦ条約が失効したことを受けて声明を出し、米国が新たな中短距離ミサイルを開発した場合、「ロシアも同様のミサイルの全面的な開発に着手せざるを得ない」と警告しました。さらに、「こじつけの理由によって米国が一方的にＩＮＦ条約を破棄したことは世界情勢を複雑にし、危険を生み出した」と批判し、関係閣僚に米国のミサイル開発状況を注視するよう指示しました。一方で「規則や法のない混沌を避けるために、もう一度すべての起こり得る深刻な結果について慎重に考慮し、曖昧さを排した真剣な対話を始める必要がある」とも強調しました。[※10]

これらの両国の動きから、核戦力で重要となる米露のＩＮＦ条約及びその先にある戦略核兵器削減条約（ＳＴＡＲＴ）に対するロシアの狙いについて見ていきたいと思います。

●ＩＮＦ条約に対する米露の対応

共同通信によれば、エスパー米国防長官は２０１９年8月3日、記者団に対し、米露のＩＮＦ条約が失効したことを踏まえ、アジア太平洋地域に地上発射型中距離ミサイルを配備したいとの考えを示しました。この動きは中国への対抗が念頭にあるとみられ、条約失効を受け、アジア地域で米中露の軍備増強が進む恐れが生じる可能性があります。エスパー長官は配備の時期について「数ヶ月でできればいいが、それ以上かかるだろう」と述べました。米国は、中国が南シナ海で、米軍の空母も標的となり得る対艦弾道ミサイルの発射実験を行ったことを強く警戒しており、東アジアへのＩＮＦの配備に傾きつつあります。[※11]

　このエスパー長官の方針が実現に移されると、東アジア地域でＩＮＦの配備が考えられる地域は、韓国（在韓米軍）、日本（在日米軍）、グアム、台湾などになります。しかしながら、各々の国（地域）は、ホスト国の様々な否定的な要件を抱えており、米国の考え通りに同地域に中国をにらんだＩＮＦが配備されることは難しいものと考えられます。

　そのような見地からすると、中国のＩＮＦに対抗するための米国の中距離ミサイルの配備は、ＩＮＦ条約の範疇《はんちゅう》外ではありますが、洋上発射型の巡航ミサイル、トマホークの核弾頭搭載を復活させることが現実的な措置と考えられます。

　一方ロシアも、中国や北朝鮮はじめ他の諸国が弾道ミサイルを保有し始めている現状から、ＩＮＦ条約が足かせとなっていると考えているようです。

※10　時事通信「ミサイル開発を警告＝ＩＮＦ条約失効受け声明――プーチン・ロシア大統領」『時事通信ＨＰ』２０１９年８月６日
〈https://www.jiji.com/jc/article?k=2019080600195&g=int〉（２０２０年２月26日アクセス）

※11　産経新聞「米、アジアに中距離ミサイル配備も　ＩＮＦ条約失効、中国へ対抗」『産経新聞ＨＰ』２０１９年８月３日
〈https://www.sankei.com/world/news/190803/wor1908030025-n1.html〉（２０２０年２月26日アクセス）

しかしながら、中国との現在の安全保障環境（戦略的パートナーシップ関係）や中国の脅威をできる限り低減したいとの施策から考えると、即座に対中国を見据えたＩＮＦの再配備を実行に移すことは難しいものと考えられます。そのような状況の下、先に米国のほうからアジア地域にＩＮＦを配備したいとの方針が示されたことから、これを逆手にとって、米国のアジア地域のＩＮＦに対する対抗措置との名目で、対米兼対中のＩＮＦ配備を実行に移すことは可能と見られます。幸いにも、前述の通り、条約失効後の米国は、大々的に東アジア地域にＩＮＦを配備することは難しく、当面は洋上発射ミサイルに限定されることが予想されることから、ロシアはその間隙を縫って、極東地域に対米国との理由でＩＮＦの再配備を進めていく狙いがあるものと見積もられます。

●戦略核兵器削減条約に対するロシアの狙い

核の軍備管理条約で最後に残るのはＳＴＡＲＴです。２０１９年に生起したＩＮＦ条約破棄の状況を鑑みると、２０２１年に更新を迎えるＳＴＡＲＴについても何らかの影響があるものと考えられます。元々、ロシアにとっては、核戦力の分野において、米国を凌駕《りょうが》することはできず、優越を担保できないことから核軍縮の条約締結に乗ってきた側面があります。本章の最後の項で詳細を述べますが、近年、ロシアは米国を凌駕できる極超音速滑空弾道弾や大型大陸間弾道弾、レーザー兵器や遠距離核魚雷など新型兵器を次々と開発している状況にあります。そのような自信の下にSTARTの更新についても、ロシアに有利な形での条約更新の方針を打ち出す可能性があり得ます。ただし、それはINFの破棄のときと同様にロシアから持ち出すことはないでしょう。なんらかの理由を米国から持ち出させる施策をとるものと考えられます。

いずれにしても、核施策については、ハイブリッド戦を推し進める最後の拠り所と考えられており、また、近年のサイバー脅威やAIの脅威が核の脅威にも直結し得るともロシアは認識しているので、今後のこの分野の動きをさらに注視していく必要があるでしょう。

2　情報戦：中核となる影響工作

「フェイクニュース」に関連する用語の定義

前項で示したように、ロシアが掲げる「ハイブリッド戦」において中核と位置付けられ

図表4-4　「フェイクニュース」に関連する用語の定義

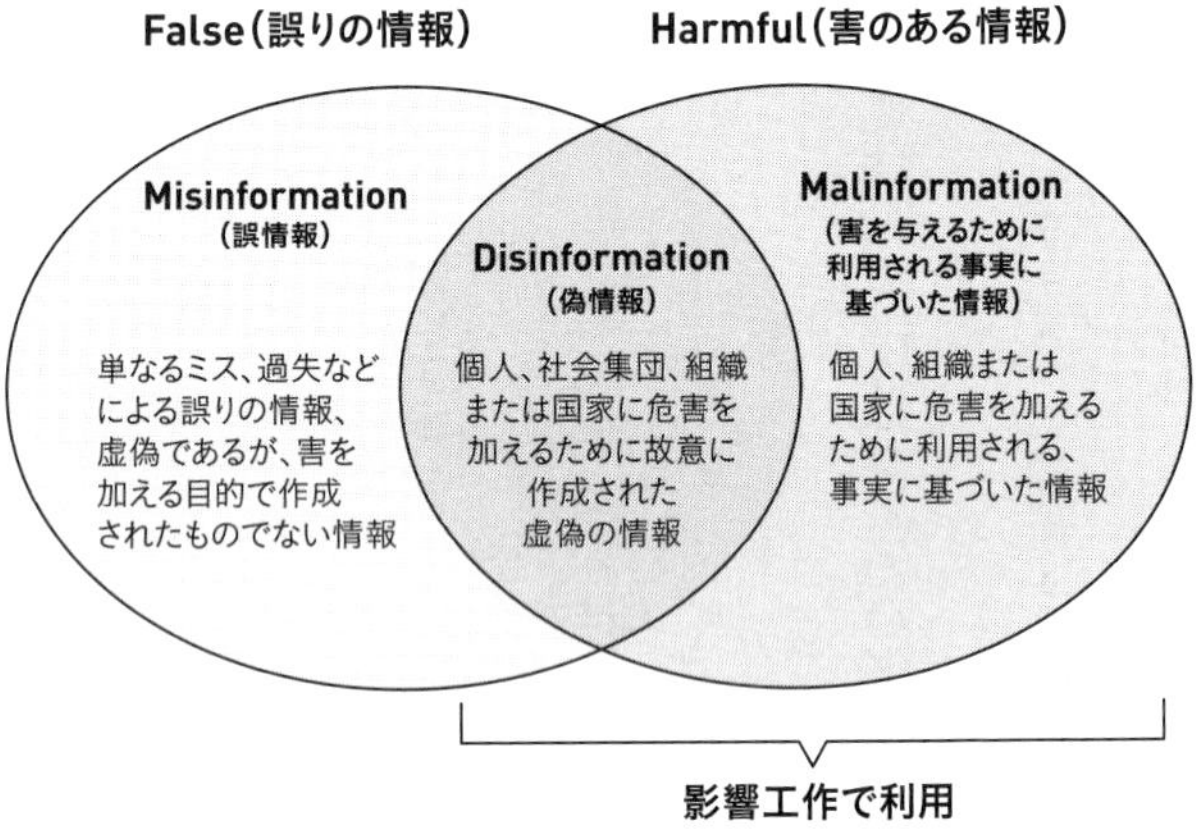
False(誤りの情報)
Harmful(害のある情報)
Misinformation
(誤情報)
単なるミス、過失などによる誤りの情報、虚偽であるが、害を加える目的で作成されたものでない情報
Disinformation
(偽情報)
個人、社会集団、組織または国家に危害を加えるために故意に作成された虚偽の情報
Malinformation
(害を与えるために利用される事実に基づいた情報)
個人、組織または国家に危害を加えるために利用される、事実に基づいた情報
影響工作で利用

出典：The Ethical Journalism Network, "The EJN Definition of Fake News" 及び「第5回サイバーセキュリティ法制学会」における討議資料を基に筆者作成

ているのが情報戦です。そのなかでも、近年、とくに「影響工作（Influence Operation)」と呼ばれる戦い方が注目されています。

影響工作では、いわゆる「フェイクニュース」を使った情報操作、世論操作、対象国の国家分断及び不安定化・弱体化を企図しています。ところが、「フェイクニュース」という用語を使用すると、トランプ大統領が安易に用いるようなイメージが先行してしまい、そのため、論理的で事実に基づいた議論ができないという状況がしばしば生起しています。そこで、これらに関連する用語を最初に定義したいと思います。

「フェイクニュース」に関する議論の多くは、三つの概念、すなわち「誤情報（Misinformation）」「偽情報（Disinformation）」及び「害を与えるために利用される事実に基づいた情報（Malinformation）」を区別していません。しかし、「正しい情報」と「誤った情報」及び「害を加えようとする『組織、国家等』によって作成、配布された情報」と、「そうでない情報」を区別することが重要であり、その区分を図表4－4に示しています。

図表4－4において、「誤りの情報」のなかには、単なる過失による誤りの情報である「誤情報（Misinformation）」と故意に国家や組織に危害を与えるために改ざんされた情報である「偽情報（Disinformation）」があります。また、同じ「害のある情報」でも、情報そのものは事実であるものの国家や組織に危害を与えるために使われる情報である「Malinformation」があります。これらをしっかりと区別し、議論を進めていく必要があります。

ロシアは、このなかで「偽情報（Disinformation）」と「害を与えるために利用される事実に基づいた情報（Malinformation）」を組み合わせ、影響工作に活用していると考えられています。

影響工作の手法（第七の領域「認知領域」での戦い）

北大西洋条約機構（ＮＡＴＯ）及び欧州共同体（ＥＵ）は、ロシアが近年、実際に行っている影響工作を中心とした情報戦を受けて、２０１７年に「欧州ハイブリッド脅威対策センター（European Centre of Excellence for countering Hybrid Threat）」を創設しました。同センターでは、ロシアの掲げる「新たな世代の戦い方」を分析し、２０１８年５月９日、「ハイブリッド脅威への対処」という分析結果を発表しました。この文書を基に、ロシアの考える影響工作を中心とした情報戦を考察しますと、それは、政治・経済・情報やその他のあらゆる手段を使って政治目的を達成する戦略と位置付けられます。さらにそれを大別すると「情報空間を使っての情報戦（情報操作やサイバー戦）」と「情報空間以外を利用しての間接的・非対称的な情報戦」に分けられます。

前者は、新たに強調された戦略であり、情報空間において、ＳＮＳやメディアなどを活用し、「偽情報」を大量に流布したり、「害を与えるために利用される事実に基づいた情報」を戦略的な情報としてリークすることにより、情報を操作し、世論を動かし、分断させ、国家を不安定な状態に持っていきます。これによって、政権を倒すなどの戦略のことをいいます。その準備段階においては、影響工作で必要な情報を得るためのサイバースパイ活動や情報改ざんなどのサイバー攻撃が行われます。

後者の情報空間以外での情報戦は、従来からロシアが採用してきた戦略です。具体的には、シンクタンクなどの組織に資金援助をし、ロシアに有利な情報を発信させたり、親ロシアの政党を創設し情報操作を行ったり、非政府組織（ＮＧＯ）などの組織にも同様の工作を行うなどの戦略です。旧ソ連諸国においては、引き続き影響力のあるオリガルヒ（ロシアの財閥）やロシア正教会（宗教組織）などを利用し影響力を行使することもあります。さらに、民間軍事会社などの非正規な軍事組織を利用することも多いといわれています。

前者との関係で言えば、インターネット・リサーチ・エージェンシー[※12]（ＩＲＡ）といった組織も利用され、情報空間を使った情報操作や世論誘導も実行されています。当然、政治目的を達成するために、前者と後者の戦略は、あらゆる手段を融合された形で実施されています。

これら影響工作の主要な舞台となるのは、「情報空間（デジタル領域）」や「情報空間以

※12　「インターネット・リサーチ・エージェンシー（Internet Research Agency）」とは、ロシア政府に近いとされる企業であり、人海戦術によってＳＮＳを用いた世論操作を行った「トロール工場」（Ｐ３０９脚注（20）参照）としても知られる

図表4-5 「実体領域」「デジタル領域」「認知領域」などの関係

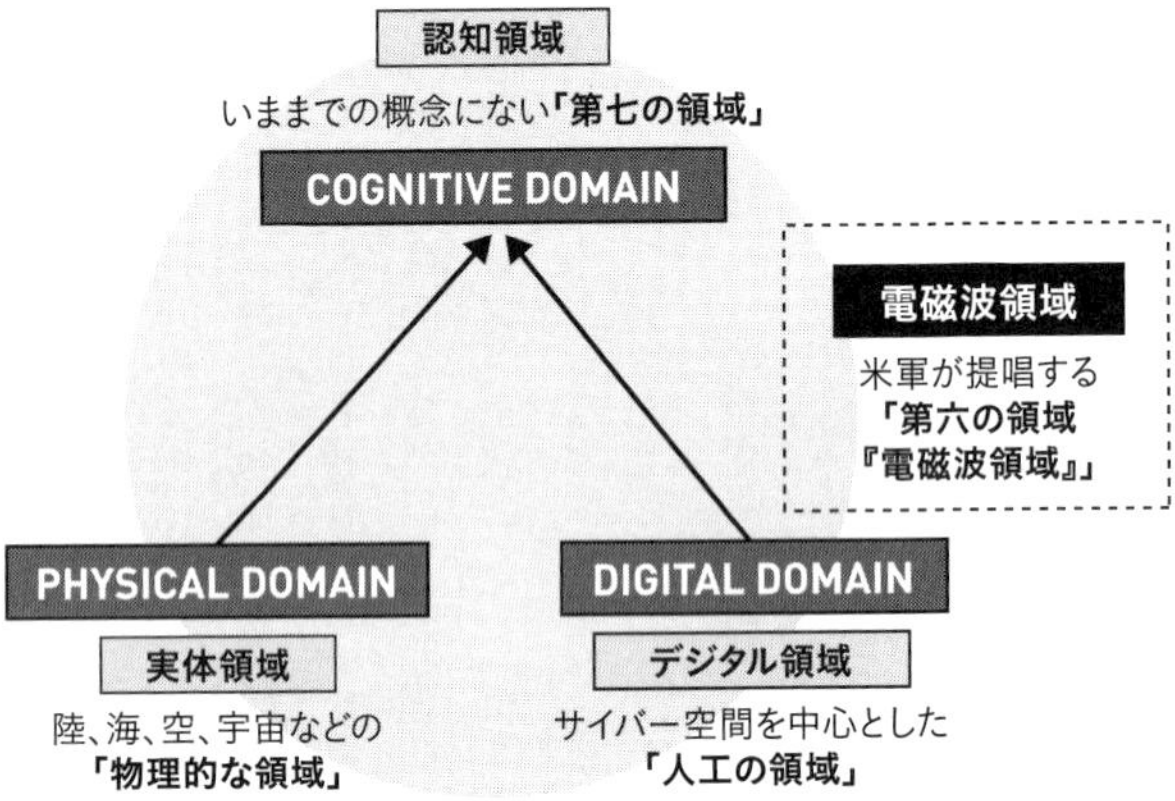

出典：図は、Flemming Splidsboel Hansen, "Russian influence operations"から筆者作成

外の領域（物理的に存在する実体領域）」での活動と述べてきましたが、それは手法の見地からの議論にすぎません。じつはこれらの手法を使って、人間の脳内を支配するということです。すなわち、「認知領域」での戦いとも言えるでしょう。

「認知領域」を制する戦いは、中国でも言及し始めたと伝えられており、「制脳戦」や「制脳権」といった用語も使われ始めました。[※13]

「制脳戦」では、これまで述べてきたように、情報を操作する、世論を誘導するといったことはもちろん、政治指導者や軍指導者の脳を支配するといったことも重要となってきます。そうすれば、政治決断や軍事作戦の意思決定をコントロールすることも可能で、ロシアの主張する「物理的に戦わずに勝つハイブリッド戦」を、まさに実現できるということです。

ロシアが「ハイブリッド戦」策定前に研究したと見られる『超限戦』で描かれる「『あらゆる領域』を超えての戦い」のカテゴリーに、「認知領域での戦い」というものが新たに加わったということです。言い換えれば、陸、海、空、宇宙の「実体領域」、サイバー空間を中心とする「デジタル領域」、米軍が提唱する「電磁波領域」[※14]に引き続き、第七の領域として「認知領域」が加わったとも言えるでしょう。

これらを分析したデンマークの研究者フレミング・ハンセンが示した概念を図表4－5に示します。[※15]

※13　土屋貴裕「ニューロ・セキュリティ――『制脳権』と『マインド・ウォーズ』」『KEIO SFC JOURNAL Vol.15』２０１５年２月１日〈https://gakkai.sfc.keio.ac.jp/journal_pdf/SFCJ15-2-01.pdf〉（２０２０年２月26日アクセス）

※14　Headquarters, US Department of the Army, FM 3-38, Cyber Electromagnetic Activity, February 2014〈http://fas.org/irp/doddir/army/fm3-38.pdf〉（2020.2.26）

※15　Flemming Splidsboel Hansen, "Russian influence operations", Dansk Institut for Internationale Studier, 30 October 2018〈https://www.diis.dk/publikationer/russian-influence-operations〉（2020.2.26）

ウクライナ危機での具体的なロシアの行動

ロシアは、旧ソ連諸国（ＣＩＳ諸国）に対しては、ロシアにとって特権的な利害のある地域（国）だという安全保障観を持っています。前述のように、これは歴史的なロシアの過剰防衛意識に起因しています。

このような安全保障観の下で、ウクライナ危機が生起し、非軍事的な手段のみでは事態の収拾が難しいと判断したため軍事力を行使し、クリミア半島を併合したということです。このときに採用されたのが、いわゆる「ハイブリッド戦」であり、その中核を占めていたのが影響工作を中心とする情報戦でした。

ロシアは、影響工作を中心とした情報戦の有効性や非軍事手段と軍事手段の融合といった戦略の実効性を、クリミア侵攻に先立ち、様々な事例によって検証していました。すなわち、２００７年、エストニアにおいて、ロシア人ハッカーを扇動し大規模なサイバー攻撃を引き起こすことにより国家機能を麻痺《まひ》させた事例や、２００８年のグルジア（ジョージア）紛争時に、サイバー攻撃と物理的な軍事攻撃を同時に行った事例などがそれに該当します。

さて、今回取り上げる「ウクライナ危機（クリミア併合）」ではどのようなことが実行されたのでしょうか。この事例に関しては、前述した通り、欧州ハイブリッド脅威対策センターが「ハイブリッド脅威への対処」というレポートをまとめています。このレポートとそれを研究した一田和樹氏の論考を[※16]基にウクライナ危機でのロシアの行ったハイブリッド戦を検証していきたいと思います。

クリミア侵攻に先立ち、2007年以前からロシアと関係の深いAPT28（FANCY BEAR）、APT29（COZY BEAR）といった組織（グループ）がウクライナ国内のサイバー空間に入り込み、バックドア[※17]を設置していたことが明らかになっています。その後、これらのバックドアを利用し、ウクライナ国内のインターネットサイトの改ざん事案が多数生起しました。また、それ以前から、Red October、Mini Dukeなどのウイルスを利用したサイバー攻撃（アルマゲドン作戦）が行われ、ウクライナ国内の情報窃取や軍事行動支援のための情報操作などが行われていました。

※16　この項、一田和樹『フェイクニュース――新しい戦略的戦争兵器』角川新書を基にしている

※17　「バックドア」とは、サイバー攻撃の手法のひとつ。一度サイバー攻撃により侵入した後に、攻撃者が入りやすい入り口を設置する。そのような攻撃の総称のこと

侵攻前年の2013年には、ウクライナの複数のテレビ局関係者や親EUの政治家などのサイトが分散型サービス拒否攻撃（DDoS攻撃[※18]）を受け、情報発信ができない事象が多数生起していました。

また、ウクライナ国内の通信インフラの大半はロシア製であり、ネットやシステムへの侵入方法、バックドア等は事前にロシア側に把握されていたとの情報もあります。これは、サプライ・チェーン・リスク[※19]という見地から、根本的な問題でもありました。

そのような準備を経て、第二段階として実際の情報戦が侵攻の1、2年前に行われていました。2012年からは、ウクライナ国内のサイトの改ざんや多数の戦略的な情報のリークが行われ、2013年から2014年の間は、前述のマルウェアやバックドアを巧みに利用し、ボット、トロールまたはサイボーグ[※20]などの手段により多数の「偽情報」が拡散され、ウクライナ国民のなかで社会騒乱の状況が生まれました。さらに、ロシアによるクリミア併合に対する肯定的な情報やロシア軍に対する賛美の情報が国民のなかに浸透していきました。

しかしながら、これらの情報操作は、ウクライナ東部地区（親ロシア地域）及びクリミアでは成功したもののウクライナ全土にまでは浸透しませんでした。そのため、事態を早期に収拾したいと考えたロシアは、クリミア併合の軍事作戦を強行したということです。

軍事作戦にあたっては、情報戦・電子戦及び旧来の兵器のあらゆる手段を用いて実施され、特殊部隊と空挺部隊は早期に重要施設を占拠しました。並行してインターネット・エクスチェンジ・ポイント（ＩＸＰ）[※21]や通信会社の施設を軍事・非軍事の両手段により無力化し、ウクライナ国内の指揮通信能力を奪うことにも成功しました。親ＥＵ議員の携帯電話やそのＳＮＳアカウントにもサイバー攻撃を実施し、ロシアに対する否定的な情報発信の場を奪うことも行いました。

侵攻達成後にも影響工作は継続し、その結果、「クリミア住民自身の希望によりロシア

※18　「DDoS（Distributed Denial of Service）攻撃」とは、分散型サービス拒否攻撃のことで、攻撃目標のウェブサイトやサーバーに対して大量のデータを送り付ける攻撃。受信側はトラフィックが異常に増大するので、負荷に耐えられなくなったサーバーやサイトがダウンしてしまう
※19　「サプライ・チェーン・リスク」とは、部品の供給元やその従業員による、製品に対する不正プログラムの埋め込み、ハードウェアの不正改造などによって生じる情報セキュリティ上のリスクのこと
※20　「ボット」とは、プログラムを使って機械が自動的にリツイートや発言をし、情報を拡散すること。「トロール」とは、いわゆる人海戦術で大量のリツイートや特定の発言を拡散すること。「サイボーグ」とは、それらふたつを組み合わせた手法のこと
※21　「インターネット・エクスチェンジ・ポイント（ＩＸＰ）」とは、インターネット事業者やデータセンタ事業者などが相互接続して、経路情報やトラフィックを交換するための接続点のことで、「ＩＸ」または「ＩＸＰ」と略される

に帰属した」との住民投票の結果を得ることにも成功しました。

米大統領選での具体的なロシアの行動

ロシア政府は否定していますが、ロシアが米大統領選に干渉したという事実がのちに明らかとなっており[※22]、その代表的な例が五つあると前述の一田氏は指摘しています[※23]。

第一は、民主党本部とクリントン陣営のメールをハッキングし、その内容を暴露したことです。本案件を捜査したのは特別検査官のロバート・モラーであり、彼を長としたチームがまとめた起訴状によれば、本案件にかかわった組織はロシア国防省参謀本部情報総局（GRU）に所属する「第26165部隊」及び「第74455部隊」です。GRUはロシア国防省におけるインテリジェンス組織であり、伝統的な情報活動はもちろん、近年では情報戦・サイバー戦関連で大きな役割を担っている組織です。

第二は、選挙期間中、民主党全国委員会とクリントン陣営の選対責任者であったジョン・ポデスタのメールをハッキングし、その内容をウィキリークスに公開したことです。ウィキリークスは2006年に開設した情報暴露サイトで、創始者のジュリアン・アサンジはロシアとの関係が疑われています。在英国のエクアドル大使館に身を寄せていましたが、エクアドルの政治情勢も不安定なことから、次に頼る先をロシアと考え、ウィキリークスをロシアに有利な形で使用させることを条件に、ロシアからの支援を得ようとしていたともいわれています。

第三は、フェイスブックから約８７００万人分の個人情報を窃取し、その内容を分析会社のケンブリッジ・アナリティカ社へ提供したことです。ケンブリッジ・アナリティカではこのデータをマイクロ・ターゲティング[※24]に利用したといわれ、その結果は当然選挙戦でも存分に活用されたと見られています。

第四は、ロシアのＩＲＡがフェイスブックに虚偽の広告を多数出稿し、約1億５０００万人が閲覧したといわれている事例です。人種問題、銃問題、ＬＧＢＴ問題など世論が分断されるような問題を敢えて広告として投稿し、米国社会の分断を企図したといわれています。「偽情報」を使った世論誘導は、たとえ誘導がうまくいかなくても、世論を分断し、

※22　US. Department of Justice, "Report On The Investigation Into Russian Interference In The 2016 Presidential Election", March 2019〈https://www.documentcloud.org/documents/5955118-The-Mueller-Report.html〉(2020.2.26)

※23　一田和樹『フェイクニュース――新しい戦略的戦争兵器』

※24　「マイクロ・ターゲティング」とは、選挙運動やマーケティングなどで、対象とする個人に関する情報を詳細に分析し、嗜《し》好《こう》や行動パターンを把握することによって選挙やマーケティングに役立てるなどのビッグ・データ・システム及びその戦略の総称のこと

社会的な対立や社会騒乱を生起させることで政治・戦略目的を達成することができます。今回の事案においては、社会的な対立や社会騒乱を生起させる目的で当該戦略を採用したと見られます。

第五は、ロシアはＩＲＡを使って組織的にＳＮＳで「偽情報」を拡散していたことが確認されています。これまでに、ＩＲＡが４７０のフェイスブック・アカウントを利用し、８万を超えるコンテンツを作って情報操作を行っていたことが分かっています。大統領選では約１億２６００万の米国人に閲覧させることに成功しました。

これらは、人海戦術のトロールという手法によって行われていたため、なんらサイバー攻撃ツールなどを使用した形跡もなく、情報操作が成されました。さらに、ボットというプログラムによる「偽情報」の拡散手段も使用されていた疑いがあります。

同じく訴状によれば、ツイッターで３万６０００以上のシステムによって自動的に運用されるＳＮＳアカウントが米大統領選での「つぶやき」を行っており、その「つぶやき」に対し13万回ツイートされたとのことです。ツイッター社によれば３８４１のアカウントがＩＲＡとなんらかの関係があるとされています。これらの「つぶやき」は米国内のメディアや著名人によっても拡散され、ロシアが意図した以上に「偽情報」が広まっていたという状況でした。

一田氏はさらに、これらの手法により情報操作された米国大統領選では、ロシアが狙っていたふたつの政治・戦略目的を達成したと指摘しています。[※25]

第一は、ロシアの国益上、最も大統領になってほしくなかった候補者は、ロシアに対して強硬な施策を掲げていたヒラリー・クリントンでした。ヒラリーの当選を「偽情報」の拡散、情報改ざんや情報リークなどによって阻止することに成功し、ロシアにとって、より好ましいトランプが優勢な情勢を作為することに成功したということです。この政治目的を、軍事力などの物理的な強制力を行使することなく、最低限の費用と最低限の労力で成し遂げたということです。

もう一点、ロシアが成し遂げた政治目的とは、大統領選に介入したということを秘匿することはせず、敢えて証跡も残しておくことにより、干渉したという事実そのものを拡散したということです。その結果、米国内に民主主義と現政治体制への不信感を植え付けることにも成功し、米国内に対立や混乱を生起させ、政治的安定性も奪ったということです。

※25　一田和樹『フェイクニュース――新しい戦略的戦争兵器』33頁

図表4-6　2016年の米大統領選挙におけるロシアの影響工作[※26]

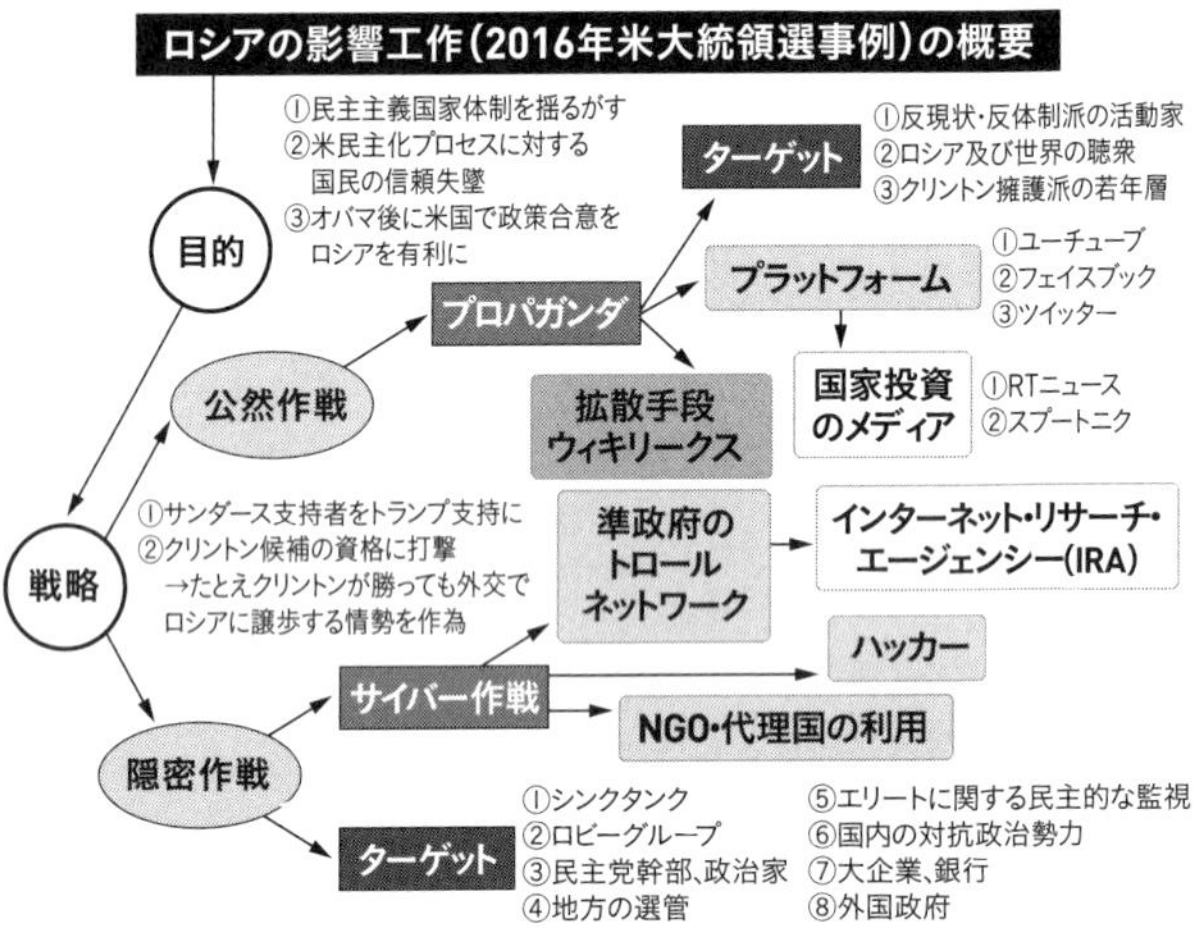

出典：36th-parallel, “Analytic Brief: Influence Operations, Targeted Interventions and Intelligence Gathering: A Primer.”を基に簡略図を筆者作成

戦略・政策分析組織の「36th parallel」が、マインドマップを使い、これらを体系的に分析しました。その概要図を図表4-6に示します。

図表4-6から、ロシアはこの影響工作において、米国の民主主義国家体制そのものを揺るがし、米国の民主化プロセスに対する国民の信頼を失墜させることを主目的にしていたということを読み取ることができます。米大統領選での関与事案は、戦略及び作戦で「クリントン候補を貶《おとし》める」「情報を改ざんして情報操作する」「戦略的に情報をリークして世論を誘導する」など、目に見え

る結果や手法だけに目が行きがちですが、その本質は、「民主主義体制そのものの根幹を揺るがすこと」にあったのではないかということです。

そうすれば、西側諸国が長年培ってきた民主主義による国家の統治体制を揺るがし、政治指導者に適切な政治を行わせず、国力そのものを大きく減じることも可能となります。結果として、相対的に相手方の力を減じることができます。ロシアの立場からすれば、物理的な軍事力を行使せずとも、あらゆる制限を超え、民主主義国家の普遍的な価値を貶めることにより、相手を打ち負かすことができるということです。まさに、中国発の「超限戦」を昇華させた「あらゆる制限を超えたハイブリッド戦」を実行に移していると言えるでしょう。

ハイブリッド戦の制約・限界

ロシアの採用する「ハイブリッド戦」は、主たる対象が「旧ソ連諸国（ＣＩＳ諸国）」

※26　36th-parallel, "Analytic Brief: Influence Operations, Targeted Interventions and Intelligence Gathering: A Primer." September 23, 2017〈https://36th-parallel.com/2017/09/23/analytic-brief-influence-operations-targeted-interventions-and-intelligence-gathering-a-primer/〉(2020.2.26)

と考えられます。これらの諸国は、2009年に当時のメドベージェフ大統領が「特権的利害地域」と述べた地域に該当します。[※27] ロシアの「特権的な利害がある地域」の名の通り、この地を他国に脅かされた場合には、軍事力の行使も辞さないとの施策をロシアは採用しています。その代表的な例が、グルジア（ジョージア）紛争であり、ウクライナ危機（クリミア併合）です。これらの国土を接する隣接地域においては、ゲラシモフが掲げた「ハイブリッド戦略」は非常に有効に機能することが実戦において証明されたと言えるでしょう。

事例でいまひとつ掲げた米国の状況はどうでしょうか。米国に対しては、「ハイブリッド戦略」のうち、影響工作を中心とした情報戦及びサイバー戦のみを用いた事例でした。サイバー空間を巧みに利用し、米国の世論を誘導し、情報を操作することにより、ロシアにとって都合の悪い候補者にダメージを与え、米国の世論を分断することには成功しました。しかし、米国のような大国や遠隔の諸国などに対しては、グルジアやウクライナなどのCIS諸国に実施したように、影響工作から要すれば軍事力行使まで行うというフルスペックな「ハイブリッド戦」を適用することは困難です。そのようなフルスペックな戦略として実行できる対象国は自ずと限られてきます。この点が、ロシアの「ハイブリッド戦」の制約とも言えるところです。

また、米大統領選で重視された世論誘導や情報操作による影響工作においては、言語的な特性が存在していたことも確認されています。このキャンペーンへの関与が疑われているIRAが行った作戦には、複数の言語が使用されていました。ところが、その大半はロシア語及び英語であったことが確認されています。※28 つまり、ロシア語圏や英語圏以外の国家に対しては、ロシアによる影響工作は、効果的に実施できないのではないかということです。この言語的な制約というものが、ロシアの「影響工作」には内在していると言えます。

この制約を解消するためには、対象国にエージェントもしくは協力者（グループ）を大量に確保しなければならず、その労力と作戦実施に関わるインセンティブとの関係が鍵を

※27　佐々木孝博「ロシアの対外政策構想と『特権的利害地域』」『国際情報研究第7号』２０１０年11月3日〈http://gscs.jp/c_papers/c_files/magazine2010.pdf〉（２０２０年２月26日アクセス）

※28　University of Oxford, The IRA, “Social Media and Political Polarization in the United States, 2012-2018”, December 22, 2018, 〈https://comprop.oii.ox.ac.uk/wp-content/uploads/sites/93/2018/12/The-IRA-Social-Media-and-Political-Polarization.pdf〉（2020.2.26）、本引用元のツイッターに関するデータによれば、57％がロシア語、36％が英語、残りが複数の言語であったことが判明している

握るとも言えます。言い換えれば、その作戦を実施するにあたって、大々的に実施するインセンティブや価値がロシアにあるのかということです。

米大統領選をはじめとするロシアの関与が疑われている国家については、そのインセンティブがあったと考えられ、これまでに、ロシアの関与が見られなかった国家や地域にはロシア側に実施のインセンティブがなかったと解釈することができます。

しかしながら、近年、言語領域における人工知能（ＡＩ）の能力が革新的に向上している状況から、近い将来、言語に起因する制約については、解消してしまうだろうということは付言しておきたいと思います。

3　宇宙戦：他領域の戦いを無力化

ロシアにおける宇宙の軍事利用

元々ロシアの宇宙開発の歴史は、戦後ドイツのＶ２ロケットの情報を基盤に開発した技術を、大陸間弾道弾に転換したことに起因しています。ロシア初の大陸間弾道弾として開発されたR－7の系統は、逆に現在のソユーズロケットの開発の基となっています。同様のミサイル技術は、東欧諸国や中国にも広く輸出されています。現在では、R－27やスカッドミサイル、トーポリなどの弾道ミサイルの開発につながっています。※29

また、衛星事業についても偵察衛星や通信衛星、測位衛星などの技術に転用されています。それらの機能は軍事面において広く活用されることとなり、軍事作戦の手法を大きく変えることにもつながっています。

ソ連時代からロシアは、宇宙領域におけるこれらふたつの機能を安全保障上必須の機能と認識しており、米国など西側諸国を凌駕し、この領域における優越を確保することに長年尽力してきました。

しかしながら、ソ連邦崩壊後、予算の問題や最新の技術開発が進展しないなどの問題により、ロシアが米国を凌駕することが難しくなってきました。そのため、ロケット分野（弾道ミサイル分野）では、戦略核兵器削減条約（ＳＴＡＲＴ）や中距離核戦力（ＩＮＦ）

※29　神谷考司、津田憂子「ロシアの宇宙開発」『研究開発戦略センターＨＰ』２０１７年９月〈https://www.jst.go.jp/crds/pdf/2016/FU/RU20170426_1.pdf〉（２０２０年２月26日アクセス）
※30　佐々木孝博「ロシアの安全保障における核戦略とサイバー戦略の類似性」『ディフェンス第51号』隊友会、２０１３年10月20日、１２４～１４０頁

全廃条約に応じ、自己の能力のみでは均衡を保てなくなった領域で、相手方の能力を減ずる施策に出てきました。これらの施策は、後述しますが、電磁波領域やサイバー空間での施策にも相通じるものがあります。[※30]

その結果として近年ロシアは、宇宙空間における脅威対象国の測位システム、航法システムや指揮統制システムなどの運用を阻害する施策を採用してきています。そうすれば、安全保障の見地から、米国をはじめとするロシアにとっての脅威対象国の宇宙空間の軍事利用能力を減ずることができ、結果的に、ロシアが優越を獲得できないとしても、少なくとも、均衡を保つことができます。

本項ではそのような、近年のロシアの宇宙空間での軍事利用の情勢を考察していきたいと思います。

宇宙戦略を支える体制と能力

ロシアでは、軍事と密接に関連している宇宙空間の利用を支える体制は、大きく民間組織と軍事組織のふたつに分かれています。

民間組織を統括しているのが、宇宙開発全般を所掌する国営公社「ロスコスモス」です。

図表4-7　宇宙戦略を支える軍事組織の概要

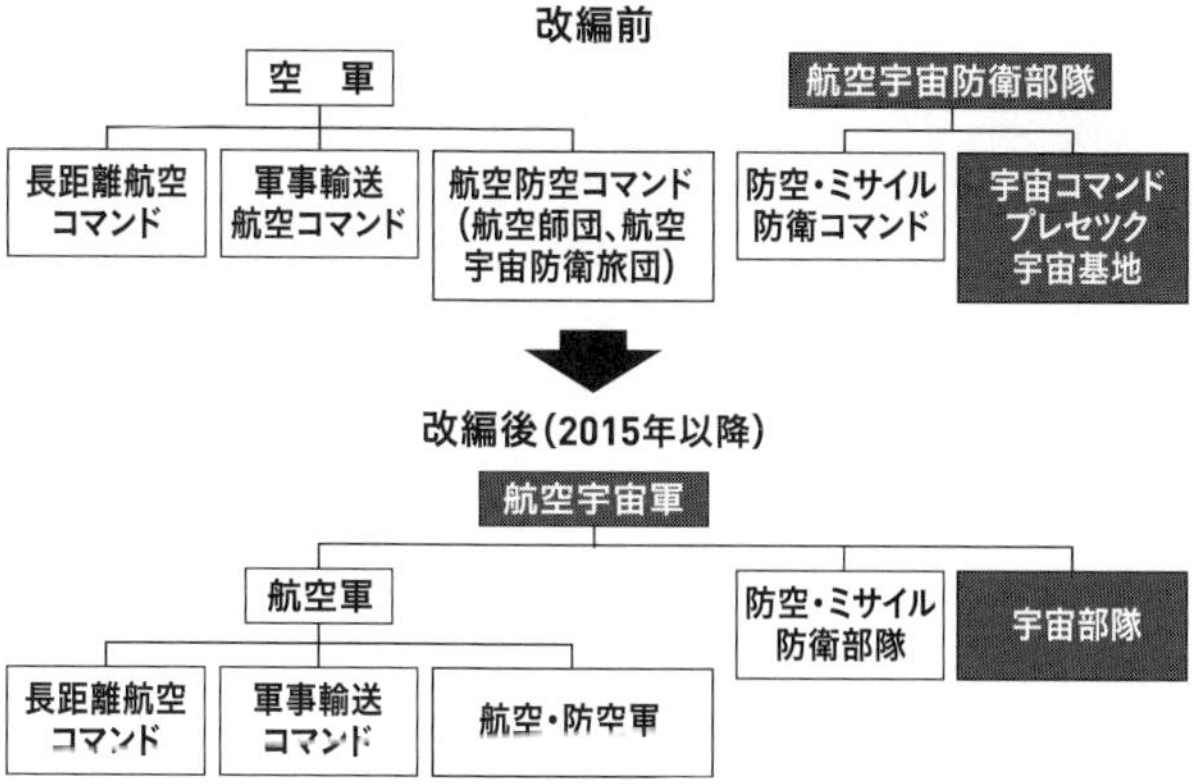

出典：小泉悠『軍事大国ロシア』を基に筆者作成

宇宙関連の組織は２０１５年に大きく改編し、このロスコスモスを中心とした組織に再編されました。

一方、宇宙空間で活動する軍事組織も２０１５年に改編されました。新たに「航空宇宙軍」という組織が編制され、それまで「空軍」が持っていた機能と「航空宇宙防衛部隊」が持っていた機能をひとつの軍として統合することになりました。新たに組織された「航空宇宙軍」の隷下には、改編前の空軍機能であった「長距離航空コマンド」「軍事輸送航空コマンド」及び「航空・防空軍」を統括する「航空軍」が組織

※31　小泉悠『軍事大国ロシア』作品社

され、同じく改編前の「防空・ミサイル防衛コマンド」は「防空・ミサイル防衛部隊」に、「宇宙コマンド」と「プレセツク宇宙基地」は「宇宙部隊」として再編されました。

この「航空宇宙軍」隷下の「宇宙部隊」がロシア軍の宇宙作戦を統括する部隊となります。[※31]これらの概要図を図表4-7に示しました。

この「宇宙部隊」の任務には大きく次の三つがあります。第一が「軍事衛星の打ち上げ及び運用（このなかには対衛星〈ASAT〉[※32]任務を持つ攻撃型衛星も含まれる）」、第二が「弾道ミサイルの警戒監視」、第三が「宇宙状況監視」です。

部隊を再編し、一定のASAT能力も保有すると見られる「宇宙部隊」ですが、宇宙空間における米国の先行と中国の猛追の状況の下、必ずしも宇宙空間における優勢を担保できる部隊とは言い難い情勢になってきました。

そのように、独力で優勢を確保できない分野が生じてきたとき、ロシアが試みる第二の手段が、前述のような、相手方の能力を減ずる方策です。この方策で主に用いられるのは、国際枠組みや二国間条約で相手方に足かせをはめること、及び非対称の手段で相手方の能力を減ずることのふたつの手法です。宇宙空間では後者の手法が現在採られつつあります。[※33]

宇宙空間でのロシアの軍事的関与事例

ロシアが相手方の宇宙空間での利用を妨害するためにASATを活用することは否定できませんが、ASATを使った場合、宇宙ゴミ（デブリ）が散乱してしまい、ロシア自身が運用する衛星にも悪影響を及ぼすことも考慮しなければなりません。そこでクローズ・アップされるのが、電子的な手段により相手方の宇宙空間の運用を妨害する手法です。ここでは、ロシアが関与したと見られる、軍事的関与事例を取り上げてみたいと思います。

ひとつの大きな事例は、全地球測位システム（GPS）の妨害事例です。米メディアCNNは、2018年11月14日、北大西洋条約機構（NATO）がノルウェー周辺で実施していた「トライデント・ジャンクチャー」演習において、ロシア軍がGPS信号の妨害を図ったことをノルウェー政府の情報として報道しました。ノルウェー国防省の報道担当者

※32　「ASAT（Anti-Satellite weapon）」とは、地球軌道上の人工衛星を攻撃する衛星攻撃兵器のことで、対衛星兵器と呼ぶこともある

※33　小泉悠「ロシアの『スプーフィング』戦術」『軍事研究2020年2月号』182頁～195頁

※34　CNN「ロシア軍、NATO軍事演習でGPS妨害」『CNN HP』2018年11月15日〈https://www.cnn.co.jp/world/35128734.html〉（2020年2月26日アクセス）

によると、通信妨害は10月16日と11月7日に発生し、同国外務省を通じロシア側に説明を求めたとのことでした。[※34]

GPSは艦艇、航空機をはじめ、あらゆる軍事装備で利用されており、一度その利用が阻害された場合には、通常の軍事作戦はできないという脆弱性《ぜいじゃくせい》を抱えています。そのほかにも、ロシアが関与しているとみられるGPSの妨害事例は複数確認されています。

GPSの妨害にはふたつの手法があります。第一は、GPSの使う電波そのものを他の電波を発信することによって妨害するジャミングという手法です。第二は、偽りの電波を発信し、いわゆる電波上のなりすましを行い、位置情報を改ざんするスプーフィング[※35]という手法です。

これらの妨害行為は宇宙戦というよりは、電磁波戦、サイバー戦の手法により宇宙空間での作戦を無力化するという「領域横断的な戦い（クロス・ドメイン・オペレーション）」と言えるでしょう。とくに、ロシアはどちらの手法も得意としているとみられ、黒海沿岸海域ではここ二年間に一万件のスプーフィング事例が確認されているとの報道もあります。[※36]

なお、ロシアでは米国開発のGPSには依存しない独自の測位衛星システム「グロナス」を保有しており、GPSを妨害されても彼らは使用せず、独自システムの「グロナス」を使用することによって、自身の軍事作戦の遂行を確保しています。

4　サイバー戦：戦わずして勝つ戦い

ロシアのサイバー戦略とその狙い※37

●サイバー戦略に関する公文書体系※38

ロシアの安全保障戦略を規定する最上位の公文書は「国家安全保障戦略」です。そして、

※35　「スプーフィング」とは、ハッカーがデータを盗み、マルウェアを拡散させる、またはアクセス・コントロールを迂回するためにネットワーク上の別のデバイスまたはユーザーになりすますこと。ここでは、ＧＰＳが使用する電波を乗っ取り、データを改ざんすることを指す

※36　片岡義明「偽の電波で〝ＧＰＳなりすまし〟攻撃、誤誘導される恐れも。黒海沿岸などで頻発、ドローンの撃退が目的か？」『Internet Watch』２０１９年８月22日〈https://internet.watch.impress.co.jp/docs/column/chizu3/1202619.html〉（２０２０年２月26日アクセス）

※37　本項は、佐々木孝博「ロシアの『情報安全保障ドクトリン』を読み解く」『ロシア・ユーラシアの経済と社会』第１０１８号、ユーラシア研究所（２０１７年７月）を基にしている

※38　佐々木孝博「多面的なロシアのサイバー戦――組織・戦略・能力――」『ディフェンス第49号』隊友会、２０１１年10月17日、１４１頁

各々の戦略分野の細部を具現化する下位文書として、軍事については「軍事ドクトリン」が、外交については「対外政策構想」が、経済問題については「2030年までのエネルギー戦略、同輸送戦略」などが分野別に定められています。情報空間における安全保障、いわゆるサイバー戦略に関しては「情報安全保障ドクトリン」が制定されています。

これらのなかで、ロシアが「ハイブリッド戦」で重視している、影響工作を中心とした情報戦やサイバー戦に関連する事項を定める主要な公文書は、「国家安全保障戦略」「軍事ドクトリン」及び「情報安全保障ドクトリン」の三つの文書です。

本項においては、このうち「軍事ドクトリン」及び「情報安全保障ドクトリン」のふたつの内容を取り上げ、ロシアが情報空間において何を目指しているのかについて明らかにしていきたいと思います。

●情報空間における国家管理

「軍事ドクトリン」及び「情報安全保障ドクトリン」を通じてロシアが主張していることは、ロシアにとっての情報空間における喫緊な脅威は「国家転覆活動などのインテリジェンス活動」であるということです。そして、それに対抗するためには「情報空間における国家管理が重要である」ということです。
この件に関するロシア側の主張については、ウラジースラフ・シェルスチュク国家安全保障会議書記補佐官が、次のように述べています。[※39]
同補佐官は、東海大学・モスクワ国立大学共催のシンポジウムにおいて、「ロシアがこの問題を取り上げる際の根拠概念は、国連の『市民的及び政治的権利に関する国際規約』[※40]第一九条である。同条第二項に『すべてのものは、あらゆる種類の情報を得る自由と権利を有する。しかし、国の安全、公共の秩序等のためには、その自由と権利は一定の制限を課すことができる』とある。この条項をサイバー空間における情報交換の自由にも適用させるのが適当である」と述べ、ロシア側の公的な立場を強調していました。
すなわち、サイバー空間における情報交換の自由は一義的には認められますが、国家安全保障や治安維持のためには、その自由や権利は制限され、国家によって管理されるべき

※39　２０１２年10月に東京で開催された東海大学・モスクワ国立大学共催のシンポジウム「現代の国際情報安全保障――サイバー世界の政治学」での発言
※40　国際連合「市民的及び政治的権利に関する国際規約」『国際連合ＨＰ』１９６６年12月16日〈http://treaties.un.org/Pages/ViewDetails.aspx?src=TREATY&mtdsg_no=IV-4&chapter=4&lang=en〉（２０２０年２月26日アクセス）

だというスタンスを持っているということです。

●軍事的意義及びインテリジェンス的意義の強調

また、「軍事ドクトリン」及び「情報安全保障ドクトリン」を通じ特徴的なのは、情報空間においては、インテリジェンス活動に関連する脅威（影響工作による脅威）が増大し、それが紛争を引き起こすことも想定されるため、軍事的な脅威も高まってきていると強調していることです。

とくに、「情報安全保障ドクトリン」における脅威認識では、「軍事目的のために、外国の次世代の情報技術が確立してしまうこと」を上位に掲げている点を指摘したいと思います。このことは、言い換えると、情報空間において他国よりも技術的に劣ってしまうことをロシアは恐れており、「情報優越を確保できなければ軍事的な優越も確保できない」と認識しているということです。

さらに、「世界各地の政治的・社会的不安定化を目的とする情報戦・心理戦における特殊部隊の活動は、他国の主権や領土の一体性に対する侵害を導くもの」としている点も特徴的です。すなわち、特殊部隊が行う影響工作活動に代表される情報戦や心理戦が主たる脅威と認識しているということです。

両ドクトリンにおいて定義されたこれらの脅威認識の背景には、情報空間を軍事的に利用し情報優越を確保できれば「物理的に戦わずして勝てる」との考えがあるものと思われます。そのような認識に至った最大の事例が、本章の冒頭で述べました「アラブの春」による中東諸国の政権転覆事例であると言えるでしょう。

●情報空間における敵対行為の禁止

「情報安全保障ドクトリン」では、情報空間における国際枠組みへの関与などの施策が盛り込まれています。ここ数年、様々な国際場裏において、ロシアは、情報空間における国際的な枠組みの構築を主導しようとする動きを見せています。具体的には、2011年9月に国連総会において「情報安全保障のための国際行動規範」案を提出するなどの行動に出ています。同規範案のなかで「国家による情報空間における権利と自由の管理」及び「情報通信技術やサイバー技術を使った敵対行為の禁止」などを主張しました。

サイバー攻撃というものはいかにその防護能力を高めても攻撃側が有利であるという側面があり、100％防護することは不可能です。そうであるならば、サイバー攻撃兵器を使用した敵対行為そのものを国際行動規範によって制限できれば、一定程度、脅威は低減できると考えているということです。なお、２０１６年1月には、提案の賛同国を増やしたうえで、同規範の改正案を再び提出しています。[※41]

その後、ロシアは、サイバー空間における敵対行為の禁止を具現化する動きとして、中国との間で「国際情報安全保障を確保する分野における協力に関するロシア連邦及び中華人民共和国間の協定」という二国間協定を締結し、中露間でのサイバー空間における相互不可侵の国際合意を取り付けました。

サイバー戦を具現化するための国家体制及び組織

●国家安全保障会議を通じた統制・調整

ロシアでは、国家安全保障に関わる意志決定の大統領諮問機関として、また、省庁間にまたがる業務を統制・調整する重要な枠組みとして、「国家安全保障会議」が設けられています。この会議の任務は、外交・国防・治安のみならず、社会・経済・環境・保健をも含む国家安全保障に関わるすべての重要政策を策定することとされています。[※42]言い換えれば、安全保障会議を通じ、大統領はその常任メンバーを招集し国家に関わる重要施策を統括しているということになります。

さらに、サイバー空間における安全保障に関しては、具体的に「情報安全保障に関連する省庁・部隊の活動を調整し、政府及び地方の行政府の活動を指揮する役割」を担っている旨が、安全保障会議の設置に関わる法令で定められています。※43

●情報安全保障に関する省庁間委員会

国家安全保障会議のなかには、政府内の各省庁間の指揮統制・調整の役割を担うために、七つの「省庁間委員会」が設置されています。安全保障に関わる問題に関し、省庁間にまたがる案件が発生した際、その統制・調整には、この「省庁間委員会」を通します。七つの委員会とは「独立国家共同体（ＣＩＳ）問題に関する省庁間委員会」「軍事安全保障に関する省庁間委員会」「公安に関する省庁間委員会」「経済安全保障に関する省庁間委員

※41　佐々木孝博「ロシア及び中国が推し進めるサイバー空間における二国間協力」『ディフェンス第54号』隊友会、２０１６年10月31日
※42　ロシア国家安全保障会議「安全保障会議の地位」『ロシア国家安全保障会議ＨＰ』２０１１年５月６日〈http://www.scrf.gov.ru/about/regulations/〉（２０２０年２月26日アクセス）
※43　ロシア国家安全保障会議「安全保障会議の地位」

会」「情報安全保障に関する省庁間委員会」「環境安全保障に関する省庁間委員会」及び「戦略計画問題に関する省庁間委員会」です。

このなかで、サイバー空間における安全保障問題については、「情報安全保障に関する省庁間委員会」が中核を担う体制となっています。

ここで指摘したいのは、この委員会を統括する委員長に連邦保安庁出身の「安全保障会議副書記」が、副委員長には「連邦保安庁長官」と「通信・マスコミ省副大臣」が任じられていることです。このことから、サイバー空間に関する諸施策を担っているのは、「連邦保安庁」であり、それを技術的に支えているのが「通信・マスコミ省」であることが読み取れます。

ただし、情報戦・サイバー戦といった「サイバー空間における戦い」に関しては、このふたつの組織が担うのは適切ではないと考えられ、それは文字どおり「戦い」を所掌する国防省・ロシア軍が主管しているのではないかと推察されます。この件については、次項において述べる「情報作戦部隊（サイバー軍）」を国防省・ロシア軍に創設した経緯からも読み取ることができます。

そのほか、情報安全保障委員会の主たる任務について、ロシア大統領令によれば[※44]、「ロシア連邦への情報安全保障に対する脅威とその源泉の予測・発見・評価、その防護や撃退に関する安全保障会議への提言を行う」ということも掲げられています。「サイバー防護」だけでなく「撃退（攻撃やプロパガンダ活動なども含まれる）」にも言及していることから、サイバー空間における安全保障に関しては、攻撃を含むアグレッシブな活動も考慮している姿勢が読み取れます。

ロシア軍における情報作戦部隊の創設

●情報作戦部隊（サイバー軍）の概要

２０１７年２月22日、セルゲイ・ショイグ国防大臣は、国家院（下院）議会において、「ロシア軍隷下に『情報作戦部隊』が存在すること」を報告しました。しかし、その任務や規模、組織・編成等の詳細については明らかにはしませんでした。[※45]

※44　ロシア国家安全保障会議「ロシア連邦安全保障会議の情報安全保障に関する省庁間委員会の地位について」『ロシア国家安全保障会議ＨＰ』２０１１年５月６日〈http://www.scrf.gov.ru/about/commission/MVK_info/〉（２０２０年２月26日アクセス）

※45　ＢＢＣ「ロシア軍、大規模なサイバー戦活動を認める」『ＢＢＣ　ＨＰ』２０１７年２月23日〈http://www.bbc.com/news/world-europe-39062663〉（２０２０年２月26日アクセス）

この報告と同時期に、ロシアの情報セキュリティ・コンサルティング会社「ゼクリオン・アナリティクス」が、世界各国の軍事組織が保有する「サイバー軍」についての分析結果を発表しました。[※46] この分析報告において「サイバー軍」と呼称された組織が、ロシアではショイグ国防相が言及した「情報作戦部隊」だと考えられます。ここで、この分析報告及び独自の評価を行った『コメルサント』紙[※47]から、ロシア軍が保有する「情報作戦部隊（サイバー軍）」の概要を考察してみたいと思います。[※48]

ゼクリオン・アナリティクスの分析報告では、ロシアを除く世界各国の「サイバー軍」を独自の評価基準により評価し、その総合力を順位化しています。それを基に、『コメルサント』紙は、ロシアの評価を加えたうえで、「予算面及び兵力面に関して、ロシアは最も発達した『サイバー軍』を保有する国のランキングで5位」と評価しました。

そして、「サイバー・セキュリティへ最も多くの予算を充当している国家は米国であり、米国防省からは毎年約70億ドルの予算が割り当てられ、当該任務に従事するサイバー兵士の数は９０００人以上である」と評価しました。

また、「米国に続くのが中国及び英国であり、両国の予算は、それぞれ15億ドル及び４億５０００万ドル、サイバー兵士の数は、それぞれ2万人と２０００人である」と評価しています。

一方、この分析報告では対象外であったロシアについて、『コメルサント』紙は独自の情報源に基づいて分析しており、「ロシアのサイバー軍の構成員数は、約1000人であり、年間予算は、3億ドルが充当されている」と評価しています。

さらに、この分析報告では、予算及び兵員数のほかにも、独自の評価基準に基づいてサイバー軍の総合力を順位付けしています。その評価項目については、年間予算及びサイバー軍兵士の構成員数のほかに、①潜在的な成長力、②法令・規則類、サイバー・セキュリティ戦略（情報安全保障戦略）、③参考となる国際機関の情報、④高官の公式見解や内部情報などとのことです。ロシアについては、ランキングから除外していますが、これらの評価項目を適用し、評価を試みると、「サイバー戦略を詳細に規定していること」「それを

※46　ゼクリオン・アナリティクス「サイバー戦2017：世界における力のバランス」『ゼクリオン・アナリティクスHP』2017年1月22日〈http://www.zecurion.ru/upload/iblock/cb8/cyberarmy_research_2017_fin.pdf〉（2020年2月26日アクセス）

※47　マリア・コロミチェンコ「インターネット空間にサイバー軍を導入――分析官が軍におけるハッカー数を評価」『コメルサントHP』2017年1月10日〈http://www.kommersant.ru/doc/3187320〉（2020年2月26日アクセス）

※48　これら分析レポートを取り上げる理由は、ロシアでは、国家機関が何らかの情報発信をした際は、国家と関係の深いメディアなどがそれを補う形で情報発信することが多いためである

運用するための法令・規則類及び組織・体制も適切に整備していること」などは肯定的に評価できます。

また、米セキュリティ会社ファィア・アイ等の分析によれば、「ＡＰＴ28（FANCY BEAR）」「ＡＰＴ29（COZY BEAR）」「VOODOO BEAR」「VENOMOUS BEAR」などと呼称される高度なサイバー攻撃能力を有する組織がロシア国内に複数存在することが確認されています。[※49] これらの組織は国家とも密接な関係を持つともいわれており、ロシアの国家としての潜在的なサイバー能力は相当高いものと見積もることができます。

したがって、総合力としては、予算面及び兵力面での評価が同等であり、米国、中国及び英国に続くドイツと同レベル、あるいはそれ以上と評価するのが妥当であると考えられます。

●情報作戦部隊の任務・能力

ショイグ国防相が「情報作戦部隊」の存在を明らかにした際、その任務や規模、組織・編成等の詳細については明らかにはしませんでした。[※50] したがって、その詳細を現段階で明示することは難しいのですが、各種分析報告やロシア高官の発言等を注意深く見ていくと、その内容を推察することができます。そこでまず、前述のゼクリオン・アナリティクスによる分析報告の記述を取り上げてみたいと思います。※51

この分析報告によれば、世界各国が保有する「サイバー軍」は、異なる目的で設立されているとしながらも、根本的には当然実施すべき活動分野があり、次の三つを掲げています。

①秘密情報を得る目的の「サイバー・スパイ活動」
②情報システム、テレコミュニケーション網及び技術・輸送インフラなどへの物理的な損害をもたらす「サイバー攻撃活動」
③メディア及びＳＮＳにおける「情報戦（影響工作）活動」

※49　ファイア・アイ「ＡＰＴ28：ロシア当局から支援を受けたサイバー・スパイ活動の可能性について」『ファイア・アイＨＰ』２０１４年10月27日〈https://www.fireeye.jp/company/press-releases/2014/apt28-a-window-into-russias-cyber-espionage-operations.html〉（２０２０年2月26日アクセス）ほか
※50　「ロシア軍、大規模なサイバー戦活動を認める」『ＢＢＣ　ＨＰ』２０１７年2月23日〈http://www.bbc.com/news/world-europe-39062663〉（２０２０年2月26日アクセス）
※51　ゼクリオン・アナリティクス「サイバー戦２０１７：世界における力のバランス」

しかし、このような軍事組織の活動は、一義的には国外からのサイバー攻撃に対する防護を想定しているとしています。また、ロシアの「情報安全保障ドクトリン」においても、攻撃ではなくまずは防護を念頭においていると指摘しています。

一義的にはサイバー防護を念頭においていたとしても、サイバー空間というものは、攻撃法が分からなければ防護策を採ることはできない攻防一体の領域です。また、効果的な防護を実施するには、サイバー脅威情報（サイバー・インテリジェンス）が必要となってきます。

したがって、防護能力を高めるために、ロシア軍の「情報作戦部隊（サイバー軍）」が高い攻撃能力や情報収集能力を保有していたとしてもまったく不思議はありません。

●情報作戦部隊をロシア軍が保有する意味

ゲラシモフが示した「21世紀の典型的な戦争」についての考え方は、サイバー戦を規定する「情報安全保障ドクトリン」でも記述されており、参謀総長の個人的な見解に留まるものではありません。

すなわちロシアは、「外国の特殊部隊などがプロパガンダによって内政を不安定化させ、人為的な紛争に発展させることで、時の政権を転覆させるような活動」を重大な脅威として、また、反対に相手国に対しては、そのような活動が効果的であると認識しているということです。

紛争・戦争というものは攻防一体として捉えなくてはなりません。ロシアにとっての脅威対象が実施する、情報空間での攻勢的な活動をロシアが黙認しているとは考えがたく、当然その裏返しの攻勢的な活動を考慮していても不思議はありません。

そのような見地からすると、サイバー空間を使った「影響工作を中核とする情報戦」という「戦い」を実行する組織としては、情報安全保障全般を主導する連邦保安庁隷下ではなく、「戦い」を所掌する国防省・ロシア軍の隷下に創設するのが適当だとの判断がなされたものと考えられます。これは、「情報空間での戦いは、他の領域での軍事行動と一体となったものとして捉えている」としたドクトリンの規定からも導き出すことができます。

●情報優越の確保が主任務の情報作戦部隊

ショイグ国防相がロシア軍隷下の「情報作戦部隊」の存在を明らかにした際、同時に「(現在、ロシアと欧米諸国間では情報戦下にあるという認識を念頭において、) 同部隊は、北大西洋条約機構（NATO）を最重要目標としている。冷戦時代、ソ連と西側諸国は、世界の世論に影響を与え、競合するイデオロギーを拡散するためのプロパガンダに注力していたが、現在は、以前の反プロパガンダ組織よりもはるかに効果的で強力な『情報作戦部隊』を保持している。ロシアの『情報作戦部隊』は知的で効果的なプロパガンダ活動を展開する能力がある」ということも強調していました。[※52]

また、ロシアの複数の高官が、このショイグ国防相の発言に関し、様々なコメントをしています。ウラジーミル・シャマノフ国家院（下院）国防委員長（元空挺部隊司令官）は、「情報作戦部隊」が情報戦に関与する部隊である旨を、以下のように発言しています。

「『情報作戦部隊』の任務は国益の防護と情報作戦に従事すること。任務の一部は敵のサイバー攻撃をかわすことである。『情報作戦部隊』は、サイバー攻撃問題を解決できるだろう。現在、一連のロシアに対する挑戦は、サイバー領域に移動した。実際に現在も全体的な対立の不可欠な部分として情報戦が続いている。ロシアはそうした観点に立脚し、それに取り組む機構作りに向け努力を傾けた。『情報作戦部隊』は、第一に、情報領域で国防上の利益を守り戦うためにつくられた[※53]」

また、レオニード・イワショフ元国防省国際軍事協力総局長（のちに地上軍〔陸軍〕総

参謀長）は、「西側のプロパガンダに反撃するためには、ロシアの『情報作戦部隊』に依拠すべきだ」と主張しました。※54

これらのロシア高官の発言を注意深く読み取ると、ロシア軍に創設された「情報作戦部隊」は、西側の情報空間を使った攻撃からロシアの国益を防護することを主任務としますが、「情報作戦に従事する」「知的で効果的なプロパガンダ活動を展開する能力がある」「情報領域で国防上の利益を守り戦う」「西側のプロパガンダに反撃する」などの言葉を使っていることからも読み取れる通り、攻勢的な活動（サイバー攻撃や影響工作などの情報戦活動）を任務として念頭に入れていることは容易に推測できます。

すなわち、ロシアはサイバー空間において、サイバー攻撃や影響工作などを通じ、情報優越を確保し、脅威対象の国家と「物理的に戦わずして勝つ」ことを目的とした情報戦を

※52　ＢＢＣ「ロシア軍、大規模なサイバー戦活動を認める」
※53　スプートニク日本「ロシアに情報作戦部隊創設される」『スプートニク日本ＨＰ』２０１７年２月２２日〈https://jp.sputniknews.com/russia/201702223368970〉（２０２０年２月２６日アクセス）。スプートニクは、影響工作でも利用されるメディアと見られているが、ロシア側がぜひ公表したいという内容を報道することもあり、本件に関しては敢えて情報源として取り上げた
※54　ウラジーミル・イサチェンコフ「ロシア軍は新しい部隊（情報戦部隊）を認める」『ＡＰ通信ＨＰ』２０１７年２月２３日〈https://apnews.com/8b7532462dd0495d9f756c9ae7d2ff3c〉（２０２０年２月２６日アクセス）

実施するための実働部隊として「情報作戦部隊（サイバー軍）」という組織を創設したと解釈できるということです。

5　電磁波領域の戦い（電子戦など）：他領域での戦いを支援

電磁波領域の戦いにおけるロシアの狙い[※55]

現代戦では、どの国も高度に電子化・自動化された装備を活用し、紛争を勝ち抜こうとしています。とくに、それは指揮統制、警戒監視といった分野で顕著になってきています。宇宙空間の戦いの項でも述べましたが、ロシアは各国の脅威に対峙した場合、まずは対称戦の分野で相手方を凌駕しようと尽力します。それと同時に、相手を凌駕できないと認識した場合、相手方の能力を減じ、能力差を相殺することを目指す傾向にあります。

これを現代の高度に電子化・自動化された装備・戦い方に当てはめると、電磁波妨害をすれば、電磁波を使用した通信、指揮統制、レーダー捜索やミサイルによる対処などを無力化することができ、非対称な手段[※56]として最も有効な対処であるとの結論に至ります。ロシアはまさにこの文脈で電磁波戦を捉えています。

ロシアは2009年頃から一貫して電子戦システムの近代化に尽力してきました。近代化された電子戦システムを活用した結果、ロシアの実施する戦略、作戦、戦術レベルを格段に高め、各軍種の能力を強化してきたと評価できるでしょう。NATOの分析によれば、2025年までロシアはこの種の装備発展プログラムを継続すると見られており、西側諸国が注視していかなければならない課題として浮上してきました。

電磁波領域の戦いに関与したロシアの最新電子戦装備※57

「ウクライナ危機」の際に、多数の電子戦装備が実戦に投入されたことが確認されていま

※55　この項、ロジャー・マクダーモット（木村初夫他訳）「ロシアの2025年に向けた電子戦能力――電磁波スペクトラムにおけるNATOの挑戦」『月刊JADI　2018年11月』を参考としている

※56　「対称な手段による対処」とは、ミサイルにはミサイルで、大砲には大砲でというように同種の対等な手段によって対処することであり、「非対称な手段による対処」とは、ミサイル攻撃に対して電子妨害をかけ、それを使えないようにするなどの、対等ではない対処手段により対応することを示す

※57　この項、欧州安保協力機構特別監視ミッション「東ウクライナにおける最新のロシアの電子戦システム」『Bellingcat HP』2018年10月18日〈https://ru.bellingcat.com/ncvosti/russia/2018/09/10/new-russian-ew-donbas/〉（2020年2月19日アクセス）を基にしている

す。ロシアが採用する電子戦装備は、広範囲な周波数帯で多くのシステムを統合する「トータルパッケージ」のシステムとして開発されています。

欧州安全保障協力機構（ＯＳＣＥ：Organization for Security and Co-operation in Europe）のウクライナにおける特別監視ミッション（ＳＭＭ：Special Manitoring Mission to Ukraine）は、２０１８年8月11日に、ウクライナ紛争以降、ロシアが使用したと見られる4種類の新型電子戦システムを観測したことを発表しました。四つのシステムとは、「レペレント1」「クラスーハ２」「ヴィリーナ」及び「レール３」です。これらいくつかのシステムは、ＯＳＣＥによるロシアの監視に使われるドローンを妨害するために使用されたものと分析されています。この分析レポートを基に、ロシアが近年、実戦に投入してきた最新の電子戦システムについて考察していきたいと思います。

●レペレントー（ドローン妨害システム）

「レペレント1」システムは、２０１６年に開発が終了し、同年に実施された防衛展示会で初めて発表されました。このシステムは、30〜35㎞の距離でドローンを無力化できる能力を持っていることが明らかになっています。主にＵＡＶによる大規模攻撃をエリア的に

図表4-8　電子戦システム「クラスーハ2」及び「クラスーハ4」の概要※58

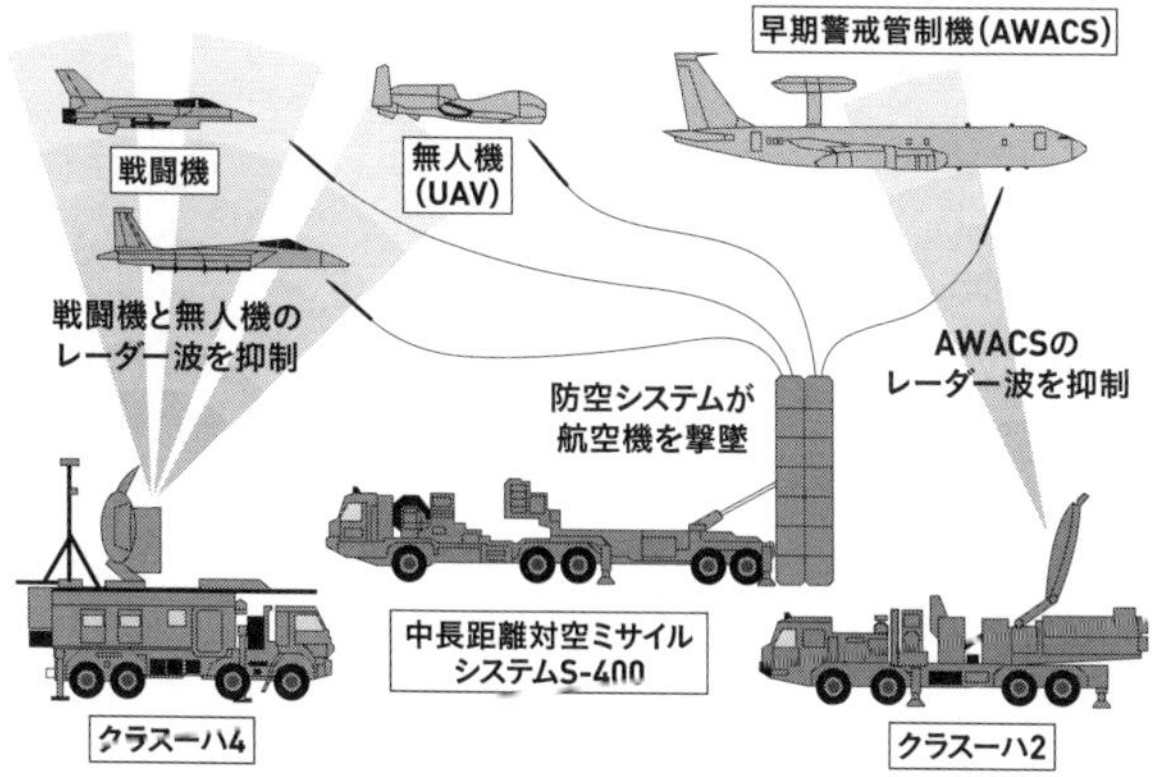

出典：図は、「ロシア国防省は防空部隊と電子戦部隊を統合する」から引用、訳文は筆者による

無力化することを目的に開発したものとみられます。開発の背景には、2018年に生起した、ベネズエラのマドゥロ大統領のドローンによる暗殺未遂事案やシリアにおけるロシア空軍基地へのドローン編隊による攻撃の成功などの事案があり、これらにいかに対処すべきかの見地から生まれたものと推測されます。

●クラスーハ2（電波妨害システム）

「クラスーハ2」システムは、「レペレント1」や後述する「ヴィリーナ」よりは旧式のシステムで、2014年以降、ロシア軍に導入されています。このシステムは、UAV、ミサイル、航空機等の様々なレーダーに対し、数百㎞のレンジで電波妨害（ジャミング）できるシステムです。シリア紛争では、さらに発展型の「クラスーハ４」システムも投入されたことが確認されています。「クラスーハ２」及び「クラスーハ４」の電子戦運用の概要図を図表４－８に示しました。

この図から、電子戦システムの「クラスーハ２」及び「クラスーハ４」で戦闘機や無人偵察機及び早期警戒管制機の捜索レーダー波及び無人機の管制波を妨害し、そのあと、探知情報を基に中長距離対空ミサイル（Ｓ－４００）で撃墜するという運用法が確認できます。

●ヴィリーナ（ＡＩ搭載電波妨害システム）

「ヴィリーナ」システムは、ＯＳＣＥによって確認された電子戦システムのなかで、最も新しいシステムです。２０１７年にロシア国内で行われた「ザーパド２０１７」演習でのみ確認されています。「ヴィリーナ」は、旅団レベルの全自動の電子戦指揮統制システムです。相手の電磁波をＡＩが分析し、瞬時にターゲットの優先順位を決定する機能が含まれているとみられています。２０２５年までにロシア軍全般で利用が可能になると考えられます。

●レール3（携帯通信妨害システム）

「レール3」システムは、高度な技術を搭載した電子戦システムとして報告されており、通信システムに対する妨害が可能であることが確認されています。ウクライナ紛争では、「オルラン10」というドローンとの複合システムとして運用されました。ウクライナではこのシステムを使って、脅迫的なSNSメッセージを前線のウクライナ兵士に送るという運用が行われました。

ロシア国防省の発表によれば、「レール3」システムは、3機のUAVが使用され、これは、前線における司令塔として使用されます。半径6km以内の「カマズ5350」トラック[※59]との接続が維持されます。UAVに取り付けられた妨害電波の発信装置と地上に投下された使い捨ての妨害電波の発信装置の組み合わせにより、相手方が使う近傍の通信タワーからの信号を抑制します。

その後、それよりも高い出力でUAVはテキスト及び音声メッセージを送信し、セルラ

※58　「ロシア国防省は防空部隊と電子戦部隊を統合する」『軍事レビューHP』2018年8月22日〈https://topwar.ru/145917-minoborony-obedinit-civizii-pvo-s-batalonami-rjeb.html〉（2020年2月26日アクセス）
※59　「『カマズ5350』トラック」とは、ロシアの国営企業「カマ自動車工場」の略号を付した6輪の軍用多目的トラックのこと。当該電子戦システムを搭載していると思われる

ー通信の制御を確立します。その通信のなかで「偽情報（Disinformation）」を送付するといった運用がなされました。「レール3」は、元々GSMネットワーク用[※60]に設計されたものであり、最近では、3G及び4Gネットワークにも使われています。

ウクライナ戦闘では、「レール3」システムを使った「オルラン10」UAVが複数機撃墜されたことにより、機能の概要が判明したといわれています。

6 AIの軍事適用：ロシアの戦いを根本的に変革

ロシアにおける「AI発展戦略」

2019年10月10日、プーチン大統領は、「2030年までの人工知能の発展に関する国家戦略（以後、「AI発展戦略」と呼称[※61]）」を承認しました。この「AI発展戦略」のなかで「ロシアにおけるAI技術開発の加速化」「AIサービスの可能性の拡大」「AI人材の育成」を強調し、「2030年までにAIを人間の知的活動と同等の機能・レベルにして行動できるようにすること」「そのための技術的なソリューションを提供すること」を目標として掲げました。また、「ロシアがＡＩ技術において世界のリーダー的存在になり、ＡＩ技術において他国に依拠しない独立性とロシアのＡＩ技術の競争力を強化していくことが重要である」とも強調しています。

この「ＡＩ発展戦略」の制定に先立ち、２０１７年９月には、プーチン大統領は「ＡＩの分野でリーダーになれる者こそが世界のリーダーになれる」と明言していました。

ＡＩ技術は経済・産業分野だけでなく、軍事分野でも応用が可能であり、今後の軍事戦略においてもＡＩを活用した兵器とシステムは重要になることから、ロシアはＡＩ技術の発展は国家安全保障と国際システムのバランスの維持にも直結していると考えています。今後、いかにロシアがＡＩ技術を発展させ、国家安全保障に寄与させようとするかという見地で、この「ＡＩ発展戦略」を定めたとも言えるでしょう。以下、この「ＡＩ発展戦略」の内容について考察していきたいと思います。

※60　「ＧＳＭ（Global System for Mobile communicat ons)」とは、第二世代移動通信システム（２G）規格のこと。現在では第三世代の３G、第四世代の４G、第五世代の５Gも実用化されている

※61　ロシア大統領府「２０３０年までの人工知能発展に関する国家戦略」『ロシア大統領府ＨＰ』２０１９年10月10日〈http://publication.pravo.gov.ru/Document/View/0001201910110003〉（２０２０年２月26日アクセス）

●国家による主導

本戦略は、大統領（大統領府）自らが指針を定め、実行に移すという形式の、非常にトップダウン色の濃い戦略となっています。他国のAI戦略のように、民間の能力を引き出し、啓蒙させ、産官学を協力させるという方式ではなく、国家が定める指針の通りに、強い指導の下、産官学を行動させるといった、強制力のある戦略であると言えるでしょう。それは、この戦略を布告する大統領令において、政府（首相府）に対し、実施状況の報告書の提出を義務付けていることや、毎会計年度の予算案を作成するにあたって、本戦略のための予算配分を行うことなどを各省庁に義務付けてある点などからも読み取ることができます。いままでなかった施策を新たに定める際には、このようなトップダウン方式は非常に有効に機能すると思われます。

●米中の発展に対する焦り

本戦略では、ロシアがAI分野において、米中に後れを取っていることを大前提としている点が行間から読み取れます。とくに、第一六項に「（前略）世界的な人工知能市場の少数の主要な参加者（米中を念頭）は、この市場における彼らの優位性を確保し、他の市場参加者による競争上の地位の獲得に対する実質的な障壁をつくることによって、永続的な競争上の優位性を得るために積極的な措置を講じている」、第一八項に「ロシア連邦の長期的な社会経済発展の見通しによれば、競争力のある人工知能技術の開発・利用が不十分な場合には、ロシアの科学技術開発の優先的な方向性の実現が遅れ、経済的・技術的に後れを取ることになる」という規定があります。

このことから、米中の優位性を客観的に認めているとともに、この戦略の通りに進まなければ、ＡＩ先進国として取り残されてしまうとの危機感を募らせている様子が伺えます。

●目標設定

本戦略において、ロシアにおけるＡＩ発展の目標を、次の通り定めています。

①国民の福祉及び生活の質の向上を確保すること。
②国家の安全及び法の支配を確保すること。
③人工知能分野における世界の指導的地位を含むロシア経済の持続可能な競争力を達成すること。

このことから、ロシアがＡＩ発展戦略を定めた主要な目的が「国家安全保障」及び「経済の発展」であり、この分野における世界の主導的役割を担いたいとの強い意志が感じられます。

●ＡＩ開発の重点方針

ロシアは、本戦略において、ＡＩ開発の重点方針を、次のように規定しています。

①計画・予測・経営の意思決定プロセスの効率化
②通常の（反復の）生産作業の自動化
③自己完結型の知的機器、ロボットシステム、知的物流管理システムの使用
④業務遂行における従業員の安全の向上（リスクと有害事象の予測、生命と健康に対する高いリスクを伴うプロセスへの直接的な人間の関与のレベルの低減を含む）
⑤顧客のロイヤリティと満足度の向上
⑥人材の選抜・育成プロセスの最適化や、様々な要因を考慮した、最適な社員の勤務計画

の策定

このことから、安全保障面における具体的な重点項目は規定されていませんが、安全保障面で重要となるＡＩの装備として、「自己完結型の知的機器」「ロボットシステム」を考えていることが読み取れます。

●ＡＩ発展のための優先的な科学技術

ＡＩを発展させるための優先的な基礎・科学技術として、次の3項目を掲げています。

①ミツバチや蟻の群れのような「生物学的意思決定システム」のアルゴリズム（ミツバチや蟻が自律的に分散・集合するメカニズムとして知られる群知能技術を念頭においた表現と思われる）

②自律的な自己学習と新しい目的に適応するアルゴリズム（大量のデータを「教師なし学習」で自律的に機械学習できるシステムを念頭においた表現と思われる）

③困難な作業を自律的に分析し、解決策を探す技術（同右）

すなわち、「大量のドローンの自律的な運用が可能な基礎技術」及び「自律的に機械学習をし、意思決定できる技術」を追求している様子が行間から読み取ることができます。

●二段階の達成期限

本戦略においては、「AIの迅速な開発を確保するための科学技術への支援」「AIを応用したソフトウェアの開発」「AIを開発するために必要なデータの可用性と品質の向上」「AIの目標を達成するために必要なハードウェアの能力向上」「AIの潜在的な利用分野に関する国民の意識の向上」及び「AIの発展に伴う統合的な制御システムの構築」といった分野に対し、第一段階での目標期限を2024年、最終段階での目標達成の期限を2030年と定め、各々具体的に達成する段階を示しています。

このことから、本戦略の実施を、お題目的な指針を示すのみならず、具体的に段階的に期限を定めて実施させることで、実施状況を検証し、確実に発展させていくとの強い姿勢を読み取ることができます。すなわち、PDCAサイクル※62を念頭に発展計画を進めていくということです。

なお、中国でも2017年に「次世代AI発展戦略」が制定されており、目標達成年度をロシアと同じ2030年に定めています。[※63] ロシアがこの中国のAI戦略を意識していることは明らかでしょう。

ロシアにおけるAIの軍事適用

●ロボティクスと自律システム[※64]

近年、ロシア軍では、陸、海、空、宇宙、サイバー空間、電磁波領域など複数のドメインにおいて行き交う多様で大量なデータを、AIによって迅速かつ正確に分析し、自律制

※62　「PDCAサイクル（Plan-Do-Check-Act cycle）」とは、生産技術における品質管理などの継続的な改善手法のこと。Plan（計画）→Do（実行）→Check（評価）→Act（改善）の４段階を繰り返すことによって、業務を継続的に改善する手法である

※63　田谷洋一「人工知能（AI）強国を目指す中国」『環太平洋ビジネス情報　２０１８Vol.18』２０１８年〈https://www.jri.co.jp/MediaLibrary/file/report/rim/pdf/10456.pdf〉（２０２０年２月26日アクセス）

※64　この項、Margarita Konaev and Samuel Bendett, Russian AI-Enabled Combat: Coming to a City Near You?, Texas National Security Review, July 31 2019〈https://warontherocks.com/2019/07/russian-ai-enabled-combat-coming-to-a-city-near-you/〉（2020.2.26）に基づいている

※65　「ニューラル・ネットワーク（Neural Network）」とは、人間の脳内にある神経細胞（ニューロン）とそのつながり、つまり神経回路網を人工ニューロンという数式的なモデルで表現したもの。近年、AI領域において、ニューラル・ネットワークは機械学習や深層学習（ディープ・ラーニング）などを学ぶ際に知っておくべき基本的な仕組みとなっている

御可能なシステム及び意思決定の支援が可能なシステムを開発したいと考えています。さらにその進化形として、人間の脳機能（ニューラル・ネットワーク[※65]を活用したもの）に近いシステムを開発したいと考えているようです。そのような能力を持つ、ロボットシステムや自律化された無人システムを目指していると見られます。

●無人ビークル[※66]

それらのなかでも、ＡＩを活用した無人ビークル（車両、航空機、艦艇など）の開発に、とくに力を入れています。その片鱗が見られるのがシリアへの軍事介入です。ロシア国防省は、シリア紛争において、現代戦に必要な人工知能の要件を想定し、試験している状況が伺えます。

その第一に取り上げたいのが、無人陸上車両です。シリアにおいて、ロシア軍は地雷除去を含む様々な任務を遂行するために無人車両を採用しています。とくに、監視及び偵察での戦闘任務、ロジスティックに関連する後方任務、及び人間にとってリスクの高い分野の任務に無人車両を活用したことが確認されています。

具体的には、ＩＳＲ[※67]任務で使用された「スカラベ」と「スフェラ」の小型無人車両、及び遠隔制御の地雷処理車両の「ウラン6」などが実運用試験に成功したと見られています。

現在、さらにロシアでは、都市での市街地戦闘を遂行できる無人車両「ストーム」と呼ばれるプロジェクトを進めています。ロシア軍では将来の戦闘において、無人の地上戦闘車両が通常の部隊に同行することを想定しています。2018年5月には、小型戦車サイズの装甲無人車両「ウラン9」をテストしたことを明らかにしました。ただし、これは1ヶ月後にはシリアで実戦投入されましたが、ミッションには失敗したことを認めています。

●迅速でインテリジェントな意思決定システム[※68]

ロシア国防省から、最近「インテリジェントな意思決定システム」が自律型地上システムとしてどのように機能できるかの研究開発を開始したことが発表されました。

実例としては、早期警戒レーダー、S－300やS－400の対空ミサイル防衛システムを統合のシステムとして構築します。そして、これらのシステムから受け取る情報の分

※66　この項、Margarita Konaev and Samuel Bendett, Russian AI-Enabled Combat: Coming to a City Near You? に基づく
※67　「ISR (Intelligence, Surveillance and Reconnaissance)」とは、情報・監視・偵察の略語で、戦闘に必要とされる三つの活動のこと
※68　この項、Margarita Konaev and Samuel Bendett, Russian AI-Enabled Combat: Coming to a City Near You? に基づく

析を支援し、より迅速な意思決定を可能としたいとの考えが示されています。

また、ロシア国防省は、ＡＩ対応の自動制御システムが、最適なデータ分析と意思決定を行えるように、攻撃兵器と防御兵器（捜索機器、航空機、ヘリコプター、ミサイル及びその他の指揮統制システムなど）を連接して単一の統合システムにしたいとの方針を示しました。すなわち、戦術場面において、目標の捜索、探知、追尾、敵味方識別、攻撃目標の選定、攻撃の決心、攻撃行動、攻撃結果の評価などの一連の流れを、自律化した統合システムとして構築したいと考えているようです。

さらに、ロシアのＤＡＲＰＡとも言える先進研究財団（Advanced Research Foundation）が、より正確な分析のために、膨大な量の衛星画像を識別するＡＩ対応システムを設計しているということも発表しています。このことからは、偵察衛星が入手する膨大な情報を広域なインテリジェンスとして確立し、早期警戒情報網として活用していきたいとの狙いを読み取ることができます。

これらの装備は、まだ構想段階と見られますが、ロシアが意思決定分野において、ＡＩをどのように適用していきたいかの指針を示しているものと捉えることができます。

●情報戦・影響工作でのAI適用システム[※69]

「ハイブリッド戦」の項目でも述べた通り、ロシアは、現代戦において、情報戦を中心に位置づけていることは間違いないでしょう。そのなかでも、とくに、情報操作をはじめとする影響工作（Influence Operation）に焦点を当てていると見られます。２０１８年の３月にはユーリー・ボリソフ副首相が、「ＡＩの力を活用することで、ロシアはより効果的に情報作戦に対抗することができ、サイバー戦争で勝利することができる」とも述べています。このことから、ロシアが現代戦の雌雄を決するための鍵になると認識している情報戦に、ＡＩを取り入れ、勝ち抜こうとしている姿勢を伺うことができます。すなわち、ＡＩ、ビッグ・データ分析、機械学習などのブレーク・スルー的な技術を活用して、よりターゲットを選別し、影響力のある情報操作を実施していく可能性が高いということです。

さて、ロシアによって、近い将来出現が見積もられる情報戦に関するＡＩの活用やＡＩ兵器について考察してみたいと思います。

欧州ハイブリッド脅威センターの分析によれば、ロシアの行う情報戦へのＡＩの適用形

※69　この項、Margarita Konaev and Samuel Bendett, Russian AI-Enabled Combat: Coming to a City Near You? に基づく

態にはふたつの種類があるといわれています。

第一は、サイバー空間での戦いそのものにおけるＡＩの活用です。ＡＩを使えば、サイバー空間における24時間監視の自動化・省力化（一部無人化）が可能です。攻撃に目を転じれば、自律的で自動化されたシステムとして、相手方の情報の窃取、システムの破壊、攻撃目標の探索、相手方の脆弱性や弱点の探索などが可能になることが見積もられます。

また、攻撃源を秘匿し相手方からのアトリビューション調査[※70]からも防護ができ、反撃を防ぐこともできます。これらは、サイバー攻撃と防護に関する大量のデータと機械学習、強力なマシン・パワーを持ったコンピュータがあれば近い将来可能になると見積もられます。さらに将来を見越せば、攻撃側・防御側が共にＡＩ技術を発展させると、サイバー空間における戦いは、人間が関与しない「ＡＩ（攻撃側）対ＡＩ（防御側）」の戦いに移行していくものと考えられます。

第二は、情報操作や世論誘導を主とした影響工作におけるＡＩの活用です。現在でも、情報操作などの作戦は、人海戦術で行うトロール作戦のほかにも、プログラムが自動で「偽情報（Disinformation）」を拡散するボット（Twitterの機能を使って作られた、機械による自動発言システム）も多数使用されています。これにＡＩを活用すれば、人間の関与がより少なく自律的に情報操作を行うことが可能です。

その結果、どのようなことが起こるのでしょうか。現代戦における情報作戦は、最前線の戦地の兵士をターゲットに行われるのはもちろん、相手国内の一般民衆、兵士の家族などに行われることも想定されています。最新のディープ・フェイク技術を利用すれば、真偽の判別が困難な動画を作成することも可能となるでしょう。

例えば、残虐行為を行っている米軍を描いたディープ・フェイク動画[※71]が拡散されると、当該地域において不安を引き起こさせ、国際的な非難が沸き起こり、米本国では政府に対する非難も生起し、政権自体も不安定な混乱状況になることも可能となります。

このような、大別してふたつの分野でのＡＩの活用は、情報戦・影響工作・サイバー戦などの非軍事手段の戦いを重視し、非対称な戦いを掲げているロシアが、積極的に導入を企図している分野と思われます。

※70　「アトリビューション調査」とは、サイバー攻撃に関わる因果関係を明らかにすること。サイバー攻撃の攻撃者を特定すること。国家が関与するサイバー攻撃であれば、責任ある政府・組織までさかのぼることをいう

※71　「ディープ・フェイク動画」とは、高度な画像生成技術を駆使して合成され、偽物（フェイク）とは容易に見抜けないほどつくりこまれた偽りの動画の通称である。この技術を用いると、政治家の発言や行動をでっちあげた偽りのニュースを作成するといったことが可能となる

ロシアは、敵対者の国家機関を弱体化させることに焦点をあてて、情報操作により一般国民の心理的側面を衝く行動に出ています。これは、米大統領選への関与の事例などからも明らかです。そして、ＡＩの技術的進歩は、ロシアの「偽情報（Disinformation）」を利用した影響工作を各段に強化させる可能性を秘めています。選挙干渉などの影響力の行使には、機械学習が利用され、人種、民族、イデオロギー、人口統計や地理的条件など、利用し得るあらゆるデータを収集し、分析され、マイクロ・ターゲティングに利用することが可能です。それも、人が関与することなく自律的に実施できるようになると見積もられます。

また、情報を拡散するには、ＡＩが創造した偽りの合成アカウントやサイバー攻撃によって盗み出したアカウントなどが利用され、加速度的に偽りの情報が拡散することも想定されます。

すでに言語領域のＡＩは革新的に発達しており、人が作成するテキストとＡＩが作成するテキストを識別することは困難になりつつあります。ロシアには、伝統的に情報戦を繰り広げてきた歴史があります。現在ロシアは、その手段として、従来のやり方に加え、サイバー空間を利用し、ＡＩ技術を活用し、人間の「認知領域」をも支配し、革新的に情報戦を勝ち抜こうとしているとも言えます。

ＡＩの軍事適用の狙い

ロシアは単独では、米国・中国をはじめ、脅威と認識している国家に対し、安全保障上の優越を保つことができないと認識しており、それをいかにカバーするかの見地でＡＩを安全保障（とくに軍事安全保障）に活用していこうとしています。

そのような見地から、でき得る限りＡＩを活用して、自動化、自律化、無人化、ロボット化を推し進め、従来からのキネティックな（動的な）戦いを遂行するとともに、個々の人間の能力に大きく左右される意思決定分野においてもＡＩを活用しようとしていると見られます。また、情報戦、サイバー戦、影響工作といった活動にもＡＩを活用し、ノンキネティックな（非動的な）戦いにも勝ち抜こうとしています。

すなわち、ＡＩを駆使し、相手国に対して一義的には「戦わずに勝つ」ことを目指し、「いざ戦う状態に至ったならば、圧倒的に有利な情勢を作為し、実戦闘を勝ち抜く」といった狙いがあるということです。

7　最新兵器

これまで述べてきたように、ロシアは新たな世代において戦うために「ハイブリッド戦略」を打ち出し、非軍事・軍事のあらゆる手段でもって、国家目標を達成しようとしています。非軍事対軍事の割合も4：1で圧倒的に情報戦などの非軍事の割合が高いとも明言していますが、やはり最後の拠り所は核兵器を中心としたハードウェア兵器であるとも考えています。

2018年3月1日、プーチン大統領は年次教書演説において、革新的な最新兵器についての発表を行いました[※72]。安全保障に関する後半の部分で、米国に対する対抗心をむき出しにし、米国の推し進めるミサイル防衛計画に対する厳しい批判を行いました。そのなかで長時間を割いたのが、ビデオ映像を駆使して実施された開発中の六つの新型兵器に関する発表でした[※73]。

以降、個々の兵器についての実現性を考察していきますが、本書においては「技術的な見地からの実現性」に主眼をおくのではなく、「開発段階のレベルの考察」「対外発表の内容（誰が発表したか、映像の内容は実物なのか、試験の状況は信ぴょう性が高いのか等）

の精査」及び「発表後の米国をはじめとする主要国の反応状況の精査」などから総合的に考察していきたいと思います。

極超音速滑空弾頭「アヴァンガルド」

その第一は、極超音速滑空弾頭の「アヴァンガルド」です。この新兵器は、２０１７年12月26日に試験発射され、成功裏に終わったと大統領自らが明言した兵器です。「アヴァンガルド」は、大気圏の縁辺部をマッハ20（マッハ27の報道もある）で飛行するグライダーのような滑空弾頭といわれています。[※74]

マッハ５以上を極超音速と呼称しますが、それをはるかに上回る速度に加速された極超音速滑空弾頭は、空気のない大気圏外から、大気圏に水平に近い角度で入ったあと、揚力を得て、再び大気圏外に出ます。それを繰り返して、標的の近くまで来たところで、標的

※72　ロシア大統領府「年次教書」『ロシア大統領府ＨＰ』２０１８年３月１日〈http://en.kremlin.ru/events/president/news/56957〉（２０２０年２月26日アクセス）
※73　小泉悠「年次教書演説で米国に対抗する新型兵器の開発が公表」『笹川平和財団ＨＰ』２０１８年４月13日〈https://www.spf.org/iina/articles/koizumi-russia-weapons.html〉（２０２０年２月26日アクセス）
※74　ＡＦＰ通信「ロシアの極超音速新兵器『アヴァンガルド』、速度はマッハ27 従来発表上回る」『ＡＦＰ通信ＨＰ』２０１８年12月28日〈http://www.afpbb.com/articles/-/3204403?pid=20828692〉（２０２０年２月26日アクセス）

の上から襲いかかるというものです。

また、空中を滑空するグライダーは動力がなくても、飛行中に向きが変えられます。プーチン大統領が教書演説で「アヴァンガルド」計画を披露した際には、この弾頭が、自在にコースを変え、「米国のミサイル防衛網を突破できる」とCGを使って強調していました。※75

同種の兵器はロシアのほかにも米国及び中国でも開発を行っていることが伝えられており、ロシアが先んじた形です。

ロシアは、自国の安全保障を極度に核戦力に依存している戦略をとっており、※76 それに対する最大の脅威が米国のミサイル防衛システムだと認識しています。現在の米ミサイル防衛システムは、弾道軌道で飛しょうするミサイルに対応することが前提になっています。「アヴァンガルド」のように、飛しょう中に方向転換が可能で弾道計算ができない滑空弾頭であれば、弾道や弾着点を予測することは困難であり、同システムを容易に突破できるとロシアは見積もっています。※77

２０１８年12月の最終発射試験の成功を受けて、少なくとも２０２０年中には大陸間弾道弾（ＩＣＢＭ）等への実戦配備が見積もられています。

ロシアによるミサイルの試験発射の状況というものは、米国をはじめとする主要国が、衛星等により監視し、モニターしているのが通例です。すなわち、発射試験に関して、ロシア側が誇大な発表をすればその真偽は即座に判明してしまうということです。そのうえで、米国が本発射試験に関し敏感に反応し、「『アヴァンガルド』を脅威対象と位置付ける」とマティス国防長官（当時）が発言していることから、この兵器の実現性は高いものと推察できます。

大型ICBM「サルマート」

「サルマート」は、2000年代から開発フェーズに入ったといわれている発射重量が200トンを超える大型ICBMです。大型ということで、サイロ配備型のRS－20V（NATOコードSS－18）の後継ミサイルとして位置づけられています。多弾頭の搭載も可能であり、さらに、前述した極超音速滑空弾頭の「アヴァンガルド」も搭載可能なミサイ

※75　能勢伸之「2019世界の戦略はどう変わる：極超音速兵器『アヴァンガルド』と超音速対艦ミサイル『ブラモス』」『FNN PRIME HP』2018年12月30日〈https://www.fnn.jp/posts/00406810HDK〉（2020年2月26日アクセス）

※76　ロシア国家安全保障会議「ロシア連邦国家安全保障戦略」『ロシア国家安全保障会議HP』2015年12月31日〈http://www.scrf.gov.ru/security/docs/document133/〉（2018年1月10日アクセス）

※77　AFP通信「ロシアの極超音速新兵器『アヴァンガルド』、速度はマッハ27 従来発表上回る」

ルとして開発されたのではないかと見積もられています。
プーチン大統領の教書演説によれば、「『サルマート』は無限の射程を持つミサイルで、単一発射地点から地球上のどの地点へも弾着可能な射程を持つミサイルとして開発され、米ミサイル防衛網を突破することが可能だ」と説明がなされています。[※78]最短経路の北極経由のほか、米ミサイル防衛網が手薄な南極経由での攻撃も可能だということです。[※79]
しかしながら、射距離の延伸を図ることが、米ミサイル防衛網の突破に最有力な対抗手段であるのかは疑問があります。仮にロシア側発表どおりの射距離であったとしても、弾道計算や弾着点の予測は可能であり、飛しょう時間も長くなることから、対抗措置をとることは十分に可能であるということです。「サルマート」開発の意図をさらに注視していく必要があるでしょう。

極超音速空対地ミサイル「キンジャール」

2018年3月10日、ロシア国防省は、航空機搭載型の極超音速核ミサイル「キンジャール」の発射実験に成功したと発表し、映像を公開しました。CNNなどによると、「キンジャール」は、速力マッハ10、航続距離2000kmとされます。国防省は同声明のなかで、「『キンジャール』を搭載した『ミグ31戦闘機』が発射訓練を実施し、ミサイルの運用性能などを確認した」ことを明らかにしました。[※80]

米テレビ局ＣＮＢＣは、関係筋の話として「ロシアで極超音速ミサイル『キンジャール』のテストが成功した。試験はすでに12回行われ、最後の試験ではミサイルは８００km強の距離で標的を撃破した」ことを伝えました。

ロシア側の報道によれば、すでに部隊に運用試験のため配備され、「２０１８年４月から同ミサイルを搭載したロシア連邦軍の機体がカスピ海上空で哨戒《しょうかい》任務にあたっている」とのことです。

しかしながら、「キンジャール」の開発意図には疑問があります。「キンジャール」は、陸上配備型の弾道ミサイルとは異なり、戦闘機（ミグ31）などに搭載されて発射する極超音速の空対地ミサイルです。ミサイルそのものの射程に加えて、発

※78　ロイター通信「ロシア『サタン2』試射で再発するミサイル開発競争」『ロイター通信HP』２０１８年４月８日〈https://jp.reuters.com/article/column-missiles-idJPKCN1HD11B〉（２０２０年２月26日アクセス）

※79　ＣＮＮ「ロシア、新型ＩＣＢＭ発射実験の映像公開」『ＣＮＮ　ＨＰ』２０１８年３月31日〈https://www.cnn.co.jp/world/35116992.html〉（２０２０年２月26日アクセス）

※80　産経新聞「極超音速核ミサイル『キンジャール』ロシアが発射実験成功の映像公開」『産経新聞ＨＰ』２０１８年３月13日〈https://www.sankei.com/world/news/180313/wor1803130024-n1.html〉（２０２０年２月26日アクセス）

射母体（戦闘機）が移動することにより射程を延伸することができるというものです。すなわち、ＩＮＦ条約で禁止されている中距離弾道ミサイルを補うことができるカテゴリーのミサイルであると言えます。

ところが、前述の通り、２０１９年に米露はＩＮＦ条約の破棄に同意してしまい、敢えてＩＮＦ条約に抵触しない「キンジャール」を開発する意義はあるのかという疑問が残るということです。今後、「キンジャール」をどのように運用していくのか注視していく必要があるでしょう。

レーザー兵器「ペレスヴェート」

２０１８年12月7日、ロシア国防省は、新たなレーザー兵器「ペレスヴェート」を実戦配備したとの映像を公表しました。秘密裏に開発されたため、その性能には不明点が多いものの、発射後、わずか０・５秒で標的を破壊することができるとの発表でした。

ロシア軍の機関紙『クラスナヤ・ズヴェズダ（赤星）』によると、「ペレスヴェート」は２０１８年12月に初めて実験的に投入されたとのことです。プーチン大統領は教書演説のなかでも、「この兵器がレーザー兵器分野の他のライバルよりも一歩前進している」と大きな自信を見せたものでした。２０１９年5月にユーリー・ボリソフ副首相は、この新型兵器について、「1秒以内に、潜在的な敵を武装解除し、標的施設を破壊できる」と評していました。

しかしながら、実戦配備された兵器本体の映像は確認できたものの、実際に運用された状況（レーザーを発射し目標を撃破するなどの状況）を示す映像ではなく、公表された能力を保有しているかどうかは不明です。

原子力魚雷「ポセイドン」

２０１８年7月19日、ロシア国防省は、原子力魚雷「ポセイドン」と原子力巡航ミサイル「ブレヴェスニク」の兵器本体の新たな映像を公開しました[※81]。

同映像により「ポセイドン」は、原子力による超大型の魚雷の形状をしていることが確認されました。ロシア国防省は「海洋多目的システム」と言及していますが、形状そのものは魚雷であることが映像より明らかです。

※81　世良光弘「露で開発中の新兵器『ポセイドン』核弾頭搭載で市街地に被害も」『LIVEDOOR HP』２０１８年8月7日〈http://news.livedoor.com/article/detail/15122526/〉（２０１９年1月11日アクセス）

プーチン大統領の教書演説によれば、「原子力で海中を巡航し、敵艦艇部隊や港湾に核弾頭で攻撃できる」とのことですが、発表された映像では魚雷の形状は確認できるものの、実用化に向けた実験等の映像は含まれておらず、本当に開発が可能なのか否かについては未だ疑問が残ります。

原子力巡航ミサイル「ブレヴェスニク」

また、原子力巡航ミサイル「ブレヴェスニク」については、公表された映像においても形状が覆いに隠されており、その詳細すらも確認できない状況でした。この兵器も原理的には可能であるとは考えられますが、原子力を動力とする巡航ミサイルというコンセプトそのものは、実現性を考慮すると、開発にはまだ相当の時間を要するのではないかと推察されます。

ロシア国防省によれば、「『ブレヴェスニク』は、既存ないし、今後登場するであろうミサイル防衛システムへの脆弱性を持たないミサイルである」と指摘しており、現在、飛行実験の準備段階が始まったとしています。

本項で掲げた最初の四つの兵器が発射実験段階や実験的な部隊配備の段階にあるのと比較すると、最後に掲げたふたつの兵器は、試験も実施できていない段階であり、近い将来に実現可能なカテゴリーだとは評価し難いと考えられます。

兵器本体の形状は公表されましたが、単なるモックアップ[※82]の可能性もあり、未だ構想段階なのか、初期の開発段階なのかも判断し難い状況と思われます。試験発射段階にあるものについては前述の通り、西側の監視下で行われているとの認識をロシア側は持っており、その真偽が明らかになってしまうために、誇大な発表をする可能性は低いのですが、実機を（モックアップの可能性が高いが）公開する程度の段階であれば、実現に向けてはまだ相当の時間を要するものと見積もるのが妥当と考えられます。

そのような情勢の下、敢えて大統領の年次教書演説で発表したということを考慮すると、米国に対する政治的な圧力として公表された可能性が高いと見積もられます。冷戦時、米国のレーガン大統領が構想として発表し、旧ソ連に圧力をかけた戦略防衛構想（ＳＤＩ）

※82　「モックアップ」とは、製品の設計・デザイン段階で試作される、外見を実物そっくりに似せてつくられた実物大の模型のこと

※83　小泉悠「年次教書演説で米国に対抗する新型兵器の開発が公表」

のような政治的効果を狙ったものの可能性が高いのではないかと考えられます。[※83]

いずれにしても、ロシア側の行う最新兵器に関する発表は、その行間に国家としての狙いということが含まれているので、発表を鵜呑《うの》みにするのではなく、正しく事実を捉え、「正しく恐れる」必要があるでしょう。

第五章　現代戦の総括と日本の現代戦

1　現代戦の総括

第一章から第四章まで現代戦について世界三大軍事国家である米国、中国、ロシアに焦点を当てながら記述してきました。

日本は現代戦のすべての分野で米中に比べ出遅れている

米中露は力を信奉する国々です。この三国と比較すると、日本の現代戦への取り組みは遅れています。とくに米中に対しては、すべての分野（情報戦、宇宙戦、サイバー戦、電磁波戦、ＡＩの軍事利用）において、出遅れていると言わざるを得ません。例えば、宇宙戦に関して、米国とロシアは米ソ冷戦の時代から50年の競争の歴史がありますし、中国は近年急速に宇宙戦遂行能力を向上させ、一部の分野では米国を凌駕《りょうが》するまでになりました。日本の宇宙戦への取り組みについては、２０２０年度にやっと20人規模の「宇宙作戦隊」が5月18日に新編されました。日本の宇宙戦能力と米中露の宇宙戦能力との差は大きなものがあります。

ここで強調したいことは、現代戦における日本の出遅れの原因は様々ありますが、最大の原因は憲法第九条にあると思います。第九条には戦争放棄、戦力不保持、交戦権の否認が規定されています。この第九条に起因する極めて抑制的な防衛政策（専守防衛、必要最小限の防衛力、軍事大国にはならない、非核三原則など）が現代戦においても悪影響を及ぼしています。とくに新たなドメイン（領域）における戦いである宇宙戦、サイバー戦、電磁波戦においては、専守防衛を口実に「攻撃的な戦い」がタブー視されている現実があります。例えば、宇宙戦における敵の衛星を攻撃する攻撃的宇宙戦、サイバー攻撃、電磁波攻撃は抑制を強いられています。

これらのドメインにおける戦いでは「先手必勝」の原則が成立します。なぜなら、攻撃する者は、いつどこを攻撃するかについて主導権を持っています。そして、衛星が破壊される例が典型ですが、攻撃による損害の回復が難しい。そのため、「先手必勝」なのです。一方、防御のみの戦いでは勝てませんし、防御的な手段には膨大な費用とマンパワーが必要です。なぜなら、受動的な立場にある防御者は、すべての攻撃に備えなければいけないからです。

現代戦における日本の出遅れをリカバーし、中国の「超限戦」に対抗するためには、まず第九条を改正するか、すくなくとも専守防衛などの過度に抑制的な政策を見直すべきです。

●「超限戦」の中国と「専守防衛」の日本は真逆の国家

日本と中国は、超限戦の観点で180度違う国家です。中国の超限戦では、任務達成のための手段には制約はありません、人命や基本的人権への配慮、国際法などの法の順守、嘘をつかない、相手を騙《だま》さないなどの制約はありません。

一方、日本は民主主義国家、法治国家として、普遍的価値（自由、民主主義、基本的人権、法の支配、市場経済など）を大切にします。さらに、先の大戦の敗戦を契機として成立した日本国憲法の極端な平和主義、軍事に対する嫌悪感は、日本の政治・経済・外交・安全保障・アカデミア・マスメディア・法曹界などあらゆる分野にネガティブな影響を与え、我が国の安全保障論議を極めて歪《いびつ》なものにしています。つまり、グローバル・スタンダードの安全保障論議ができない状況です。例えば、自衛隊違憲論、専守防衛、宇宙の平和利用、相手に脅威を与えない防衛力、防衛費GDP1%以内など、日本の防衛を阻害するタブーがたくさん存在します。超限戦は、この弱点を衝いてくるのです。

中国はあらゆる制約を超越し自由に作戦できるのに対して、我が国は異常なほど多くの制約やタブーで身動きが取れない状況で作戦を行わなければいけません。これでは最初から勝負になりません。

●日本には国際標準の発想が必要

現代戦における米中露の取り組みには共通点があります。米中露は、「国際政治における本質が力の均衡（バランス・オブ・パワー）にある」ことを理解しています。力（パワー）を構成する要素は、人口、経済力、軍事力、科学技術力、教育力など多々ありますが、彼らが信奉する究極のパワーは軍事力とくに核戦力です。そのためいまでも核戦力の性能向上を重視しているのです。この点で日本が非核三原則を採用し、「核を持たず、作らず、持ち込ませず」を国是としている状況とは180度違います。

筆者は、米国とドイツで勤務した経験がありますが、両国ともに軍事に対する拒絶反応はほとんどありませんし、軍隊や軍人に対する理解や敬意が存在することを実感しました。そして、安全保障や軍事を抜きにして国際政治、外交、経済、科学技術などを語ることができないことは米中露やドイツなどでは常識です。じつは、『超限戦』に書かれている内容の大部分は（ただ一点[※1]を除いて）突飛なことではなく、先進主要国では常識的な考え方、世界標準の発想です。

※1　国家にもマフィアやテロリストたちと同様に、「目的達成のためには手段を選ばず、すべての限界を超越する」ことを要求している点

ところが日本では、軍事に対する極端なアレルギー反応を示す人たちがあらゆる分野にいます。例えば、宇宙の軍事利用やＡＩの軍事利用に対する反対論者が政界・財界・中央省庁・アカデミア・マスメディアなどに相当数います。読者は驚くかもしれませんが、宇宙開発、ＡＩ開発、サイバー・セキュリティの分野でも防衛省・自衛隊を排除しようとする動きがあるのです。

国際政治において、大国関係は基本的にゼロサムゲームです。一方が勝てば、他方が負けるという厳しい現実があります。日本人独特のガラパゴス的な発想を捨て、軍事や安全保障の要素を常に取り入れた国際標準の発想をしないと、憲法前文で記述されている「国際社会における名誉ある地位」は確保できません。

ケース・スタディとしての武漢ウイルス騒動と超限戦

今回の武漢ウイルス騒動は世界の様々な分野に大きな影響を与えていますが、中国の超限戦的思考を知ることのできる貴重な機会になりました。以下、武漢ウイルスの世界的感染拡大と超限戦について明らかになったことを書きます。

●中国当局の宣伝戦

武漢ウイルスのパンデミックは、中国の宣伝戦を分析する非常に良い機会になっています。中国当局は、武漢ウイルスの感染拡大に伴い米国を中心として沸き起こる中国批判に対して、「ウイルスを抑え込んだ中国が世界の救世主になる」「中国には落ち度はない、中国は感染を早期に封じ込め、各国が対応する時間を稼いだ。世界は中国に感謝すべきだ」という傲慢な〝感恩外交〟を展開し、決して謝罪しようとしていません。

中国の感恩外交に対して、「中国は放火犯でありながら消防士の役割を果たそうとしている。つまりマッチポンプだ[※2]」という手厳しい米国などの批判があります。

世界各国が武漢ウイルスへの対処で忙殺されている状況において、中国は、日本の尖閣諸島周辺、台湾、南シナ海での軍事的挑発を活発化させています。例えば、1～3月の中国公船による尖閣諸島の接続水域内への侵入は289隻で、前年同期比で57％も増加し、中国機に対するスクランブルも152回という多さです。このような軍事行動の背景には、中国の「力の空白（弱点）を狙う」という考えがあります。

※2　自らマッチで火をつけておいて、それを自らポンプで水をかけて消すという意味で偽善的な自作自演の行為や手法のこと

河野太郎防衛大臣は中国の行動に対し「軍事的な拡大を図るのは許されない」と厳しく批判しました。米国のマイク・ポンペイオ国務長官も「中国共産党は、世界の注目が武漢ウイルスに向けられていることを利用し、台湾に軍事的圧力をかけ、南シナ海で近隣諸国を威圧し、ベトナム漁船を沈没させることまで行っている」と批判しています。

フランスのエマニュエル・マクロン大統領は「中国がウイルスにうまく対処していると馬鹿正直に信じてはいけない」「中国からマスク等の医療物資の提供と引き換えにファーウェイの5Gの採用を求められた」と中国に対する警戒を呼びかけています。

米ウィスコンシン州のロジャー・ロス上院議長のもとに、シカゴの中国総領事から一通の電子メールが届きました。「中国共産党が新型コロナウイルス感染拡大に対し、いかに素晴らしい対応をしたかを称賛する決議案を議会に提案してほしい」というメールでした。ロス議長は激怒し、「親愛なる総領事殿、ふざけるな!」と答えたそうです。中国政府は新型コロナ危機に乗じて国際的な立場を高めようとして、逆にオウン・ゴールを繰り返しています。

米国は、武漢ウイルスの感染対処で大苦戦し、世界のリーダーとしての存在感が低下しています。それに対し、中国はいわゆる「マスク外交」「公衆衛生外交」「健康の一帯一路」を展開し、米国に代わり責任ある大国としての役割を演じようとしています。このあまりに露骨な宣伝は評判が悪く、各国で顰蹙《ひんしゅく》を買っていますが、中国の宣伝戦は、外交上の儀礼や国際的な常識を超越したものになっています。これは、習近平政権の弱点でありながら、強さでもあるのです。

●中国の権威主義モデルは台湾の民主主義モデルに敗北した

武漢ウイルスの世界的な感染における中国共産党の対応は、その独善的な思考、暴力的で非人道的な強制など超限戦的思考を見事に体現しています。

中国当局は、武漢ウイルスの発生初期において、その隠蔽《いんぺい》体質のために情報の公開を禁止しました。その結果として感染阻止に失敗し、世界中にパンデミックを引き起こしたのです。武漢ウイルスの発生当初において、勇気ある医師が新型ウイルスの危険性をＳＮＳなどで発信しましたが、当局はその投稿を削除し、発信者を拘束して新型ウイルス発生の深刻さを隠蔽しました。

そして、「人から人への感染はない」と誤った宣伝をし、ＷＨＯに影響力を発揮し、ＷＨＯの世界に向けたパンデミックの宣言を遅らせました。これらの事実は、共産党政権の本質的な問題点を明らかにしています。

一方、民主主義国家である台湾の武漢ウイルス感染阻止の見事な成功は、中国モデルに対する民主主義モデルの優越を示しました。蔡英文総統の適切なリーダーシップの下、国民に対する徹底した情報公開や先行的で科学的根拠に基づく感染対策は秀逸でした。また、AIやITを活用した感染症対策のシステムの構築により、感染者やその濃厚接触者に関する情報の把握、マスクなどの必須物資の円滑な流通などに大きな成果を上げています。情報公開が情報隠蔽に勝利した事実には、中国の超限戦に勝利するヒントがあります。

2 日本の現代戦

中国の「超限戦」や現代戦を考えると筆者には大きな危機感があります。我が国を取り巻く安全保障環境の厳しさにもかかわらず、日本の危機管理体制があまりにも脆弱《ぜいじゃく》だからです。我が国の周辺には世界第二位と第三位の軍事力を誇る権威主義国家である中国とロシア、そして核ミサイルの開発を進める北朝鮮が存在します。世界でもまれにみる非常に厳しい安全保障環境にあることを自覚すべきです。

厄介なことにこれらの国々は日本の弱点を衝いてきます。例えば情報戦です。とくに中国は日本のあらゆる分野に工作をし、浸透しています。日本は中国の浸透工作に対処する術を持っていません。国際標準の憲法を持っていませんし、スパイ防止法を持っていませんし、対外諜報機関も持っていません。それをいいことに中国は、浸透した政界、財界、マスメディア、法曹界、アカデミアなどを通じて、日本が情報戦において態勢を整えることを徹底的に妨害しています。

この事情は情報戦に限りません。宇宙戦、サイバー戦、電磁波戦、ＡＩの軍事利用も同じような状況です。この日本の状況はまさに、中国の超限戦的な工作が成功している証です。この事態に我々は危機感を持たなければいけません。

情報戦：武力紛争未満の事態に対処せよ

『超限戦』は、世界の軍事専門家にとっては衝撃の書でしたが、この本が出版されたことは日本にとって非常に良かったと思います。なぜならば、中国人民解放軍（ＰＬＡ）の「戦わずして勝つ」考えを明確に理解できたからです。ロシア軍は、『超限戦』からヒントを得てクリミア半島を奪取し、ウクライナ東部地域での作戦を実施しました。

●米軍が採用した「競争」と「紛争」という区分

米軍も『超限戦』が予言したイスラム過激派等との戦い（対テロ戦）を経験し、『超限戦』の内容（非正規戦、テロ戦、情報戦など）をより深く理解したと思います。その結果、米軍においては新たな望ましい動きがあります。

第三章で記述しましたが、事態区分において、従来の「平和」と「戦争」という、二元論的で実態に合わなくなった区分をやめて、「競争」と「紛争」という事態区分を採用したのです。つまり、武力紛争には至らない「紛争未満」の「競争」を重視し、中国やロシアに対抗しようとしています。

この決定は、超限戦に対抗するためには非常に良い動きです。米軍が「平和」と考えている時代は、単純な平和ではなく、常に「競争」の時代であるということを認識したことは正解です。なぜならば、中露は、武力紛争未満のこの時期を徹底的に利用して、「戦わずして勝つ」という理念のもとに、自ら設定した国家目標を実現しようとしているからです。民主主義国家は、「競争」において中露の戦略に効果的に対処できていません。とくに日本は欧米諸国以上に脆弱で無防備と言っていいでしょう。

我が国の現代戦においても、武力紛争未満の「競争」の事態にいかに対処するかを真剣に考えるべきです。情報戦とくに影響工作、サイバー戦（とくにサイバー・スパイ活動やサイバー攻撃）、宇宙戦（人工衛星に対する通信妨害やレーザー攻撃など）にいかに対処するかに、もっと資源を投入すべき時代になったと思います。

●中国、朝鮮半島、ロシアなどの情報戦にいかに対処するか

中国、ロシア、朝鮮半島系の、日本の政治、経済、メディア、アカデミアへの浸透工作に対して適切に対処することは極めて重要です。最近の具体例ですが、武漢ウイルスに対する中国全土からの人の流入を禁止する断固とした迅速な措置を日本は取れませんでした。日本の政界、財界、メディアなどに親中派が多く、彼らの影響力が安倍晋三首相の政治決断に影響を及ぼしたのではないかと私は思っています。

日本の様々な分野における外国勢力による浸透は深刻です。その浸透を排除するためには、スパイ防止法の成立は待ったなしです。そして、対外諜報機関の設立も検討すべきでしょう。

また、影響工作については第四章で詳しく説明しましたが、日本に対する影響工作にいかに対処するかは喫緊の課題です。影響工作では、いわゆる「フェイク・ニュース」を使

った情報操作や世論操作による国家分断や弱体化を狙ってきます。とくにサイバー空間を使った影響工作は今後ますます増加することが予想されます。我が国の国家ぐるみの対応とSNSを運営する企業（Facebook、Twitter、Yahoo、Lineなど）との連携が不可欠です。その際に、AIを徹底的に活用すべきです。AIを使って情報の検出・排除を徹底して行う体制を構築すべきです。

宇宙戦：全領域における戦いは宇宙に依存している

日本の宇宙開発の能力は世界的に見ても高く評価されています。日本が初めての人工衛星「おおすみ」（100％国産技術の固体燃料ロケット）を打ち上げたのは1970年2月のことであり、これは中国よりも早く「アジアで最初、世界で4番目」の快挙でした。さらに1998年には火星探査機「のぞみ」を打ち上げ、火星探査機を打ち上げた世界で3番目の国になりました。また、探査機「はやぶさ2」を地球から約3億㎞も離れた小惑星「リュウグウ」に着陸させて世界を驚かせるなど、宇宙開発において大きな成果を挙げています。

また、H-ⅡA及びH-ⅡBロケットについては、44回連続で打ち上げに成功（202

0年5月21日現在）しているほど信頼性が高いロケットであり、その打ち上げ成功率は97・5％です。さらに日本は、国際宇宙ステーション運用の参加国であり、このプロジェクトを通じて技術力を獲得し、優秀な人材を育成してきました。

以上のような実績を積み重ねてきた日本ですが、宇宙戦の分野では宇宙大国である米中露に引き離されていて、やっとスタート・ラインについた状況です。理由は、憲法第九条の影響に起因する「宇宙の平和利用」というイデオロギーです。

宇宙の重要性は今後ますます増大し、軍民の宇宙利用は大きなテーマになってきます。現代戦において宇宙戦は、避けては通ることのできない極めて重要な分野です。スタート・ラインにやっと立った日本の宇宙戦の課題を中心に記述します。

●40年間続いた「宇宙の利用＝非軍事利用」[※3]というガラパゴス思考

宇宙開発事業団（ＮＡＳＤＡ）を設置する際、日本の宇宙利用を非軍事に留めたいという思惑がありました。そのため、「非軍事利用が平和目的の利用である」ことを確認する

※3　青木節子、日本の宇宙政策、nippon.com

手段として、1969年に「(日本の宇宙開発は)平和利用に限る」との国会決議が採択されたのです。しかし、国際的には、「平和目的の宇宙利用とは、防衛目的の軍事利用を含む」という了解があります。ここにも日本独特の安全保障におけるガラパゴス思考が表れています。

日本が約40年続けてきた、この「宇宙の非軍事利用＝平和利用」という宇宙政策が、国際標準の「防衛的な宇宙利用は宇宙の平和利用である」に転換するきっかけになったのは、北朝鮮が1998年に行った弾道ミサイル・テポドンの発射でした。

日本の安全保障が直接的に脅かされている事実を目の当たりにし、政府は1998年に情報収集衛星の保有を決めます。自衛隊は衛星保有を禁止されていましたから、内閣が所有・運用するという仕組みを取りました。

この自衛隊が衛星を保有できないという規定は現実に合致せず、結局2008年5月に制定された「宇宙基本法」により、「防衛的な宇宙利用は宇宙の平和利用である」という国際標準の考え方が認められたのです。

「宇宙基本法」の第二条では、「宇宙開発利用は、月その他の天体を含む宇宙空間の探査及び利用における国家活動を律する原則に関する条約等の宇宙開発利用に関する条約その他の国際約束の定めるところに従い、日本国憲法の平和主義の理念にのっとり、行われるものとする」と規定されています。

「宇宙条約」（1967年）の定める平和利用の具体的内容（第Ⅵ条）は、宇宙空間に通常兵器（大量破壊兵器以外の兵器）を配置することや、核兵器搭載の弾道ミサイルが宇宙空間を単に通過することは、禁止していません。したがって、宇宙条約等に則ることにより、約40年間続いた「宇宙の非軍事利用＝平和利用」という考え方を脱し、「防衛的な宇宙利用は宇宙の平和利用である」という国際標準の解釈を採用することになりました。宇宙基本法は、日本の宇宙政策にとって最大の転換点となりました。

繰り返しますが、宇宙基本法がもたらしたこの変化により、防衛省自身が衛星を所有することが可能となりました。そしてそれが、2018年12月18日に国家安全保障会議および閣議で決定された新しい防衛大綱（30大綱）における「宇宙、サイバー、電磁波」という新たな領域を活用した日本防衛の考え方につながっていきます。

●「防衛計画の大綱」に見る「宇宙の防衛目的利用」の変遷

宇宙基本法の成立を受けて、宇宙を防衛目的のために利用することを初めて明記したのは、2010（平成22）年12月に決定された防衛計画の大綱（「22大綱」）です。「22大綱」では、「宇宙空間を使って情報収集をする」という限定的な表現をしました。

その3年後の2013（平成25）年12月に決定された「25大綱」では、衛星を用いた情報収集や指揮・統制・情報・通信能力の強化、光学やレーダーの望遠鏡で宇宙空間を監視することなど、宇宙状況把握が具体的な「防衛的な宇宙利用」であるとして記載されています。つまり、防衛目的の宇宙利用はより積極的なものとなっているのです。

2018（平成30）年12月に決定された「30大綱」では、「宇宙・サイバー・電磁波といった新しい領域における優位性を早期に確保すること」と記述され、「宇宙における優位性を早期に確保する」という表現で、世界標準の考え方が示されました。「30大綱」ではまた、陸・海・空という伝統的な空間にプラスして宇宙・サイバー・電磁波の領域を加えた六つの領域（ドメイン）を相互に横断して任務を達成する、領域横断作戦が採用されたことも特筆すべきです。

日本では宇宙、サイバー空間、電磁波領域を新たなドメインとしていますが、米中露にとっては、宇宙は過去50年以上、軍事や安全保障で使われてきた既存のドメインだということを認識する必要があります。このことは、日本が宇宙を防衛目的として活用することがいかに遅れていたかの証明でもあります。

宇宙を安全保障、防衛という観点から活用するという点において、日本は例えば先進国7ヶ国（G7）構成国のなかでは最も遅れた国です。日本は宇宙戦の新参者です。日本では2008年まで、宇宙を防衛目的で利用することが実質的に禁止されていたからです。「30大綱」に規定された自衛隊の宇宙に関わる役割は次の通りです。①日本の安全保障に重要な情報収集、②通信、測位航法等に利用されている衛星が妨害を受けないように、宇宙空間の常時継続的な監視を行うこと、③妨害を受けた場合には、どのような被害であるのかという事象の特定、被害の局限、被害復旧を迅速に行うこと、です。

我が国は「30大綱」でやっと宇宙戦を遂行するスタート地点に到達したのです。しかし一方で、宇宙先進国は宇宙での武力紛争に対する備えを真剣に始めています。

●日本の宇宙戦の課題

2015年、私は米国のシンクタンク・戦略予算評価センター（CSBA）を訪問し、日米の安全保障について議論しました。そのときに非常に印象に残ったことがあります。彼らは、中国やロシアの攻撃による米国の衛星インフラの被害を非常に憂慮していました。

ＣＳＢＡの対策案は、衛星インフラの強靭《きょうじん》化——通信妨害やレーザー攻撃などに耐えられるものにすること——、攻撃された衛星を代替するための小型衛星の打ち上げ、無人航空システムで衛星を代替すること、報復手段の保持による抑止などを挙げていたのです。相手の攻撃にいかに対処するかは日本にとっても喫緊の課題です。

世界中で報道されている内容を分析すると、宇宙戦は、戦時だけではなく平時（米軍のいうところの「競争」）においても実施されていると認識すべきです。日本の衛星も平素から通信妨害やレーザーによる妨害などを受けていても不思議ではありません。したがって、各省庁がバラバラに宇宙開発を担当する体制から、平時から宇宙戦に対処する国家ぐるみの体制を整備すべきです。例えば、ＳＳＡ（宇宙状況把握、Space Situational Awareness）体制を完成するためには内閣府・防衛省・国立研究開発法人宇宙航空研究開発機構（ＪＡＸＡ）が協力しなければいけません。我が国と米国との連携・協力のためには内閣府・防衛省・外務省・ＪＡＸＡが協力しなければいけません。

宇宙予算の確保は内閣府が担当しますが、将来的には宇宙開発全体を担当する「宇宙庁」の新編が議論される可能性もあります。

図表5-1　防衛省の宇宙への取り組み

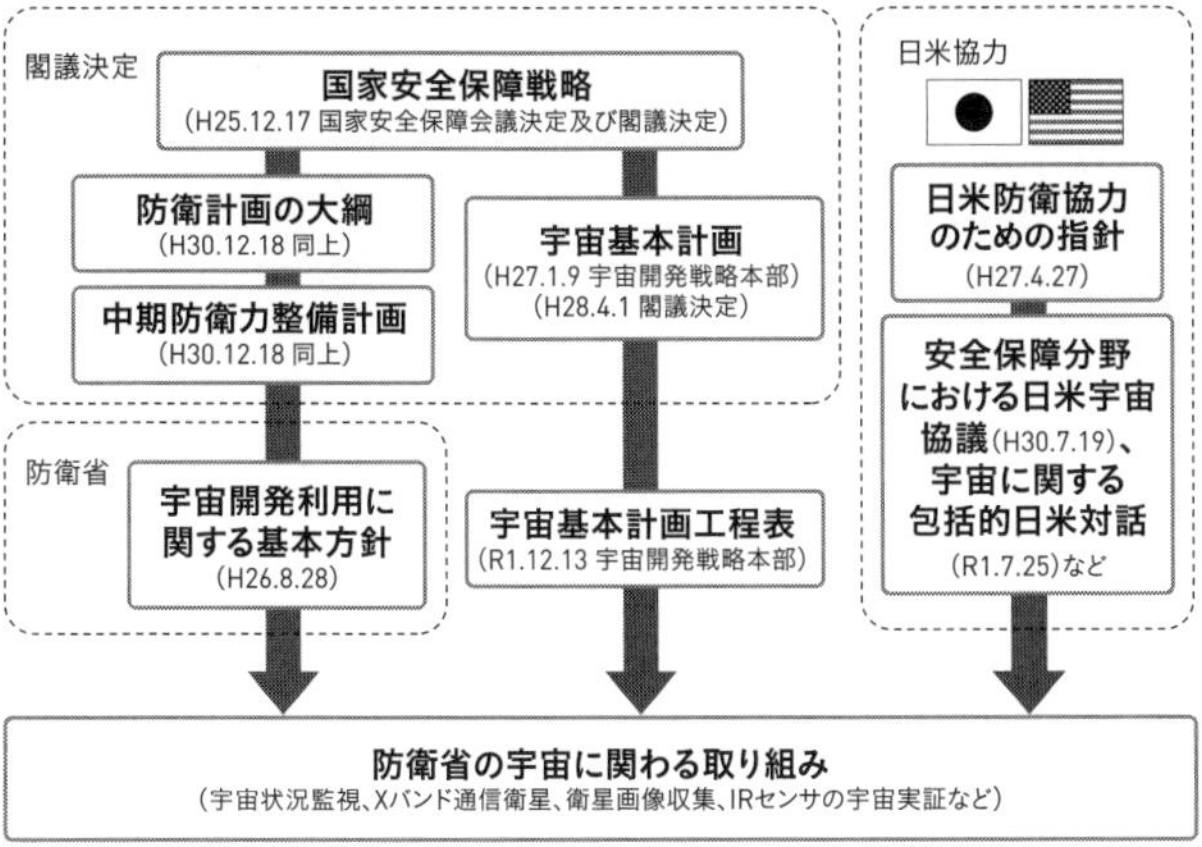

出典：（宇宙安全保障部会 第27回会合防衛省説明資料「防衛省の宇宙活動について」に加筆修正）

●宇宙領域を担当する「航空宇宙自衛隊」構想

現時点での防衛省の宇宙への取り組みは図表5-1の通りです。防衛省は、国家安全保障戦略、防衛計画の大綱、中期防衛力整備計画（中期防）、宇宙基本計画・工程表を根拠にしながら宇宙に関わってきました。そして、防衛省にとってもうひとつの重要な柱である「日米の宇宙分野での協力」は、「日米防衛協力のための指針（ガイドライン）」を根拠にしながら、米国との協議や対話を行ってきました。

防衛省は以上のような宇宙への取り組みを行ってきましたが、いよいよ「航空宇宙自衛隊」構想が報道されるようになりました。航空自衛隊が宇宙開発の一部を担当することに反対する人は多くはないと思います。

ただ気になることがあります。まず、日本の宇宙分野を統括するのは内閣府の宇宙開発戦略推進事務局ですが、その他の機関としてＪＡＸＡ、内閣衛星情報センター、三菱重工業などの民間企業などがあります。それらの機関の宇宙領域の任務等の関係がどうなるのかが問われます。

次いで、「航空宇宙自衛隊」は、宇宙を担当して何をするのかが問われます。ＳＳＡだけでは中国やロシアの宇宙戦に対抗できません。ＳＳＡの次にくる重要な任務は「宇宙交通管理（ＳＴＭ: Space Traffic Management）」です。このＳＴＭをどの組織が担当するのか、その担当組織と「航空宇宙自衛隊」との関係をどうするかなど、明確にしておかねばならないことが山積しています。

さらに、「航空宇宙自衛隊」は日本の衛星の防護にも関与するのか、さらに対象国の衛星の破壊や機能麻痺を引き起こす対宇宙（攻撃的な宇宙戦）にまで踏み込むのかなどが問われます。筆者は、ＰＬＡ（中国人民解放軍）の戦略支援部隊の能力を勘案し、これに効果的に対処するためには、対宇宙に踏み込まざるを得ないと思っています。

また、自衛隊のミサイルなどの長射程化が予想されますが、攻撃目標の絞り込み（ターゲティング）などに宇宙をベースとしたＣ４ＩＳＲ（指揮、統制、通信、コンピュータ、情報、監視、偵察）能力は不可欠です。この機能も「航空宇宙自衛隊」が担当するのかなど、検討すべき事項は多いと思います。

さらに、宇宙戦と密接な関係にある情報戦、サイバー戦、電子戦に関連のある日本の各組織との関係をいかに律するかも課題です。

以上のような課題を考えると、ＰＬＡの「空天網一体化（空・宇宙・サイバー電磁波領域の一体化）」という四つの領域を融合する考え方は参考になります。「航空宇宙自衛隊」構想は、空と宇宙の領域を一体化させる発想ですが、空・宇宙・サイバー電磁波領域の一体化も考えるべきだと思います。

サイバー戦：日本は世界各国のサイバー戦のカモになっている

日本のサイバー戦の第一線で働いている伊東寛氏[※4]や名和利男氏[※5]の話を聞く機会がありましたが、彼らの話からは並々ならぬ危機感が伝わってきます。ふたりとも元自衛官であり、安全保障や国防の観点でサイバー戦を見ることができる専門家です。

彼らの危機感は、日本の自衛隊、官庁、企業、個人をターゲットとするサイバー攻撃の数が増加し、その危険度も増している事実、それにもかかわらず日本のサイバー戦の体制が脆弱だという事実に起因しています。

以下、単なるサイバー・セキュリティのみではなく、軍事的要素も加味しながら日本のサイバー戦について記していきます。

●サイバー戦でカモになっている日本

防衛省と取引のある日本企業に対するサイバー攻撃が、次々と報道されています。例えば、日本電気（NEC）、三菱電機、神戸製鋼所、航空測量大手のパスコがサイバー攻撃を受けたことが、今年（2020年）1月下旬から2月上旬にかけて報道されました。国家の意思で動く中国のハッカー集団が実行した可能性があります。

軍事において強敵を倒す場合の鉄則は、最も弱いところを攻めることです。サイバー攻撃でも同じで、日本の大手企業に対してサイバー攻撃を仕掛ける場合、大手企業の子会社等、サイバー・セキュリティの脆弱なところから侵入して、最終的に大手企業を狙います。

もうひとつは、海外に進出している大手企業の子会社から攻撃するという方法です。とくに中国に進出している日本企業は高い確率ですでに侵入されているかもしれません。
また、北朝鮮の「180部隊」——北朝鮮の主要な工作機関のひとつ。サイバー攻撃を専門に行う——の任務は外貨獲得だといわれていて、日本の仮想通貨交換会社のシステムにも侵入し、仮想通貨を窃取しているとみられています。また、日本の官庁や企業からソフト開発を請け負い、利益を得ているともいわれています。この場合、開発したシステムに悪意のあるソフトを仕掛けていると、安全保障上の問題にもなります。とくに、防衛省のソフト開発も狙われている可能性があり、細心の注意が必要です。「180部隊」がサイバー攻撃で日本企業などから獲得した外貨が核ミサイルの開発のために使われているという構図があるのです。

日本に対するサイバー戦について強調したいのは、中国、ロシア、北朝鮮などの日本にとっての脅威対象国のみならず、同盟国や友好国も日本に対してサイバー戦を行っている可能性が高いことです。

※4　前経済産業省大臣官房サイバー・セキュリティ・情報化審議官、陸上自衛隊の初代システム防護隊長

※5　サイバーディフェンス研究所の専務理事／上級分析官、ＰｗＣ Ｊａｐａｎグループ、サイバー・セキュリティ最高技術顧問、航空自衛隊出身

まさにサイバー空間においては外交上の友好関係など関係なく、仁義なき戦いがなされている現実を認識すべきです。

●安全保障を含むサイバー・セキュリティを所掌する官庁がない

現代戦とくにサイバー戦について書くため、伊東寛氏と対談しました。彼が語った内容を要約したのが以下の文章です。

サイバー・セキュリティを所掌《しょしょう》する省庁としては、総務省（情報通信技術所轄）、経産省（重要インフラ所轄）、警察庁（サイバー犯罪、重要インフラなどへのサイバーテロ所轄）が存在します。しかし、問題は、安全保障を含むサイバー・セキュリティ全体を所轄する官庁が存在しないことです。[※6]

我が国のサイバーセキュリティ基本法は2014年に成立しました。その第一九条は、国家安全保障への対応について記述していて、「国は（中略）我が国の安全に重大な影響を及ぼすおそれがあるものへの対応について（中略）関係機関相互の連携強化及び役割分担の明確化を図るために必要な施策を講ずるものとする」と規定されています。しかし、2014年から6年経過しましたが、未だに「関係機関相互の連携強化及び役割分担の明確化を図るために必要な施策」は講じられていません。つまり、安全保障を含むサイバー・セキュリティを所掌する官庁がないのです。これが日本の国家安全保障を含むサイバー・セキュリティの現実です。ここにも軍事とか安全保障に対するタブーやアレルギーを感じます。

ほかの諸国の事情はどうでしょうか。

伊東氏は自らの経験について「ASEANのサイバー関係の会議に参加したことがあります。ASEAN加盟国のサイバー関係の代表が来ていました。彼らが日本にお礼を言ってくれるのです。『日本ありがとう、日本の指導のおかげで、サイバー・セキュリティ庁をつくりました。情報省もつくりました。これも日本の指導のたまものです』」と語りました。そして「ASEAN諸国のほとんどは、サイバー・セキュリティを所掌する官庁を持っています。米国では、米国土安全保障省（DHS：Department of Homeland Security）がサイバー・セキュリティを統括しています。しかし、日本はDHSもサイバー・セキュリティ省もない」と嘆いていました。

※6　サイバー空間におけるセキュリティを単なる情報のセキュリティ問題として取り扱うのではなく、「サイバー空間における戦い＝サイバー戦」として捉えるということ

●将来編成される「サイバー防衛部隊」には攻撃機能がある!?

現在、陸・海・空自衛隊の共同部隊である自衛隊指揮通信システム隊の隷下に「サイバー防衛隊」が存在します。ただ、サイバー防衛隊にはサイバー攻撃に対する防護機能しかありません。しかし、訓練・演習機能や調査・研究機能として攻撃機能を保有している可能性はあります。

そして2023年度までに体制を見直し、サイバー防衛を主な任務とする防衛大臣直轄の共同部隊として「サイバー防衛部隊」が新編されます。「サイバー防衛部隊」は、サイバー攻撃に対する防護機能に加え、有事における相手方によるサイバー空間の利用を妨げる機能や訓練機能を保持する予定です。つまり、サイバー防衛のみならず、サイバー攻撃の機能が付与されるということです。これは日本のサイバー戦の歴史のなかで大きな一歩です。

電磁波戦:すべての領域の戦いは電磁波を使っている

すでに触れましたが、中国やロシアの電磁波戦の能力向上は、日本の防衛にとって大きな脅威になっています。例えば、尖閣諸島周辺に飛来する爆撃機や戦闘機には電子戦機が随伴しているといわれています。また、PLA海軍の電磁波戦の能力も強化されています。自衛隊にとって電磁波戦は日々のオペレーションにおける脅威になっています。

一方、同盟国である米軍が電磁波戦への投資を怠った影響が出ていることを第三章で記述しました。自衛隊の電磁波戦の能力は、米軍の不十分な電磁波戦能力の影響を受けています。とくに陸上自衛隊と航空自衛隊（F－35の大量装備化以前）の当面の電磁波戦の能力は問題で、その強化にこれから乗り出そうとしています。

ただし、航空自衛隊のF－35に搭載されるアクティブ電子走査アレイ（AESA）レーダー「AN／APG－81」は、電子戦支援と最新の電子攻撃の機能を保有しているといわれています。F－35の調達予定147機がそろえば、強力な電磁波戦能力を持つことになります。

●電磁波領域の管理の強化

防衛省・自衛隊は、今後、電磁波領域の能力を強化します。この強化は、電子戦の能力強化だけではなく、「電磁波管理」の能力も強化する予定です。

「電磁波管理」とは、①自衛隊の各部隊が利用できる電磁波の周波数を把握し、②電磁波の干渉や気象の影響が生じないように、実際に利用する周波数を適切に指示し、③戦いにおいて相手から妨害があった場合には、影響が少ない電磁波に切り替えるなどの対応を適切に実施すること、です。

電子戦を適切に実施するためには、電磁波管理が不可欠です。防衛省では、内局の整備計画局と統合幕僚監部に専門部署を設置し、電磁波管理を含む電磁波領域の強化を加速する予定です。

AIの防衛適用：アルゴリズム戦

プーチン大統領は、「AIを制する者が世界を制する」と発言していますが、各国あるいは各社におけるAI開発に向けた競争は熾烈《しれつ》になっています。このような状況で、トップを走るのは米国ですが、中国も国家を挙げてAIの開発に邁進《まいしん》し、着実に成果を上げています。

中国で注目されるのは、AIを軍事のあらゆる分野に応用して、「AIによる軍事革命」に邁進している点です。習近平主席が宣言した「2049年に世界一の強国になる」「2030年までにAI世界一を目指す」という野望を軽視すべきではありません。

以上のような米中の熾烈なＡＩをめぐる競争のなかで、我が国は置いていかれていると言わざるを得ません。我が国におけるＡＩの軍事適用における問題点は何で、いかに対処すべきかを考えると暗澹《あんたん》たる思いになりますが、若干の指摘をしていきます。

●軍事におけるすべての業務はＡＩを適用できる

まず平時における軍隊のすべての業務は、ＡＩにより業務を効率化・省人化できる効果があります。例えば、軍隊には軍事組織の編成から総務、人事、情報、防衛、運用、通信、兵站《へいたん》（補給、整備、輸送）、衛生などの業務がありますが、これら平時におけるすべての業務にＡＩを適用できます。自衛隊は、まずこの平時の業務にＡＩを活用することから始めるべきだと思います。

第一章でも書きましたが、ＡＩの軍事適用の分野は人事、情報、作戦・運用、兵站、衛生などの「あらゆる分野」であり、まとめると以下のようになります。

・ＡＩを無人機システムに搭載することにより、兵器の知能化（自律化）を実現します。例えば、ＡＩドローン、ＡＩ水上艦艇、ＡＩ無人潜水艇、ＡＩロボットなどです。

・サイバー戦における防御、攻撃、情報収集のすべての分野で、ＡＩを活用すると、省人化、処理の迅速化、正確性の向上が可能です。
・情報活動分野。例えば、ＡＩによるデータ融合、情報処理、情報分析です。とくに、ＡＩ自動翻訳機が日米共同作戦や国際情勢分析に大きな影響を与えるでしょう。
・目標確認、状況認識の分野でＡＩを適用できます。例えば顔認証、海洋状況認識、宇宙状況認識です。
・ウォーゲーム、戦闘シミュレーション、教育・訓練にＡＩを活用できます。
・指揮官の指揮・意思決定の補佐、戦場管理の分野にＡＩを活用できます。
・兵站及び輸送分野。例えば、ＡＩによる補給、整備、輸送などの最適な兵站計画の作成などです。
・戦場における医療活動、体と心の健康の分野。意外にも、ＡＩがカウンセラーを代替する案は有望です。
・フェイク・ニュースを迅速に発見し排除するなど、影響工作に対処するためにＡＩは有効です。

以上のように、現代戦においてＡＩの活用は避けられません。ＡＩを超限戦に対するゲーム・チェンジャーとして活用すべきです。とくに自衛隊のＡＩ活用は、米国や中国に比較して低調であり、特段の奮起を期待します。

●ＡＩ開発のために人材及び予算を確保せよ

予算なくしてまっとうなＡＩの軍事適用などできません。ＡＩの軍事適用は避けて通れない状況になっていて、思い切った予算の増額が必要です。現在の防衛費はＧＤＰの約１％ですが、中国や北朝鮮の脅威を勘案すると、ＡＩのみならず防衛省の事業のほとんどの分野で予算不足が指摘されています。

防衛費の目標については、自民党の安全保障調査委員会が２０１７年６月に提言したＧＤＰ２％（ＮＡＴＯの目標値でもある）が基準になります。一挙にＧＤＰ２％は難しいので、防衛費を毎年７％増加していくと６年後にはＧＤＰの１・５％、10年後にはＧＤＰ約２％になりますが、ぜひ実現してもらいたいと思います。

また、ＡＩ専門家の不足も深刻な問題になっています。優秀なＡＩ研究者のグローバルな獲得競争が激しくなっていますが、その解決に真剣に向き合うべきです。

いずれにしても、ＡＩは間違いなく将来の安全保障における非常に重要な技術です。Ａ

I大国を目指した政府、各中央省庁（とくに防衛省）、自衛隊、企業、大学など国家ぐるみの体制づくりが急務です。関係機関、関係者の一層の努力を期待してやみません。

米中技術覇権争いに対して日本は国家ぐるみの態勢を確立すべき

現代戦の関係で科学技術の重要性と、最先端技術の管理に関して注意喚起をしたいと思います。

中国は、共産党一党独裁の下に国家ぐるみで科学技術強国を目指しています。米国もトランプ政権下であらゆる手段を活用して中国の技術覇権を阻止しようとしています。このような状況において、我が国も科学技術立国を目指した国家ぐるみの態勢を採るべきです。科学技術力のない日本に未来はありません。

河野太郎防衛大臣は、2020年3月6日の記者会見で研究開発の重要性を強調し、「ゲーム・チェンジャー技術といわれるような、まったく新しい技術で防衛の考え方がダイナミックに変わっている。日本も必要な技術の開発をやらないといけない」と述べています。その通りなのですが、防衛装備庁を中心とする防衛省の技術開発の体制には大きな問題があります。というのも、米中の研究開発の予算、組織の規模、研究者の質と量に比べ、防衛省の研究開発体制はあまりにも貧弱です。この弱点を補うのは民間企業や大学の活力ですが、ここにも問題があります。

諸問題の解決のためには、以下の諸点に留意すべきであると思います。

・我が国には、最先端技術（ＡＩ、情報通信、量子技術、半導体、オートノミー〈自律〉、バイオ、ビッグ・データなど）の自主技術開発に関する国家としての明確な戦略や目標がなく、国家ぐるみの態勢になっていません。「世界一の科学技術立国を目指す」くらいの明確な国家技術戦略を確立すべきです。

・日本版「軍民融合」が必要です。例えば、ＡＩ開発においては、安全保障（軍事）の視点が欠如しています。その典型例が内閣府主宰の「ＡＩ戦略実行会議」であり、防衛省からの参加者はいません。そして、同会議が決定した「ＡＩ戦略２０１９」のなかに安全保障におけるＡＩ利用に関する記述がありません。ＡＩを国家レベルで考える場合、安全保障は不可欠な要素ですが、この状況が日本の現実なのです。

・大学、民間企業の研究機関、防衛省（とくに防衛装備庁）などの密接な連携、総力を結集する体制が不可欠です。そして、研究開発経費を大幅に増額すべきです。我が国では、アカデミアにおける軍事分野の研究に対する拒否感が強すぎます。日本学術会議は、2017年3月24日、「軍事的安全保障研究に関する声明」を公表しました。同声明では防衛装備庁の「安全保障技術研究推進制度」を批判し、防衛省への協力に関して否定的な立場をとっています。最近の報道では、日本の大学がいま話題のファーウェイから研究費を受け取っているとされています。防衛省との研究には消極的で、PLAと関係の深い中国企業との研究を積極的に行っている状況は異常です。

・日本の科学技術教育を抜本的に改革しなければいけません。小学生から一貫して科学技術教育を重視した教育体制を構築すべきでしょう。

●日本における機微技術管理[※7]を強化せよ

米国の輸出管理（とくに最先端技術に関するもの）と（外国資本による）対内投資規制は強化されています。一方、日本は、安全保障に関する管理を外国為替及び外国貿易法（外為法）に基づき行っていますが、米国のようなきめ細かさがありません。その意味で日本の技術情報管理は甘すぎます。中国などの各種工作（サイバー・スパイ活動、会社・大学からの知的財産の窃取、日本企業の買収など）に有効に対処できていません。「スパイ天国日本」の汚名を返上すべきです。

そのためには、憲法の改正とスパイ防止法の制定は急務であり、日本の防諜機関の充実、サイバー・セキュリティ体制の確立も急務です。さらに、米国の輸出管理や投資管理を参考にした法令の整備が急務になっています。

米中貿易戦争による米国の圧力は強まっていますが、習近平主席が「中華民族の偉大なる復活」「科技強国」「製造強国」路線を放棄するわけもなく、トランプ政権が求める構造改革に応じず、結果として「米中の覇権争い」、とくに「米中のハイテク覇権争い」は今後も長く続くでしょう。

『超限戦』を超えて

本書は、『超限戦』に触発されて誕生しました。執筆中に武漢ウイルスの世界的な感染拡大が起こり、より深く『超限戦』を理解することができました。本書の最終章でいま一度、『超限戦』に触れてみたいと思います。

※7　武器あるいは民生品であっても、大量破壊兵器などに転用できる物に関する技術

〈グローバル化と技術の総合を特徴とする21世紀の戦争は、すべての境界と限度を超えた戦争で、これを超限戦と呼ぶ。この様な戦争ではあらゆる領域が戦場となりうる。すべての兵器と技術が組み合わされ、戦争と非戦争、軍事と非軍事、軍人と非軍人という境界がなくなる。〉

〈今日又は明日の戦争に勝ち、勝利を手にしたいならば、把握しているすべての戦争資源、すなわち戦争を行う手段を組み合わせなければならない。さらに、「勝利の法則」の要求に基づいて組み合わせなければならない。これでも足りない。……すべての限界を超え、かつ勝利の法則の要求に合わせて戦争を組み合わせることである。〉

『超限戦』における以上のような指摘は鋭いと思います。そして、『超限戦』の内容の大部分は突飛なことではなく、いまや日本を除く主要国の常識なのです。しかし、この超限戦を行う主体は誰かが問われます。『超限戦』はロシアのマフィアの例を以下のように紹介しています。

〈ロシアのマフィアは財や富を奪うため暗殺、誘拐のほか、ハッカーを使った銀行の電子システム襲撃などの手段を組み合わせているし、一部のテロ組織は政治目的のために、爆弾の投擲、人質の拉致、インターネット上の襲撃などの手段を組み合わせている。〉

確かにマフィアやテロリストは、『超限戦』が推薦する勝利の法則や原則をあらゆる限界を超越して利用し、一時的な成果を上げるかもしれません。しかし、彼らが倫理や法などの限界を超えた行動をし、一時的に目的を達成したとしても、国家の法執行機関に逮捕され、処罰を受けることになります。

一方、超限戦の行為の主体が国家であれば、マフィアやテロリストほど簡単ではありません。今回の武漢ウイルスのパンデミックに際し、中国がとった様々な超限戦的な——倫理・基本的人権や外交常識などを無視した——言動に対して、世界中から非難が殺到しています。武漢ウイルスを契機として反転攻勢をかけ、中国主導の秩序を拡大しようという試みに対して世界中からブーイングが起きています。国家が『超限戦』が推薦する勝利の法則や原則を利用したときの反作用はあまりにも大きいのです。結論として、国家が『超限戦』の教えを実践することには大きなリスクがあるということです。

所詮《しょせん》、『超限戦』は、いかなる汚い行為もいとわないマフィアやテロリストや個人に適用する「悪の書」なのです。『超限戦』の主張は、突き詰めれば、国家もマフィアやテロリストたちと同じ論理で行動しなさいということです。中国はすでに中国共産党をボスとするマフィア国家なのかもしれません。そう考えれば、中国から『超限戦』が出てきたのも必然だともいえるのでしょう。

ここで、武漢ウイルスのパンデミックに際して際立つ成功を収めた台湾に触れたいと思います。中国と台湾の国民は、同じようなルーツを持つ人々です。しかし、台湾は、共産党一党独裁の中国とはまったく違う民主主義国家です。その民主主義国家が暴力的な強制、言論の封殺、不当な逮捕などを一切することなく、じつに見事に武漢ウイルスを封殺しました。

そして、中国が「マスク外交」と称して不良品のマスクや防護服を売りつけ世界中で批判を受けているのに対して、台湾は良質なマスクや防護服を世界に無償で提供して世界から称賛されています。台湾は、『超限戦』に対する代替案を提示しているように思えてなりません。

本章の最後になりますが、我が国の現代戦を総括します。我が国の現代戦に対する取り組みは、米中露に比較すると出遅れています。この事実は認めざるを得ないと思います。この出遅れは防衛省・自衛隊が一方的に悪いのではなく、日本国家全体の態勢に問題があるのです。なぜならば、中国が標榜《ひょうぼう》する「戦わずして勝つ」という原則により、「武力紛争以前」における情報戦、サイバー戦、宇宙戦などが重要になっているのです。「武力紛争以前」の事態に対しては、国家全体による対応が必要です。そして、現代戦で大切なことは、情報戦、宇宙戦、サイバー戦、電磁波戦、AIのアルゴリズム戦などあらゆる要素を密接に組み合わせて戦うことです。結論として、米陸軍の「マルチドメイン作戦」をさらに発展させた「オールドメイン作戦（全領域作戦）」を目指すべきです。

繰り返しになりますが、国家全体の対応を阻害する要因が日本には多すぎます。憲法第九条の問題、安全保障や軍事を忌み嫌う風潮、各省庁の縦割りの弊害、スパイ防止法の欠如、外国勢力の浸透工作に対する無知など、克服すべき問題を着実に解決することが大切です。それが中国の超限戦を克服することにつながると思うのです。本書が「超限戦」を克服する一助になれば幸いです。

おわりに――『超限戦』の煌《きら》めきと闇

『超限戦』が公開されたのは1999年、いまから約20年前です。『超限戦』の著者であるPLA（中国人民解放軍）の大佐（当時）ふたりは教養のある軍人で、歴史とくに戦史、哲学、文学、そして何よりも当時の米軍の戦略・作戦構想・作戦・戦術・戦法に対する造詣が深いことは明らかです。『超限戦』は労作で、ふたりの数十年間の研究の成果が詰まったものです。

1999年といえば、私は44歳で『超限戦』の著者ふたりと同じ大佐（一等陸佐）の階級でした。その当時の私が『超限戦』レベルの戦略書が書けたか、まったく自信がありません。

『超限戦』とはいつか真剣に対峙《たいじ》しなければいけないと思っていましたが、初めて『超限戦』（英語版）を読んだのは、2015年から2年間、米国で研究生活を送っているときでした。私はいま、米中の安全保障関係を専門に研究していますが、米中軍事関係の観点で『超限戦』は重要な1冊であることに異論はありません。

1999年から約20年の時の流れを経て、この書を読み返してみて思うことは、「『超限戦』の内容の大部分はいまでは常識になっている」ということです。軍事の経験のない人たちにとっては『超限戦』は新鮮かもしれませんが、自衛隊で36年間勤務した者にとっては、慣れ親しんだ事項が多いのです。

「常識になっている」という評価は決して否定的なものではなく、『超限戦』が世界各国の軍事に携わる者にいかに大きな影響を与えたかの証左なのです。ロシア軍は『超限戦』の影響を受け、ハイブリッド戦でクリミアを奪取したといわれています。

そして、『超限戦』が米軍から受けた影響と米軍に与えた影響のふたつの側面を私は感じています。『超限戦』は米軍の「全領域作戦」(『超限戦』では全次元作戦)に言及していることから、米軍の影響を受けているのは確かです。一方、本書の第三章で紹介した米軍の「領域横断作戦(クロスドメイン作戦)」「マルチドメイン作戦」「全領域アクセス」などは、『超限戦』に記述されている「超領域的組み合わせ」と密接な関係があります。

本書を書くために何回も『超限戦』を読み返しました。『超限戦』の内容の大部分は常識として同意できるのですが、一点だけ私が拒絶する箇所があります。その箇所は『超限戦』の筆者たちが最も重視する本質的箇所です。つまり、〈徹底的に軍事上のマキャベリになりきることだ。目的達成のためなら手段を選ばない。超限とは、すべての限界と称される、あるいは限界として理解されるものを超えることを目指すのである。〉という主張です。この超限思想を国家に求めることは邪道です。国家がマフィアやテロリストのように、すべてを超越する存在になってはいけない、と私は確信します。

国家が超限戦的手段を使って一時の勝利を得たとしても、長い目で見た場合、それは失敗に終わる可能性が高いと思います。私のこの信念は、武漢ウイルスのパンデミックに際して、中国当局が採用した措置や言動を見たときに確信に変わりました。

現代戦でとくに言いたかったことのまとめ

●情報戦（ＩＷ）とくに影響工作（ＩＯ）への対処は喫緊の課題

私は、現代戦のなかで情報戦が日本の盲点になっていると思います。情報がすべての空間で使用されていて、中国やロシアが平時（米軍の「競争」）の段階から情報戦を多用している実態に日本人はあまりにも無知です。

情報戦のなかでもとくに影響工作は、我々の認知領域に深刻な影響を与えています。悪質な偽情報がＳＮＳを通じて大規模に拡散されています。とくに武漢ウイルスのパンデミックにおいて、膨大なプロパガンダ、偽情報、誤情報が入り乱れていますが、この状況を分析するだけでも影響工作の実態が見えてきます。

中国およびロシアの当局やその支援組織が陰謀論と偽情報を拡散していることは、欧州連合の報告書[※1]でも明らかです。典型例は、中国外交部のスポークスマンが主張した「武漢ウイルスは米軍が持ち込んだものだ」という偽情報です。

また、イタリアにおける中国の好感度を高めるために、ツイッター上で「中国に感謝する」キャンペーンが実施されました。このキャンペーンは極めて効果的で、イタリアの中国への好感度が1月の10％から3月には52％に急上昇しています。中国当局がこのキャンペーンに関与したといわれています。これらの国家ぐるみの影響工作にいかに対処するかは喫緊の課題です。

●現代戦は「オールドメイン戦（All Domain Warfare）」

本書では典型的な「現代戦」として、情報戦、宇宙戦、サイバー戦、電磁波戦、ＡＩのアルゴリズム戦（ＡＩ戦）などを紹介しました。しかし、実際にはじつに多くの戦い（技術

※1　欧州連合の欧州対外活動庁（ＥＥＡＳ：European External Action Service）、"COVID-19 Disinformation EEAS SPECIAL REPORT"

戦、金融戦、メディア戦など）が相互に密接に関連しながら「現代戦」を形成しています。つまり、「現代戦」は「オールドメイン戦（＝すべての領域を使う戦い）」が実態なのです。

私がとくに注目しているのはＡＩの軍事適用です。ＡＩが軍事のすべての分野に及ぼす影響は計り知れないものがあり、「超限戦」との戦いにおいてのゲーム・チェンジャーになると思っています。

●『超限戦』と日本の危機

『超限戦』が日本人に示唆していることは、国家が世界のなかで生き残るためには、多くの要素を考慮に入れて国家のかじ取りをしなければいけない、ということです。そして、相手が「超限戦」を仕掛けてきた場合に、いかにそれに対処するかは常に考えておかなければいけない、ということです。

超限思想を信じる国家にとって、日本はカモがネギを背負った状態の「カモネギ」国家だろうと思います。目的のためには手段を選ばない手ごわい国に対して、日本はあまりにも無防備です。愚かなことに我が国は非常に多くの安全保障上の制約やタブーを設けています。日本人はもっと危機感を持たなければいけません。そして、「カモネギ」状態から脱却しなければいけません。

最後になりましたが、本書の執筆を支えていただきました多くの方々、そして最後まで本書を読んでいただいた読者諸氏に感謝申し上げます。

令和2(2020)年6月吉日

渡部悦和

渡部悦和（わたなべ・よしかず）
富士通システム統合研究所安全保障研究所長、元ハーバード大学アジアセンター・シニアフェロー、元陸上自衛隊東部方面総監。1978（昭和53）年、東京大学卒業後、陸上自衛隊入隊。その後、外務省安全保障課出向、ドイツ連邦軍指揮幕僚大学留学、函館駐屯地司令、東京地方協力本部長、防衛研究所副所長、陸上幕僚監部装備部長、第二師団長、陸上幕僚副長を経て2011（平成23）年に東部方面総監。2013年退職。著書に『米中戦争―そのとき日本は』（講談社現代新書）、『中国人民解放軍の全貌』（扶桑社新書）、『日本の有事』（ワニブックスPLUS新書）、共著に『台湾有事と日本の安全保障』（ワニブックスPLUS新書）がある。

佐々木孝博（ささき・たかひろ）
富士通システム統合研究所安全保障研究所主席研究員、広島大学大学院社会科学研究科客員教授、東海大学平和戦略国際研究所客員教授。1986（昭和61）年、防衛大学校卒業後、海上自衛隊に入隊。その後、米海軍第三艦隊連絡官、オーストラリア海軍幕僚大学留学、在ロシア防衛駐在官、第八護衛隊司令、統合幕僚監部サイバー企画調整官、指揮通信開発隊司令を経て2017（平成29）年に下関基地隊司令。2018年退職。

現代戦争論―超「超限戦」
これが21世紀の戦いだ

著者　渡部悦和
　　　佐々木孝博

2020年8月5日　初版発行
2022年5月5日　4版発行

発行者　佐藤俊彦
発行所　株式会社ワニ・プラス
〒150-8482
東京都渋谷区恵比寿4-4-9 えびす大黒ビル7F
電話　03-5449-2171（編集）

発売元　株式会社ワニブックス
〒150-8482
東京都渋谷区恵比寿4-4-9 えびす大黒ビル
電話　03-5449-2711（代表）

装丁　橘田浩志（アティック）
　　　柏原宗績
DTP　株式会社ビュロー平林
印刷・製本所　大日本印刷株式会社

ISBN 978-4-8470-6167-7
ワニブックスHP　https://www.wani.co.jp